天下‧文化
BELIEVE IN READING

巴菲特、貝佐斯與20位高績效執行長的經營智慧

親愛的股東

Dear Shareholder

The best executive letters from Warren Buffett, Prem Watsa and other great CEOs

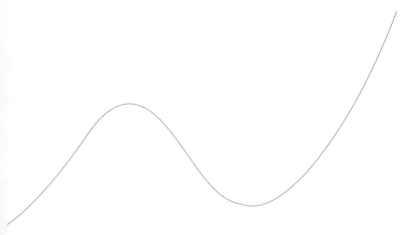

Lawrence A. Cunningham 勞倫斯‧康寧漢 編

陳重亨 譯

目錄

各界好評

　　自巴菲特著名的波克夏股東信之後，愈來愈多人重視執行長寫給股東的信。勞倫斯・康寧漢教授彙整各大優越企業的股東信在此書之中，不但精彩好讀，更能讓我們釐清成功企業所遵循的重要原則！

雷浩斯　價值投資者／財經作家

　　了解一家企業最好的方式就是從致股東信開始，尤其是美股上市公司，在信中總是會提供投資人相當豐富的質化與量化信息。企業的管理者透過致股東信傳達經營理念、營運策略與資本配置，透過良好的溝通對內部樹立強大的核心文化，推動成長飛輪，對外則與股東建立信任機制，才能聚焦長期成長。本書集結許多優質企業的股東信精華，帶領讀者從經營者的思維切入，提升投資視野，做出更好的投資決策。

Jenny　JC財經觀點創辦人

　　很少人提到企業執行長寫給股東的信。在《親愛的股東》中，勞倫斯‧康寧漢從最好的股東信中挑選最好的段落集結起來。他揭露優異股東信的特質，而且他摘錄的內容也展現出這些公司和企業執行長的成功之處。從這本書真的可以學到很多東西！

霍華‧馬克斯（Howard Marks）

橡樹資本（Oaktree Capital）董事長兼共同創辦人

《投資最重要的事》作者

　　想知道企業界最厲害的執行長在想什麼嗎？《親愛的股東》就是你的備忘錄！康寧漢從這一代最成功執行長的股東信擷取經驗教訓，帶給大家業界知識、經營管理和資本配置的常識性原理（這是讓人驚訝的罕見三部曲），這是永恆不變的寶藏。

羅伯特‧羅伯帝（Robert Robotti）

羅伯帝公司（Robotti & Co.）董事長

　　《親愛的股東》精選最好的股東信，這些信是過去到現在最有抱負的投資專家和企業執行長，以及想要尋找傑出資本配置者最珍貴的寶庫。這些股東信的論述清晰、行文簡潔，和投資報酬高度相關，對創造長期價值感興趣的讀者應該會非常興奮。

威廉・索恩戴克（Will Thorndike）
《非典型經營者的成功法則》作者

　　《親愛的股東》從全球最會創造財富的企業執行長蒐集寶貴的經驗和教訓。勞倫斯・康寧漢交出一本精心策畫的經典作品，值得閱讀，而且值得投資人收藏！

洛蘭・坦伯頓（Lauren C. Templeton）
坦伯頓與菲利浦資本管理公司（Templeton & Phillips Capital Management）董事長

　　常聽說「厲害的人大顯身手，不厲害的人才去教書或寫書」，不過從這本書來看，那可不一定！像是華倫・巴菲特、普雷姆・瓦薩、湯姆・蓋納等等無疑都非常成功，而

且他們也能把自己怎麼成功的方法寫出來，然後指導別人。勞倫斯・康寧漢對這些股東信的精心挑選、編輯與評論，讓我們更容易吸收消化這些寶貴教訓。

蓋伊・斯皮爾（Guy Spier）
暢銷書《華爾街之狼從良記》作者

在《親愛的股東》中，康寧漢集結討論企業與領導的最佳文章，執筆者都是知名度很高的企業經理人和思慮周密的企業界明星。把這些精華集結成一冊實在是非常方便，而且字字珠璣！

泰德・賽德斯（Ted Seides）
Podcast 節目《資產配置者》（*Capital Allocators*）主持人

勞倫斯・康寧漢又出版一本很棒的書，這是企業執行長的股東信選集。這幾位執行長不僅是很厲害的企業經營者，也是絕佳的資產配置者，也就是說，都是價值投資高手。這些執行長知道如何管理、創造價值，並讓公司吸引到尋求價值的投資人。誠實正直、虛懷若谷、秉持紀律、充滿

毅力和抱持長期觀點，正是他們的成功特質。各位如果想了解這些執行長，《親愛的股東》正是必讀的作品！」

喬治・阿瑟納薩科斯（George Athanassakos）
加拿大安大略省西部大學商學院價值投資葛拉漢講座教授

勞倫斯・康寧漢是第一個提煉大師智慧，把巴菲特股東信編撰成《巴菲特寫給股東的信》的人。現在他又分析其他商界企業領袖的股東信，並提取重要資訊，融合這些企業文化與領導才能的真知灼見，必定能提升我們的策略思考和投資報酬。

蘿菈・黎頓郝斯（Laura Rittenhouse）
黎氏評等公司（Rittenhouse Rankings）執行長

勞倫斯・康寧漢認為仔細研讀企業最佳經營者的股東信，就是深入理解商業祕訣的最佳方法，這個簡單的見解已經永遠改變我的生活。他寫的《巴菲特寫給股東的信》就是金融學的大師級課程，激發整個世代對價值投資的興趣。現在他的新書《親愛的股東》又介紹更多傳奇企業執行長，為

大家帶來管理、領導力和企業經營的寶貴經驗。未來產業領袖的商業教育都應該從這本書開始！

傑夫・葛蘭姆（Jeff Gramm）

《大股東寫給經營者的八封信》作者

股東信是探索企業界的獨特鑰匙孔！康寧漢教授是《巴菲特寫給股東的信》背後的編選高手，這次他再次展現魔力，彙編整理業界最好的股東信！

雅各・泰勒（Jacob L. Taylor）

五個好問題（Five Good Questions）網站站長

前言

　　我從1987年開始研究企業寫給股東的信。讀得愈多之後就愈發現，寫得很好的股東信都是在述說公司的歷史和故事。一年又一年的看下來，很像是在看一本很會講故事的好書。透過這些企業公開信，我一方面可以了解公司的企業文化，也能知道領導者的個性和人品。

　　1990年代，我研讀華倫‧巴菲特（Warren Buffett）寫給波克夏海瑟威公司（Berkshire Hathaway）股東的信，頓時驚為天人，特別邀請他到我的大學參加專題座談會。所以我在1996年跟巴菲特見面，也幫他編輯出版《巴菲特寫給股東的信》（*The Essays of Warren Buffett: Lessons for Corporate America*），這本書現在已經出到第五版。我研究股東信的美好旅程就從這裡開始。

　　從那時起，我開始認真研究各種企業的股東信。一直到現在，我還保存許多印刷精美的紙本股東信，有些已經成為珍貴的經典，像是羅貝托‧古茲維塔（Roberto Goizueta）寫給可口可樂股東的信。在這本書中，我挑選各類產業的最佳代表，從巴菲特和古茲維塔開始，加上14家其他公司的高階

經理人，都可以說是一時之選。

　　股市投資老手在篩選投資標的時，不僅會使用一般常見的分析工具，也會利用股東信。[1]股東信裡的訊息經過挑選，所以並不像上市公司該依法揭露的資訊那樣受到規範。上市公司的定期報告中，所有資料都是在會計原則和證券法規下製作，一切都依法有據。但股東信充滿彈性，能讓經理人傳達客製化的資訊，讓大家更明白企業追求的價值。厲害的投資人就會仔細研讀這些股東信，藉此觀察產業的發展，以及企業領袖的智慧、判斷和遠見。

　　近年來，企業股東信也引發各方的興趣。2013年《紐約時報》（*The New York Times*）就曾指出，寫得非常好的股東信「不只股東急切想要閱讀，感興趣的觀察家也不例外」。[2]2016年《紐約客》雜誌（*The New Yorker*）則提到股東信也算是一種「文學類型」，說它讓人想起葛楚・史坦（Gertrude Stein）擅長疊句敘述的散文風格。[3]

　　有一位研究學者在一年內讀遍3000封股東信；[4]另一位研究員乾脆開一家顧問公司，專門指導股東信的寫作要怎麼掌握重點，才能寫得坦率又清楚；[5]還有幾位觀察家精選一些特別有價值的股東信。[6]這些精選名單幾乎都以巴菲特開頭，然後列出過去40年來傑出的企業執行長。這本書在挑選股東信時當然也參考這些名單。

　　許多企業領袖都會寫書或回憶錄來呈現自己的思想，但

我在這本書中挑選的經理人卻沒有這麼做。他們喜歡透過寫股東信的方式，在企業面對的種種重要議題上表達看法。而這就是這本書的緣起：最好的股東信就是最好的商業寫作。這些企業領袖針對領導、管理、資本配置和公司治理等主題暢所欲言，再也沒有比他們更具權威的資訊來源了。把這些名家的智慧彙整為一本專書，就像是最優秀的企業執行長組成一支明星隊！

最好的股東信會把讀者當作商業夥伴，對公司和業務提供深入的見解。這些作者會分享圍繞核心事業主題各種面向的看法，包括商學院最基礎的會計、經濟、管理等基本課程，以及企業面對的各類挑戰，譬如競爭策略、創新研發、員工士氣和企業接班等等。

精彩的股東信文筆優美、真誠坦白，而且論點聚焦。它們會明白呈現好消息、壞消息，以及可怕的消息，不會迴避困難的問題。他們採納長期思維，將長期的業績成果繪製成圖表，這意味著他們承認，為了在更長遠的時間得到更高的報酬，有困難的問題需要解決。

在這本書中，我不只選擇最好的股東信作者，也從他們的信中摘出最棒的篇章。這些信件是按個別企業收錄，同一家企業的信再根據時間先後排序。透過這樣的編年排列，我們可以看到，隨著時間推移，每位作者在處理不斷變化的環境和問題時也有所改進。

不過，有一些常見的主題會特別整理在一起，不會按照原來的編年排列，例如買回庫藏股和配發股息，股東信裡的這類主題會挑出來放在各章的最後。

這些作者在數十年來處理各式各樣的主題，但有些基本主題是各家企業都會談到的，包括：

公司歷史：企業文化、原則、策略和護城河

本書挑選的股東信幾乎都會談到公司的歷史，這也是讀者了解公司業務的重要脈絡。有些經理人深信指導原則、有些經理人注重企業文化，也有經理人對這些構想抱持懷疑的態度。但他們在談到特定業務時，都會討論策略和競爭優勢。很多人把長期願景視為競爭優勢，也有許多人談到產品、客戶多元化，以及規模經濟等「護城河」。

長期觀點：不做單季預測

最重要的是，這些高階經理人都堅持採用長期觀點，並沒有專注在當季或當年的表現，而是希望員工、股東跟他們一樣，把眼光放長放遠。看看這本書中的股東信，你就會發現「長期」這個詞比「每季」或「本季」更常出現。他們捨棄法說會與盈餘預測，多半偏好透過股東信來陳述事情。

資本配置：買回庫藏股、配發股息與投資

　　資本配置是指企業在眾多可能的用途中進行資金分配的方法，包括在既有業務上進行再投資、併購新事業、買進庫藏股和配發股息。理想的配置就是讓每一塊錢都發揮最有價值的效用。會這麼想的經理人並不多，但最優秀的領導人都會這樣做，而他們的股東信就會談到這點。他們會把資本配置比擬成投資，引發股東回想自身經驗，產生共鳴。

高階經理人：薪資報酬、內部人持股和接班計畫

　　我在本書挑選的所有領導者都了解獎勵措施的重要性，有十幾篇文章從不同的角度討論薪酬問題。他們都堅決主張經理人與股東的利益應該要一致，所以也都是企業內部人持股的擁護者。另外也有多位領導人談到如何安排接班的步驟。

管理：品質、信任和保守傾向

　　這些文章的作者討論的是品質和理性，強調信任和保守。他們往往會去分析事情，而不是宣揚事情，他們會仔細檢視錯誤和挑戰，而不愛誇耀勝利，或只說最好的預期結果。他們都經常誇獎自己的員工。

衡量指標：財務槓桿、流動性和價值

　　執行長花很多篇幅在談企業指標，告訴股東自己對公司的業務和績效有何看法。他們不喜歡舉債，努力保持資金流動性，而且常在信中詳細描述公司如何謹慎的利用財務槓桿與維持流動性。他們喜歡維持一致的做法，每年針對同樣的指標來進行觀察與衡量，而不是挑選表現最好的數字來說嘴。如果採用新的指標，必定會向大家說明採用的理由，以及解釋新指標的意義。

　　這些經理人雖然都同意股價是衡量企業成功與否的重要指標，但大多數認為它是衡量企業價值最好的方法。書中有六篇文章討論到股價與企業價值的關係，並且提出不同的想法。有的股東信會談到經營績效數字，我會在那一章的最後以列表的方式呈現。讀者還可以去 Harriman House 網站的本書網頁（harriman-house.com/dearshareholder）上找到一張 PDF 圖表，上面會呈現每位股東信作者在任期間的公司股價表現。

簡介

本書集結1978年以來16家企業、超過20位經營者寫給股東的信。按照他們第一封信的時間排序，分為三個時期：經典期，1970至1980年代；成熟期，1990年代；以及2000年以後的當代期。

經典期

現代企業股東信的經典形式可以追溯到1978年，由巴菲特在波克夏公司執筆寫成。在《巴菲特寫給股東的信》中，我將他的信件按主題分類，主要包括公司治理、財務、投資、併購及會計處理等主題。

不過在這本《親愛的股東》中，我挑選的信是巴菲特奠定波克夏早期基礎的明確方針。巴菲特後來的股東信又陸續提到股票分割、股息發放和買回庫藏股等議題，也談過股票上市、價差交易，以及波克夏的雙層股權結構。

巴菲特寫給股東的信內容清楚、坦率和睿智，但這些其實並不是最大的特點。[7]它們的本質不是「信」，按照巴菲

特的話來說應該是「公文」，是用來闡述觀點、主題各不相同的系列短文。從這些股東信可以看出巴菲特是個快樂、理性，而且精明的資本家。波克夏就是他一生致力去打造的精心作品，也可以說是他的分身。

巴菲特在可口可樂公司的董事會任職多年，而波克夏也一直持有這家公司大量的股權。巴菲特深受可口可樂執行長古茲維塔的吸引，古茲維塔當年曾鼓勵大股東長期持有大量股權。古茲維塔的股東信也寫得很好，在一些基本主題上，像是買回庫藏股和經濟利潤等等，都是最早提出來討論的領先者。另外，他也談過資本配置、股票價格與信任。

巴菲特可以說是美國史上最精明、最厲害的投資人與經理人，不過在其他國家的投資人心中也有其他代表人物。楓信金融控股公司（Fairfax Financial Holdings）的董事長兼執行長普雷姆・瓦薩（Prem Watsa）就常常被稱為「加拿大的巴菲特」。他從1985年以來一直是楓信金融控股公司股東信的執筆者，下筆洋洋灑灑，機智迸發，談過許多跟股東有關的話題。[8]

瓦薩早期的股東信說他很欽佩巴菲特，這一點在楓信公司的經營原則與作為上都具體呈現出來。瓦薩也景仰可口可樂執行長古茲維塔，並受到其他投資大師的影響，包括班傑明・葛拉漢（Benjamin Graham）的保守理念、海曼・明斯基（Hyman Minsky）對投資的謹慎，以及亨利・辛格頓

（Henry Singleton）買回庫藏股的建議。瓦薩寫的股東信透徹犀利，他曾說明楓信公司的雙層資本結構有什麼競爭優勢，以及公司如何達成極低的股票周轉率。

露卡迪亞國際公司（Leucadia National）的創辦人伊恩・康明（Ian Cumming）和喬伊・史坦伯（Joe Steinberg）40年來都在全世界找尋和併購被低估的企業，買進後重整，然後自己經營或轉手再出售。他們的經營模式遍及不同產業，為忠實的股東帶來豐厚報酬。兩人的股東信無所不談，早年提出的指導原則也會與時俱進，隨著多年經驗的累積進行修正。

在他們讓人敬佩的職業生涯即將結束時，康明和史坦伯為露卡迪亞國際公司安排開創性的轉型。2013年，露卡迪亞與富瑞集團（Jefferies）合併，富瑞集團是李察・韓德勒（Richard Handler）與布萊恩・富利曼（Brian Friedman）經營的投資銀行。韓德勒與富利曼這兩位接班人要維繫露卡迪亞公司的成就，在營運和股東經營上都面臨很大的挑戰，這還包括要寫出跟前任經營者一樣厲害的股東信。他們說公司的前三個目標就是「股東、股東、股東」，股東信的內容不管是談耐心、信任，或是流動性、把握商機等議題，總是從股東利益的觀點出發。

成熟期

　　進入1990年代以後，有更多知名的企業執行長延續巴菲特的經典傳統。其中包括華盛頓郵報公司（Washington Post Co.）的唐諾·葛蘭姆（Donald Graham），巴菲特幾十年來都是這個家族企業的大股東兼董事，因此這家公司深受巴菲特影響。

　　華盛頓的葛蘭姆家族可說是媒體王朝，數十年來由凱瑟琳·葛蘭姆（Katharine Graham）和兒子唐諾先後領導，是以華盛頓郵報公司與旗艦報紙《華盛頓郵報》為豪的老闆，也是經營者。唐諾的股東信誠摯懇切，帶著強烈的公民意識，也頗有學者般的仁人風格。本書蒐集的股東信展現出凱瑟琳如何順利交棒給唐諾，而唐諾在20年的經營後，又如何同樣順暢的交接給女婿提姆·歐夏納西（Tim O'Shaughnessy）。

　　另一個優秀的巴菲特模仿者是馬克爾公司（Markel Corporation），由現任執行長湯姆·蓋納（Tom Gayner）率領一群高階經理人，致力於建立一個類似波克夏公司的商業模式。馬克爾公司的股東信談論過股息配發、接班計畫和員工分紅等業界常見主題，也曾深入探討投資活動、企業文化和信任等議題。馬克爾公司的致股東信顯示出這家公司跟下面這幾家公司的淵源，包括它是波克夏的長期大股東；楓信

金融以前曾是它的子公司；執行長蓋納長期擔任華盛頓郵報公司的董事。

傑夫·貝佐斯（Jeff Bezos）寫給亞馬遜股東的信也可以發現類似的淵源。亞馬遜公司雖然是全球經濟獨一無二的顛覆力量，但是它的崛起過程卻跟巴菲特和葛蘭姆家族大有關係，貝佐斯就是從葛蘭姆家族買下《華盛頓郵報》。貝佐斯的股東信對經營決策到企業文化等多個主題都有深入看法，尤其是聚焦在長期願景的信更是深刻精采。

當代期

本書收錄最後一組的股東信屬於當代期，第一位是查爾斯·法比康（Charles Fabrikant），《霸榮週刊》（Barron's）在2013年稱讚他是「駁船界的巴菲特」。[9]法比康從2000年以來就一直是國際物流及航運業者海科公司（SEACOR）的股東信作者，他寫的文章淺顯易懂，又非常有趣。法比康說他擔任海科執行長所做的工作，幾乎都跟資本配置和投資有關。這裡頭當然包括資產的買賣，從駁船、貨輪到經營直升機航隊與遠洋海運的子公司業務都有。法比康如此強調投資活動，讓運輸駁船這門粗重生意感覺很有趣，他也會說明會計上的應用，讓這門學科也活躍起來。

接著是信貸承兌公司（Credit Acceptance）的布雷特·

羅伯茲（Brett Roberts），他做的是一門很有挑戰性的生意，那就是貸款給高風險客戶買車。他的股東信從2002年以來談的內容幾乎都一樣，這其實很正常，因為那段時間即使碰上經濟波動，他的車貸生意也沒有受到多大的影響。這些信首先會簡單介紹公司的歷史，然後敘述景氣循環對公司營運、經濟利潤、資本配置和買回庫藏股的影響，信中的內容在在顯示公司的經營和管理態度保持著極為罕見的穩定。

搜尋網站Google在2004年上市時，創辦人賴利‧佩吉（Larry Page）和謝爾蓋‧布林（Sergey Brin）印製的股東手冊就是受到波克夏公司的啟發。手冊中討論到上市公司必須面對的根本挑戰，尤其是如何在只在乎股價的市場中維持長期眼光。他們採用的方法包括一種雙層資本結構，這個方法很像楓信公司幾十年前使用的方法，而且後來還引發一股熱潮。Google在首次公開發行股票的過程中也採用一種不尋常的做法，那就是上市價格並不是由承銷商評估市場的興趣來決定，而是透過拍賣來呈現市場的實際需求。

基金業者晨星公司（Morningstar）在2005年上市時，也跟Google一樣用拍賣來決定價格，理由是：對投資人來說，這樣比依靠投資銀行家的直覺更公平。從那時候開始，執行長喬‧曼蘇托（Joe Mansueto）就一直強調自己很重視股東權益。曼蘇托顯然也從巴菲特那裡學到不少，他在股東信上說：股東就是老闆，並以競爭優勢和護城河來解釋公司的經

營策略。曼蘇托從不舉行每季法說會或提供盈餘預測，只在公司網站上貼文回答一些書面問題。他召開的年度股東會讓人印象深刻，年度股東信也寫得非常精彩。

馬克・李奧納德（Mark Leonard）在1995年創立星座軟體公司（Constellation Software Inc.），並在2006年公司上市時發表第一封股東信。這家公司併購與創辦數百家不同領域（也就是垂直市場）的軟體事業，並且長期經營。星座軟體公司的經營模式以企業併購為主，所以它既是投資人，也是經營者，而且李奧納德也以此來闡述。從這兩個面向來看，李奧納德都強調基本面，專注在投資事業的獲利。在併購活動方面，公司主張嚴守價值投資法，這是一種長期策略，並奉行合理的資本配置原則；在企業經營方面，公司主張採用高度去中心化的結構，給予員工最大的自主權，在充滿學習的文化下分享最佳實務。[10]

當代企業的執行長面臨一項嚴峻挑戰，就是要跟日益多元且分散的股東們建立聯繫，包括從被動投資的指數基金投資人到要求很多的市場派股東，以及從支持永續發展的投資人到追求股東價值的投資人。能兼顧這麼多股東需求的執行長並不多，而百事公司執行長盧英德（Indra K. Nooyi）便是其中之一，她精心寫下的股東信證明了這點。她秉持著「兼益」（profit with purpose）的理念，帶領這家傳奇企業為所有利害關係人和各類型的股東創造出不凡的價值。

　　亞勒蓋尼公司（Alleghany Corporation）執行長威斯頓・希克斯（Weston Hicks）在2007年發表第一封股東信。這家保險公司跟波克夏、楓信金融和馬克爾一樣，也持有大量的投資組合，手上既有一些上市公司的少量股權，也控制或獨資持有一些子公司。希克斯的性格和作風就是典型的投資人，他跟股東的溝通就像跟同儕聊天一樣。安德魯・貝里（Andrew Bary）在2016年的《霸榮週刊》中曾報導：亞勒蓋尼「在華爾街的成績並非多麼了不起」，「希克斯本人也不太張揚」。[11]但「跟巴菲特一樣」，貝里寫道：「希克斯寫出誠實、充滿洞見的股東信。」

　　百年老店IBM的執行長維吉妮亞・羅美蒂（Virginia Rometty，小名吉妮）在她熱情洋溢的股東信中說道，IBM一向是商用科技的驅動者，如今在數據分析時代仍然不斷的研發創新。IBM始終站在商用科技的最前線，致力於改善商業實務並塑造社會規範。創新不只是口號，更要為科技的劇變負起管理責任，尤其是在人工智慧（AI）方面。羅美蒂解釋說，人工智慧並不是科幻小說中失控的機器人，而是提升人類智慧的強大工具。

　　當代期最後收錄的股東信來自辛普雷斯公司（Cimpress）的執行長羅伯・金恩（Robert Keane），這是一家客製化商用促銷品的製造商。他說他真希望自己早點學會資本配置的重要性。在2015年以前，金恩的股東信跟很多上

市公司一樣寫得很簡短；他們都把重點擺在年報上，而且只寫一頁左右。但在那以後，他開始談論資本配置和投資的重要原則，而且附上不少與衡量工具相關的複雜細節，尤其是股票的內在價值與穩定的現金流量。

* * *

回來談股東信的核心概念，華倫・巴菲特在1979年的信中這樣寫道：

> 你會收到我們提供的信件，是因為你付錢給我們來經營事業。身為董事長，我堅信每一位股東有權利直接聽取執行長的報告，來了解公司目前與未來的事業發展。你對私人企業會有這樣的要求，那麼你對上市公司的期待應該不會比較低。

股東信這個概念的核心特徵，要特別與其他特徵區別開來，這也是這本選集要呈現的理念：由管理股東資產的經理人直接溝通，對公司經營給出坦率、清晰的評價！

編撰說明

　　本書所摘錄的內容，都是以讀者容易閱讀，而且不扭曲作者原意為目標。要兼顧這兩點，需要以兩個主要的考量來精確摘錄，那就是有些段落會直接刪減，有些段落太長則需要分段。在這本書裡，這些修改都不會另做標記。

　　大多數公司的股東信是每年至少摘錄一小段，但並不總是如此，這點也不會標示出來，因此大家只會發現有些年分有缺漏。有幾個主題在各家公司的股東信上一再出現，我會給它們統一的小標。這些小標在前言也提過，詳見下表。在本書後面的〈主題索引〉，則會附上討論主題出現的頁碼。

- 買回庫藏股
  Buybacks

- 資本配置
  Capital Allocation

- 公司歷史
  Company History

- 薪資報酬
  Compensation

- 保守傾向
  Conservatism

- 文化
  Culture

- 股息政策
  Dividends

- 高階主管
  Executives

- 內部人持股
  Inside Ownership

- 投資
  Investing

- 財務槓桿
  Leverage

- 流動性
  Liquidity

- 管理
  Management

- 衡量指標
  Metrics

- 護城河
  Moats

- 每季預測
  Quarterly Guidance

- 原則
  Principles

- 尋找好股東
  Quality

- 策略
  Strategy

- 接班
  Succession

- 信任
  Trust

- 價值
  Value

致謝

　　感謝本書收錄的股東信中所提及的企業與高階經理人。尤其感謝給予我寶貴支持、鼓勵及建議的貴人，像是華倫‧巴菲特、查爾斯‧法比康、湯姆‧蓋納、唐諾‧葛蘭姆、李察‧韓德勒、威斯頓‧希克斯、馬克‧李奧納德、喬伊‧史坦伯和普雷姆‧瓦薩。

　　還要感謝我在華盛頓大學的得力助手，包括助教安妮‧埃基琪洛娃（Annie Ezekilova）、法律、經濟與金融中心（C-LEAF）研究員大衛‧坦伯頓（David Templeton）、圖書館參考館員洛里‧弗薩姆（Lori Fossum）與基亞‧阿尼（Gia Arney）。

　　此外，我也要感謝本書提及的眾多公司的員工與高階經理人，包括波克夏公司的戴比‧波薩內克（Debbie Bosanek）、亞勒蓋尼公司的喬‧布蘭登（Joe Brandon）、辛普雷斯公司的美樂迪‧伯恩斯（Meredith Burns）、信貸承兌公司的道格‧巴斯克（Doug Busk）、晨星公司的史蒂芬妮‧勒達爾（Stephanie Lerdall），以及富瑞集團的艾琳‧桑托羅（Erin Santoro）。

　　我很幸運擁有一支由業界同事、學者與朋友組成的強大團隊作為後盾，他們為我的研究與寫作慷慨提供諮詢，並且提出問題。關於本書以及所有相關的研究計畫，我要特別感謝馬克・休斯（Mark Hughes）、阿曼達・卡頓（Amanda Katten）、大衛・瑪耶茲（David Mraz）、菲爾・奧德威（Phil Ordway）、蘿菈・黎頓郝斯（Laura Rittenhouse）、邁爾斯・湯普森（Myles Thompson）與茱蒂・華納（Judy Warner）。

　　感謝哈里曼出版公司（Harriman House）全體團隊，以及領導團隊的優秀總編輯克雷格・皮爾斯（Craig Pearce）。本書書名正是源自他的建議。我也要感謝《大股東寫給經營者的八封信》作者傑夫・葛蘭姆，他慷慨的允許我將書名取為《親愛的股東》，這是改寫自他的英文書名。

　　最後，我要感謝我的家人，首先要感謝的是我無與倫比的妻子史蒂芬妮（Stephanie），再來是我們的寶貝女兒蓓卡（Becca）與莎菈（Sarah）。我非常愛你們。

PART I

經典期

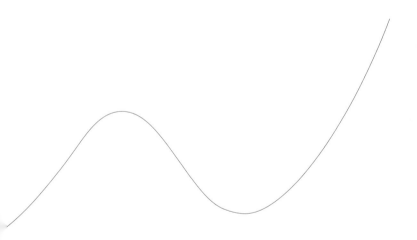

01

華倫・巴菲特
波克夏海瑟威公司致股東信

華倫・巴菲特是股東培育所的所長，也是股東信之王！他從1956年開始經營合夥事業，就知道要把服務擴大到滿足股東的需求。到了1970年代，他接掌上市公司波克夏海瑟威，更是盡心盡力。從1978年之後，巴菲特每年都會發表股東信，影響力超過其他企業的執行長。[12]

巴菲特的股東信就是黃金標準，大家都想知道他每年寫的內容有什麼特別之處。他有時會寫得很長，讀起來像是優美的散文，而不像企業書信。他行文流暢、機智逬發、理路清晰，這些優點都值得別人學習仿效。

不過這些優點源自一種擁有最大價值的深層特質。巴菲特的每一篇股東信都有一個特殊的動機，那就

是為了吸引支持他獨特理念的股東和同業（包括企業賣家）。這些理念包括基本的業務分析、傳統的公司評價方法，以及長期的眼光。

巴菲特也常常對一些傳統見解提出異議。他會詳細說明這些傳統見解不正確與不完整的理由，然後在這些議題上呈現波克夏的不同之處，例如自治、持久和信任。

讀者如果要研究這些珍貴的信件，一定要閱讀我編輯的《巴菲特寫給股東的信》。以下摘錄的股東信就是從那本書中挑出來的，而且都是他描述公司最突出的例子，要提供給長期持有公司股票的股東。他會解釋如何挑選當期股東信的主題，譬如股票分割、股息發放、買回庫藏股、股票上市、交易價差，以及波克夏的雙層資本結構等等。這些摘錄的股東信和本書大部分摘錄的股東信一樣，是按照時間順序排列，而不是按主題歸類。

1979年

尋找好股東

　　從某些方面來看，我們的股東是一個非常特殊的群體，這會影響我們向你報告的方式。比方說，在外流通的股票中，有98％的股東從年初就一直持有到年尾。所以我們的年報不能重複同樣的內容，說著前幾年講過的話，而是要增加很多新資料。如此一來，你會獲得更多有用的資訊，我們也不會覺得無聊。

　　此外，我們大概有九成的股票是由投資人持有，他們往往把波克夏列為投資組合中最多的持股。有很多股東願意花很多時間仔細研讀年報，因此我們很樂意設身處地的他們著想，將有用的資訊提供給他們。

　　與年報相比，波克夏的季報就不會有什麼長篇大論。我們這些經理人和董事都關注事業的長期發展，所以對於這些長期事項在每季會有什麼發展，我們很難表達新的看法或說出有意義的判斷。

　　你會收到我們提供的信件，是因為你付錢給我們來經營事業。身為董事長，我堅信每一位股東有權利直接聽取執行長的報告，來了解公司目前與未來的事業發展。你對私人企業會有這樣的要求，那麼你對上市公司的期待應該不會比較低。這種一年一度的管理報告不該交給部屬或公關顧問公

司，因為他們不在經理人的位置上，不可能以經理人對股東的角度據實以告。

我們認為你是企業主，有權利要求經理人直接向你報告，就像波克夏的經理人也有權利要求部門主管報告。當然，報告的內容不會那麼詳盡，因為怕有些資訊會洩漏給競爭對手。但是我們仍然會給你面面俱到、坦誠真實的說明。我們不希望部門主管交來的報告是公關稿，所以也不認為你會想收到那樣的信件。

大致說來，企業尋求與珍視怎樣的股東，就會擁有怎樣的股東。企業的思維和溝通如果都擺在短期業績或短期股價，大概就只會吸引同樣性格的股東。企業要是看不起投資人，那麼投資人也不會給它好臉色。

著名的投資人與作家菲利普・費雪（Philip Fisher）曾說，企業吸引股東，就該像餐廳招攬顧客的方式一樣。餐廳會先選定客群，例如要提供快速簡餐或精緻餐飲，西方美饌或東方佳餚，然後在長久經營後贏得一群忠實饕客。當餐廳的各項工作都能到位，服務、菜單和價格都讓人滿意，客人就會一再光臨。要是餐廳自己變來變去，一下子做高級法式料理、一下子又做炸雞外帶，讓人一頭霧水，最後必然留不住客人。

企業吸引股東也是如此。你無法提供所有人想要的東西；有人想要高收益，有人注重資金長期成長，還有人只想

要短線獲利，你無法滿足所有人的需求。

有些管理階層希望公司股票在市場上交易熱絡，這就讓我們很不解。因為這樣的管理階層等於是說：為了吸引新的股東，希望現有的股東趕快把股票賣掉。畢竟如果沒有損失很多舊股東，就不可能增加很多（帶著新預期的）新股東啊！

喜愛我們服務與菜單的股東，我們很期待你們願意一年又一年大駕光臨。我們真的很難找到比現在坐在波克夏海瑟威公司「股東席」更好的「客人」了！所以，我們希望股票周轉率一直保持很低的水準，這樣就表示股東理解我們的經營和努力，認可我們的做法，也支持我們的期望。我們也會一一兌現這些期望。

1983年

股票分割

常常有人問波克夏為什麼不做股票分割。這個問題背後的假設是股票分割通常會對股東有利，但我們不同意這個看法。這裡就來解釋為什麼。

我們有個目標是讓波克夏的股價能與內在價值合理的連動（請注意！是「合理的連動」，而不是「達到一致」：如果市場上績優公司的股價普遍大幅折價，那麼波克夏的股價同樣也會被低估）。而保持合理股價的關鍵，在於擁有理性

的股東和潛在股東。

　　要是股東或想要持有股票的買家偏好做出不理性或情緒化的決策，股價就會常常出現相當離譜的價格，躁鬱的性格會產生躁鬱的估價。暫時的異常漲跌固然有助於我們去買賣其他公司的股票，但為了你我的利益著想，我們希望波克夏的股價最好不要這樣暴起暴落。

　　要留住優質的股東實在不簡單！卡洛琳‧阿斯托夫人（Caroline Astor）可以自己選擇400名賓客，*但任何人都可以買股票。我們不可能根據智商高低、性格好壞、道德意識或者穿著打扮來篩選誰能進入股東「俱樂部」。因此，想要精選「優質」股東也是不可能的事情。

　　不過我們認為，如果波克夏的企業理念能不斷對外傳達，態度始終保持一致，應該就能吸引並留住優質的股東。這種自我篩選的過程就像歌劇和搖滾樂都在打廣告，但是吸引的樂迷並不同，儘管誰都能買票。

　　透過我們的政策與溝通，也就是我們的「宣傳」，希望可以吸引願意了解我們營運、態度和期望的投資人（而且同樣重要的是，希望不認可我們做法的人不會來投資）。我們想要的是認為自己是企業主、有意願長期投資公司的人。而

---

*　　編注：阿斯托夫人是19世紀紐約上流社會社交名媛，她創辦著名的社團「菁英400」（The Four Hundred），並時常在兒子阿斯托四世（John Jacob Astor IV）創辦的紐約瑞吉酒店（St. Regis New York）宴請賓客。

且我們希望股東關心公司的經營成果，而不是股票價格。

擁有這些特性的投資人是少數；但在我們的股東裡，這樣的人卻特別多。我相信波克夏的股票有90％以上、甚至95％的持有者都是資歷超過5年的股東。而且我猜想，我們95％以上的股票，在持有者的投資組合中都是最大的部位，而且持股比例應該至少是第二大部位的兩倍以上。在所有總市值達10億美元、而且擁有數萬名股東的上市公司中，我們幾乎可以肯定我們的股東在思考與行為上很像企業主。要讓擁有這些特性的股東再增加，實在很不容易。

如果我們分割股票，或是採取其他刺激股價的做法，而不是專注在企業價值，那麼我們吸引到的新股東將比舊股東還差。把1股分割成100股以後，現在買100股難道會比過去只買1股來得好嗎？認為比較好的人，會因為股票分割或預期有股票分割才來買股票；但如此一來，必定會降低我們股東的素質。

（把現在思慮清晰的舊股東換成容易受影響的新股東，他們只在乎張數而不管價值，以為九張十元美鈔比一張百元大鈔更富有，難道可以提升股東素質嗎？）你買進股票的時候如果不是因為價值，那麼你賣出股票的時候大概也不在乎價值。這種股東的存在，只會造成股價劇烈波動，跟企業的經營面脫鉤。

所以我們努力避免採用吸引短線炒股客的政策，而採取

有助於企業價值、吸引長期投資人的政策。你是在一個有理性投資人的市場中買進波克夏股票，將來如果你想賣股票，也應當能在同樣有理性投資人的市場上賣出。我們一定會努力做到這一點。

股市有個詭異的現象是過度強調交易熱絡。證券商常常說「市場行情」、「流動性高」，來讚揚股票周轉率高的上市公司（那些無法讓你賺錢的人會如此信誓旦旦的對你說）。但各位投資人應該要了解，有些事情雖然對莊家有利，對賭客卻不利。一個太過活躍的股市，其實就像是企業組成的扒手集團。

比方說，有一家公司的股東權益報酬率是12％，假設它的股票周轉率很高，每年高達100％。如果是以帳面價值來進行股票買賣，那麼這家公司的股東每年所支付的轉讓費用會是公司淨資產的2％。這種交易熱絡並不會增加投資報酬，股東每年反而會因為「摩擦性」的交易成本而喪失1/6的利潤。

（我們知道有一種「把餅做大」的說法是，交易熱絡能提升資本配置的合理性。但我們認為這個論點是錯的。總體來說，市場太過狂熱只會扭曲資本的配置，餅反而會變小。經濟學家亞當斯密（Adam Smith）認為，自由市場上所有的私利行為都有一隻看不見的手在引導，使經濟產生最大的進展。而我們認為，淪為賭場的股市和衝動的投資方式就像一

隻看不見的腳，會把大家絆倒，阻礙經濟進步。）

　　把交易熱絡的熱門股拿來與波克夏比較一下。我們的股票現在的買賣價差大約是30個基點，也就是略高於2％。當然，交易規模不同，價差就不太一樣，從4％（買賣股數非常少）到1.5％（巨額交易的議價會使價差和證券商的手續費減少）都有。但因為波克夏股票的交易都相當大，所以平均價差不會超過2％。

　　而波克夏股票的實際周轉率每年大概只有3％而已（不包括饋贈、繼承以及券商間的交易）。所以股東每年要支付的轉讓費用合計占波克夏總市值1％的6％。粗略計算是90萬美元。這筆數目不小，但遠遠低於市場平均水準。分割股票只會增加交易成本，也會降低股東素質，並刺激股價波動，與公司內在價值脫鉤，完全沒什麼好處。

1984年

股息政策

　　企業常常需要公布股息政策，卻很少解釋配發的理由。例如有的公司會說：「我們的目標是要發放40％到50％的盈餘，而且至少要趕上消費者物價指數的上漲速度。」就這麼一句話，沒有提供任何分析，沒有說明為何目前這個政策對股東最有利。但既然資本配置對企業和投資管理都非常重

要，所以我們認為，經理人和股東都要認真思考，企業盈餘在什麼狀況下應該要保留、什麼狀況下應該要發放。

　　首先要了解，盈餘的來源不見得相同。許多企業的盈餘都會因為通貨膨脹而大幅縮水，甚至完全歸零，特別是資產利潤率（asset/profit ratio）很高的公司。企業如果要維持經濟地位，會縮水的盈餘（我們稱為「受限制的」盈餘）就不能拿出來配息。要是配息出去，企業很可能出現問題，像是維持單位營收的能力下降、長期競爭優勢不再或財務體質變差。企業如果一直把受限制的盈餘拿出來配息，不管配發比例多麼保守，遲早會滅亡，除非公司不斷注入資金。

　　受限制的盈餘對股東也不是完全沒價值，只是常常要打很大的折扣。不管它的經濟效益有多差，總之企業就是要把這樣的盈餘保留下來。（這種不管資產報酬多差、仍然保留盈餘來持續投資的做法，其實是10年前聯合愛迪生公司〔Consolidated Edison〕以很諷刺的方式無意提出的。當時這家公司因為違規被懲罰，股價跌到帳面價值的四分之一；也就是說，公司每保留一塊錢盈餘來投資，這一塊錢就會轉為兩毛五的市值。儘管有這種黃金變廢鐵的過程，聯合愛迪生公司還是把大部份的盈餘拿來再投資，沒有給股東。同時，他們在紐約很多建築和維修工地上都還豎起豪氣干雲的標語：「我們必定完全投入！」）

　　不過我們現在要討論的是股息，就不必談受限制的盈

餘。我們要談的是更有價值的不受限制盈餘。這些盈餘既可以保留，也可以發放出去。我們的看法是：經理人應該從股東利益來考量要怎麼做。

這項原則不一定要全盤接受。經理人可能有種種原因想要保留不受限制的盈餘，不打算分配給股東，譬如為了擴大企業版圖，或是讓公司有更雄厚的財力來運作。但我們認為，保留盈餘只有一個合理的原因。只有在有個合理的預期下（這個預期最好是有歷史證據顯示，或是在適當的情況下對未來有周密的分析），保留在公司的每一塊錢，可以為股東創造出一塊錢以上的市場價值。只有在保留的資金產生的額外效益大於或等於投資人自行運用時產生的效益，這種情況才會發生。

我來進一步說明。假設投資人持有一種年利率10％的無風險永續債券，而且它有個非常不尋常的特點：投資人每年可以領取10％的現金利息，不然就是在同樣的永續債券再投資10％。也就是說，未來你都可以選擇領現金或再投資。如果有一年，市場上長期無風險債券的利率只有5％，那麼只有傻瓜才會領取現金，因為把它拿去多買10％的債券會比得到10％的現金利息更值錢。就算是急需現金的投資人也一定會將利息轉成債券再立即拋售，因為這麼做一定會比直接領現金賺更多。如果是理性的投資人持有債券，那麼在市場利率只有5％的時候，絕對沒有人會去領取現金利息，就算是

很需要錢過日子的人也一樣。

但如果市場利率升到15%，理性投資人就不會想把錢再投資10%的債券了。就算他根本不需要現金，也一定會選擇領取現金利息。如果反過來將利息拿來再投資，投資人得到的債券市值遠比他取得的現金利息還低。如果一定要再投資10%的債券，那麼大可以把領到的現金拿去市場買進債券，在市場上可以用很大的折扣取得債券。

股東在思考不受限制的盈餘應該保留，還是付給股東的時候，跟我們假設的債券投資很類似。不過，這種分析更為困難，而且比較容易出錯，因為再投資收益的報酬率不像債券利息是合約訂好的數字，而是會變動的數字。股東必須去猜測在不遠的未來，平均報酬率有多少。不過，如果可以合理預測，那麼接下來的分析就簡單了：如果再投資預期有很高的報酬率，你會希望把收益拿來再投資；如果再投資的結果可能產生很低的報酬率，那你應該會希望拿到這些收益。

很多公司的經理人也都是依照這個道理來決定子公司是否應該將盈餘分配給母公司。從子公司的角度來看，經理人可以毫不費力的像理性投資人一樣去思考。但是從母公司的角度來看，要不要配發盈餘往往是另一回事。這時候，經理人常常不會設身處地的為股東著想。

所以多角化經營企業的執行長會採取一種精神分裂的作為，當子公司A的再投資報酬率只有5%時，他們會要A公

司繳回所有盈餘，把錢投入報酬率高達15％的子公司B，顯然執行長這時候還記得在商學院學到的內容，沒有做出不正確的行為。

但如果母公司的再投資報酬率長期下來也只有5％，而市場利率是10％的時候，他可能只會根據過去的做法或業界慣例來制定母公司的股息配發政策。此外，子公司如果想保留盈餘，執行長會要求子公司的經理人提供完整報告，詳細說明盈餘為何應該保留，而不是繳回母公司；不過他對母公司的股東卻很少提供針對整個公司的類似分析。

股東在判斷經理人保留盈餘是否合理時，不能只比較最近幾年再投資的收益占投資總額的比例，因為它可能受到公司核心業務的發展影響。在通貨膨脹期間，核心業務會隨著經濟發展而擴張的公司會有很高的報酬率，只要增加一點資金投入就能創造很高的報酬。不過，除非他們的單位營收有大幅成長，不然，從定義上來看，真正傑出的企業應該要能創造大量的超額現金。

如果一家公司把大部分資金投資在報酬率較低的事業，公司保留盈餘再投資的整體報酬率看起來還是會很不錯，因為少部分增加的盈餘投資在有高額報酬的核心事業上。這種情況就好像一場職業選手和業餘選手都可以參加的高爾夫球比賽，儘管業餘選手打得一塌糊塗，但因為同一隊中有職業高手，成績還是不錯。

　　很多公司的股東權益報酬率和盈餘再投資報酬率看起來一直都不錯，但實際上大部分保留盈餘的再投資沒有經濟效益，甚至慘不忍睹。然而，它們有非常出色的核心事業，盈餘年年增加，因此掩蓋資本配置一再失敗的事實（通常都是拿錢去高價併購表現平平的事業）。犯錯的經理人會一再強調他們會從近期的失敗中學到教訓，然後又會去尋求下一次的失敗教訓（他們似乎陶醉在失敗中）。

　　在這種情況下，保留的盈餘如果只投資在高收益事業，其餘的盈餘則拿來配發股利，或是用來買回庫藏股（這是讓公司專注在高收益事業，不會把錢浪費在不賺錢事業的行動）。不論整體企業的獲利有多好，高報酬率事業的經理人如果一直把大量資金投資在低報酬率的事業，都應該為這樣的資產配置決策負起責任。

　　我的意思並不是說股息配發必定要跟著每季盈餘或投資機會的些微變化而馬上調整。我們都知道，上市公司的股東喜歡一致並可預期的股息政策。所以股息的配發應該要反映出公司對盈餘與再增資收益的長期預期。既然長期的公司前景很少改變，股息政策應該也不會太常改變。但是隨著時間經過，經理人如果要把盈餘保留下來，就應該讓那些錢真正發揮效果。如果事實證明盈餘留下來是錯的，那麼經營者還繼續留任應該也是錯的。

買回庫藏股

在我們投資最多的幾家上市公司中,只要價格與價值出現比較大的落差,我們都會大量買回股票。身為股東,我們發現這種做法可以帶來兩個好處,第一個好處很明顯,第二個好處則比較微妙,而且大家通常不知道。明顯的好處只要做點簡單計算就知道:用遠低於每股內在價值的價格大量買回股票,公司的價值馬上會大幅增加。當公司買回自家股票時,他們往往會發現很容易用一塊錢來獲得兩塊錢的價值。收購其他公司的計畫從來沒有這麼好過,而且是花一塊錢卻買不到價值一塊錢的東西,真是讓人傷心!

買回庫藏股的另一個好處無法精確衡量,但是時間一長就能全然感受到同樣的重要性。經理人在公司股價遠低於企業價值時買回庫藏股,就是在清楚表明:他想要增加股東的財富,而非擴張公司版圖、卻不顧(甚至危害)股東權益。

當股東和潛在股東看到這一點,就會提高對公司未來收益的預期。這種評價上修反過來會使股價更貼近企業的內在價值。這樣的價格就會變得完全合理了。經理人的行動證明是在為股東著想,投資人當然也不吝以資金支持這樣的公司,而不會花更多錢在自私自利、標新立異的經理人所經營的公司。

關鍵詞是「行動證明」。如果買回庫藏股對股東的好處

非常明顯，經理人卻置之不理，那麼大家就知道他的動機並不單純。這個經理人也許成天把維護股東權益的公關口號掛在嘴邊，說什麼「讓股東財富達到最大」（最近很受歡迎的口號），但市場會正確調降他持有的資產價值。這種人心口不一，不用多久市場就會看穿他。

1985年

薪資報酬

　　我們在波克夏採用薪酬獎勵制度，鼓勵已經在其職權範圍內達成目標的重要經理人。不管波克夏的股價上漲、下跌或持平，有良好表現的事業單位就應該得到獎勵。同樣的，我們認為就算公司股價大漲，如果表現普通，就不該獲得額外的獎金。「績效」當然是根據公司的經濟基本面因素來評量：有些經理人只是搭上順風車，並不是本身有多大的作為；有些人則只是很倒楣，碰上大環境不利。

　　這套制度提供的獎勵相當可觀。在我們的各個部門中，有些頂尖經理人領到的獎金是底薪的五倍，甚至更多。獎金沒有設定上限，也跟職級高低無關。小單位的主管要是表現特優，領到的獎金甚至會比大單位的主管還多。此外，我們認為，資歷和年齡等因素也不應該影響薪資報酬（雖然它們有時會影響底薪）。

很顯然所有波克夏的經理人都能用自己的紅利（還有各種資金，包括貸款）去市場上買進公司股票。而且真的有很多人這麼做，有些人甚至買了不少。這些經理人承擔持股風險，也付出持有成本，完完全全就是股東了。

認股權獎勵

如果投資報酬率平平，只要多投資一點錢就多賺一點，那不算是什麼偉大的經營成就，你舒舒服服的躺在搖椅上，也能得到一樣的結果。存款帳戶裡的錢增加4倍，利息當然也會增加4倍。憑這樣的成就難道想要別人對你歌功頌德嗎？然而，一些企業執行長的退休公告上常常有這樣的讚揚，例如在任內把某某小工廠的盈餘變成4倍，卻沒有人注意到這是不是只是多年來累積的盈餘和複利所產生的成果。

很多公司的員工認股權也是以同樣的方法運作：它們的股票價值增加只是因為管理階層一直保留盈餘，而不是妥善運用手中的資金。當然，認股權通常都是給有天分、增加企業價值的經理人，有時候給他們獎勵是名正言順。（但其實有不少真正傑出的經理人得到的獎勵總是比應該得到的少。）不過會有公平的結果通常是意外。而且獎勵一旦發出去，就跟個人表現無關了！它既沒有設定附帶條件，也不會撤銷（只要那個經理人繼續待在公司），所以不管你的表現

是好是壞，一樣能從認股權中得到獎勵。那種只想睡十年做大夢的李伯（Rip Van Winkle）[*]經理人，肯定最喜歡這種「獎勵」制度。

儘管有這樣的缺點，認股權在一些情況下還是很好用。我剛剛的批評是說它被無限制的濫用，若要使用它，必須注意三點：第一、認股權的價值一定要跟公司的整體表現綁在一起，所以合理的做法是，它應該只發給負責公司整體營運的經理人。職責範圍有限的經理人，則要根據其職責範圍來設定獎勵措施。

第二、認股權的設定必須小心謹慎。如果沒有特殊因素，就應該把保留盈餘或持有成本考慮進去。還有一點很重要：認股價格應該反映企業真實的價值。

第三、我想要強調，有些我很敬佩的經理人，他們的績效比我好很多，但我不贊同他們採用固定價格的認股權。他們確實建立可以運作的企業文化，固定價格的認股權是一種幫助他們的工具。他們領導員工，以身作則，運用認股權作為獎勵誘因，教導部屬要像股東那樣思考。但這樣的企業文化很少見。倘若真的存在，或許應該好好維護，即使認股權制度可能無效率和不公平。俗話說「東西沒壞，就不要亂

---

* 編注：《李伯大夢》（*Rip Van Winkle*）是19世紀美國小說家華盛頓・歐文（Washington Irving）的作品，描述主角李伯因為喝了矮人的酒，一睡就是20年，醒來後已經人事全非。

修」，這比「不計代價追求完美」要好得多。

1988年[13]

股票上市

〔我們相信波克夏即將在紐約證交所上市〕對股東有好處。我們有兩個標準來判斷哪個市場最適合波克夏股票。首先，我們希望股票能在貼近企業內在價值的合理價格進行交易。如此一來，每位股東的投資成果就會跟持股期間波克夏的經營績效差不多。

但這樣的結果絕不是自動形成的。很多股票的價格都會在超跌和超漲的區間內劇烈波動。發生這種情況時，股東也許會因此大賺或大賠，但這樣的賺賠跟持股期間公司的營運狀況沒有關係。我們想要避免這種變幻莫測的投機現象。我們希望股東和合夥人的獲利是來自公司的營運，而不是靠其他投資人的愚蠢行為。

要能夠維持合理的股價，就需要有理性的股東與潛在股東。我們現在所有的政策和溝通，都是希望吸引關注企業營運的長期股東，過濾掉只專注短期的市場派。到目前為止，我們在這方面做得相當成功，波克夏的股價也一直都維持在內在價值上下的狹窄區間內。我們認為未來股價會繼續維持合理，因為我們的股東素質會產生好結果，不管是在紐約證

交所或其他地方上市都不會改變這點。

我們同時相信，股票公開上市可以降低波克夏股東的交易成本，而且這一點很重要。雖然我們希望吸引長期投資的股東，但也想讓他們買賣股票的成本可以降到最低。長期而言，給予股東的稅前報酬總額應該等於公司收益減去股票在市場上的交易成本，這裡的交易成本就是券商的佣金加上造市商撮合買賣的價差。總而言之，我們認為在紐約證交所上市後，交易成本會大幅降低。

熱門股的交易成本都很高，交易成本的比重常常高達上市公司盈餘的10％以上。這樣的交易費用，其實就像是在對股東課重稅，只不過這個「稅」是付給金融機構，而不是政府，儘管這是因為你想「換手」所做出的決定。我們的政策和股東們的投資心態已經讓這樣的「稅」降到很低，我們相信那是大型上市公司的最低水準了。而在紐約證券交易所公開上市後，還會進一步縮小造市商的價差收益。

最後一點：**你應該要清楚知道，我們不是為了讓波克夏的股票獲得更高的評價才選擇在紐約證交所上市。假設上市和上櫃的經濟狀況相同，波克夏在紐約證交所的交易價格，應該跟在櫃買市場買賣的價格一樣。**所以，在紐約證交所上市不應該讓你買進或賣出股票，只是在你決定應該要買賣股票時，交易成本會比較低。

＊　　＊　　＊

〔在紐約證交所〕上市的主要目標是降低交易成本，而且我們相信這個目標正在達成。紐約證交所的買賣價差通常比櫃買市場小很多。

撮合我們股票的是韓德森兄弟公司（Henderson Brothers, Inc.），它是紐約證交所歷史最悠久的專業會員（specialist）之一，由創始元老威廉‧湯馬士‧韓德森（William Thomas Henderson）在1861年9月8日以500美元買下會員席次（現在的會員價是62萬5000美元）。韓德森撮合過83檔股票，在54家專業會員裡排名第二。我們很高興把撮合波克夏股票交易的工作交給韓德森負責，也很滿意這家公司的表現。由韓德森公司的董事長吉姆‧馬奎爾（Jim Maguire）親自撮合交易，真是再好不過了！

但我們的目標跟多數上市公司相比，可能有兩項不同：第一、我們不希望波克夏的股價飆到最高，而是希望交易的股價可以貼近公司的內在價值（同時我們也希望公司的內在價值以合理的速度成長，當然，不合理的速度更好）。

第二、我們希望股票交易量愈少愈好。如果我們經營的是一家只有少數消極合夥人的私人企業，如果這些合夥人常常想離開，股票頻繁轉手，我們一定會覺得很失望。現在我們經營的是上市公司，這樣的想法還是沒變。

　　我們的目標是吸引長期股東，他們買進股票時不會設定時間表或目標價，而是想跟我們一直待在一起。我們也不知道那些希望股票交易熱絡的企業執行長在想什麼；股票交易熱絡，不就代表很多現有的股東不斷離開嗎？我們在學校、在俱樂部、在教會或其他組織裡看到有人離開，領導人難道會很高興嗎？（不過，要是有某個經紀商是靠組織成員的轉換來維生，那麼他很可能會鼓吹大家：「最近基督教沒什麼搞頭啦，大家下星期改信佛教吧！」）

　　當然，有一些股東偶爾必須要賣股票，或是想要賣股票，而我們希望有好股東以合理的價格買進。因此，我們會試著以良好的政策、績效表現與溝通，吸引跟我們一樣有長遠眼光、願意了解公司營運的新股東，這些新股東也跟我們有同樣的衡量標準。要是可以持續吸引這樣的股東，而且同樣重要的是，持續讓短線操作或有不切實際期望的人不對我們感興趣，波克夏的股價就能夠合理的與企業價值連動。

1992年

尋找好股東

　　整體而言，我們相信，我們的股東政策，包括股票不分割的做法，可以幫助我們組成美國企業最優秀的股東陣容。我們的股東在思考與作為上就像理性的長期股東一樣，評價

公司的方式也（跟我們）相同。所以我們的股價才會一直貼近內在價值。

另外，我們相信波克夏的股票週轉率也遠遠不像其他大型上市公司那麼熱絡。交易的磨擦成本在波克夏幾乎不存在，對很多公司的股東而言，摩擦成本彷彿是被課了「重稅」。（我們在紐約證交所的專業會員吉姆‧馬奎爾具備高超的撮合技巧，確實有助於壓低這類成本。）

1994年

薪資報酬

我們在設定薪資報酬時，都會掛出高額獎勵，而且必定確保獎勵合乎經理人的職責範圍。事業單位的投資金額愈大，我們對經理人設定的收益目標就愈高；達成高目標的經理人，當然也能得到更多表揚。

1996年

雙層資本結構

〔我們修改資本結構是〕為了因應號稱能跟波克夏一樣投資的信託基金成立所產生的威脅。他們利用我們過去的績效吸引天真的散戶，收取高額的管理費和佣金，但我們的績

效是別人絕對無法複製的！

我認為這些基金很容易就能賣出幾十億元，而且我也認為這些基金一開始的成功又會帶來更多追隨者（在證券業，只要你敢賣，就有人敢買）。這些基金一定會把募集的資金投資在數量有限的波克夏股票。於是：我們的股票就會出現投機性泡沫！股價一漲就會吸引更多天真無知的散戶聞風而來、搶買基金，讓波克夏股票的買氣更加暢旺。

選擇在此時賣出股票的波克夏股東也許覺得這種結果很好，他們賺到不少錢，犧牲的是帶著錯誤幻想接手的買家。但留下來的股東就糟了。因為股價一旦回歸基本面，波克夏就要面對幾千、幾萬個慘賠的間接股東（即基金投資人），公司的名聲也會受損。

所以我們決定發行B股，一來制止基金濫售，二來如果大家聽到我們的警示之後還想投資波克夏的話，也為大家提供真正低成本的投資途徑。為了讓券商不要太狂熱推銷新股（因為推銷新股能賺錢），我們刻意把承銷佣金壓到只有1.5％，這是我們看過發行普通股最低的佣金。我們的B股發行數量也不設限，這樣可以讓想靠新股數量稀少來炒短線的買家望之卻步。

總而言之，我們努力想確保買進B股的投資人都是長期投資人。結果也確實很好：B股發行後的成交量（這可以大致看出「拋售」的情況）遠低於一般新股發行後的成交量。

我們增加大概4萬名股東，而且我們相信其中大多數人都知道自己買了什麼樣的股票，並跟我們一樣願意把眼光放遠。

在這樁少見的新股發行中，所羅門投資銀行（Salomon）的服務可說好到不能再好。他們的投資銀行業務人員完全理解我們的期望，每個細節都為我們量身訂做，達到我們的要求。要是比照一般作業，所羅門本來可以從我們的B股上市賺到更多錢，也許可以賺到10倍吧！但是這些投資銀行業務人員沒有刻意引導我們這樣做，反而提出違背自身財務利益的建議，讓波克夏的目標更容易實現。

1999年

資本配置

企業如果要買回自家股票，必須符合兩個條件：第一，在支應短期資金需求之後，手上還有足夠的資金，包括現金與合理的貸款額度；第二，股價已經低於保守估算的內在價值。這裡還有件事要注意：應該提供股東估算內在價值的所有資訊，否則，內部人員就會比無知的合夥人更有優勢，趁機低價收購。雖然很少見，但我們曾經看過這種情況；他們施行這種詭計通常是想要讓股價上漲，而不是下跌。

我剛剛說的資金「需求」主要有兩類：第一，公司維持競爭優勢的必要花費（譬如賀茲伯格珠寶〔Helzberg〕改

裝門市）；以及第二，雖然非必要、但能促進業務成長的支出，管理階層預期投入一塊錢可以創造比一塊錢還高的價值（譬如威利家飾公司〔R. C. Willey〕到愛達荷州展店）。

　　力求成長的企業在支應這些需求之後，要是還有剩餘資金，才可以考慮收購新事業或買回庫藏股。若是公司股價比內在價值低很多，那麼買回庫藏股往往是最合理的選擇。1970年代中期，就有人呼籲企業應該買回庫藏股，但極少有經營階層這麼做。如果照著這樣做，而不是採用其他作法，公司股東大多都會變得更富有。我們在1970年代（以及之後的某幾年）就有投資那些大量買進庫藏股的公司。因為這往往代表公司的股價被低估，而且是由力求股東權益的管理階層所經營。

　　不過那種好日子已經過去了。現在，買回庫藏股風靡一時，但在我們看來，箇中緣由卻往往不太光彩，企業很少點破：就是為了拉抬股價或撐盤！不管他們的原意或動機是什麼，選擇現在賣出的股東當然可以因此受惠；但如果以高於內在價值的價格買回庫藏股，等於是在懲罰留下來的股東。對於留下來的股東來說，用1.1元去買價值只有1元的東西並不是好買賣。

　　我們看到很多公司現在高價買回庫藏股，真的是在犧牲現有股東的利益。如果要幫它們說話，我想大概只能說，這些執行長對自家公司很樂觀吧，這很正常，畢竟他們也比外

人更了解公司。不過這不禁讓我覺得，現今買回庫藏股常常只是管理階層想要「展現自信」或跟風流行，並不是真的想提升每股價值。

也有公司說，現在買回庫藏股是要抵銷過去用太低的價格發行認股權的效果。但這種「低賣高買」的策略不就跟很多倒楣的投資人一樣嗎？投資人當然不會故意要賠錢，奇怪的是，這些經營者還非常樂此不疲的要這麼做。

當然，發行認股權和買回庫藏股都是合理的作法，但這不是因為這兩件事在邏輯上是相關的。合理來說，公司決定買回自家股票與發行新股本來就不相干。為了履行認股權（或其他原因）而發行新股，並不表示應該在高於內在價值的價格買回股票。同理，不管之前是否發行新股（或還有未履約的認股權），公司都應該在股價低於內在價值時買回股票。

你也應該知道，我有時也會犯錯，沒有買回庫藏股。那時我對波克夏的評價太過保守，或者我正熱衷其他的資金運用方式，所以機會就這麼錯過了。話說回來，其實波克夏以前的成交量不大，就算想大量買進股票也沒辦法，這意味著能提升的每股價值少得可憐。（比方說以內在價值折價25％的價格買回2％的股份，每股價值頂多也只能提升0.5％；如果再考慮其他投資效益，就更不吸引人了。）

我們也曾收到一些股東來信，寫信來的人不關心什麼內在價值，而是要求我們放出要買回庫藏股的消息，來刺激股

價上漲（或不再下跌）。如果他明天就想賣出股票，那麼他的想法還算合理，因為這對他有好處。但如果他是想要繼續持有，就應該希望股價下跌，而且有足夠的成交量讓我們大量買回庫藏股。這樣的買回庫藏股計畫才是對長期股東真正有利的唯一方法。

除非我們認為在保守估計下，波克夏的股價遠低於內在價值，否則絕不會買回自家股票。我們也不會故意放消息來拉抬或壓低股價（不管是公開或私底下，我從來不會叫誰去買賣波克夏股票）。相反的，我們會設身處地的提供所有股東與有興趣的投資人相關的資訊，讓大家可以評估公司的價值。

如果我們發現有必要買回股票，也不一定會在紐約證交所交易。要是有人直接出價，或是提出低於紐約證交所的交易報價，我們也會接受。所以如果你想要賣股票，可以請你的證券營業員聯絡〔我們〕。

不過也請你注意一點：我們**絕不會**為了阻止波克夏股價下跌而買回庫藏股。除非我們相信買回股票是對公司有利的資金運用方式，才會這麼做。畢竟，它對於我們股票內在價值的未來報酬率提升效果實在很小。

2012年

資本配置

有很多波克夏的股東（包括我的一些好朋友）都希望波克夏發放現金股息。他們很困惑：我們既然希望從大多數的轉投資事業中收到股息，為什麼自己從來不發放股息？那麼我們就來看看，對股東來說，什麼時候該發股息、什麼時候又不該發股息。

一家有獲利的公司可以用幾個方法來運用賺到的盈餘（當然這些方法並不互斥）。首先，公司的管理階層應該檢視當前業務有沒有再投資的機會，例如：安排提升效率、擴大市場、擴充並改善產品線，或者強化護城河，拉開公司與競爭對手差距等等的計畫。

我會要求子公司的經理人一定要注意護城河的強化，而且他們也確實發現許多有經濟效益的機會。但他們有時候也會失敗，失敗的原因通常是因為他們先選好答案，然後才倒推回去找支持這個計畫的理由。當然，這是潛意識所為。由此可見這樣做真的很危險。

儘管曾經失敗過，我們首先還是會檢查「可用的資金能不能**聰明的**投入現有的事業」。而在這裡我們有個優勢：因為我們涉足經濟體裡的眾多產業，所以我們的選擇範圍遠大於多數公司。我們在自家園子就能從雜草叢裡找到大朵鮮花

來澆水。

不過，波克夏在多項事業投入大量資金後，依然會定期產生很多額外資金。所以我們下一步就是去尋找與目前事業無關的併購機會。對此，我們的判斷標準很簡單：查理〔蒙格〕和我是否認為透過這項交易，有可能讓每股獲利比併購前還高，使股東更為富有？

資金的第三種用途是買回庫藏股；如果公司股價遠低於保守估算的內在價值，那麼買回庫藏股就是合理的。有紀律的買回庫藏股的確是最可靠且聰明的資金運用方式：你用8毛錢或更低的價格買到1塊錢的價值，這樣穩賺不賠。不過大家不要忘記：在買回庫藏股的決策中，股價最為關鍵。如果買回股票的價格高於內在價值，公司價值就會被摧毀。

接下來看股息。這裡必須做點假設和數學計算。這些數字需要詳細解讀，但這對理解股息應該如何分配很重要。所以請耐心聽我說。

假設你跟我共同擁有淨值200萬元的公司，股權各占一半。這家公司的獲利率是12％，也就是24萬元；可以合理預期，盈餘再投資的獲利率也將是12％。另外，始終有外部的人想以淨值的125％買下我們公司，所以我們現在各自擁有125萬元的公司價值。

你希望我們兩個人能從公司的年度盈餘拿到三分之一的錢，盈餘的三分之二則拿去再投資。你認為這樣剛好可以滿

足你需要的收入與資金成長。所以你建議，我們發放8萬元的股息，保留16萬元來增加未來的企業盈餘。第一年，你的股息會是4萬元，並且隨著公司盈餘成長，繼續把三分之一的盈餘發放出去，你的股息也跟著成長。總計每年的股息和股票價值會增加8％（淨值獲利率12％減去發放淨值4％的股息）。

10年後，我們公司的淨值是431萬7850元（最初是200萬元，以8％的複利成長），你在第十一年的股息會有8萬6357元，而我們兩個人各自擁有的股票價值為269萬8656元（公司一半淨值的125％）。股息和股票價值還會繼續以每年8％的速度成長，我們將永遠幸福無憂。

不過，有一種資金運用方式會讓我們更快樂。那就是把所有盈餘留在公司再投資，然後我們兩個人每年出售3.2％的股份。因為公司的股票可以用帳面價值的125％賣出，所以這個方法一開始還是可以獲得4萬元的現金，而且這筆錢還是會不斷成長。這個策略我們稱為「賣股票法」（"sell off" approach）。

運用這種「賣股票」策略，10年後公司淨值會增加到621萬1696元（200萬元以12％的複利成長）。因為我們每年賣股票，我們的**持股比例**會下降，10年後我們的持股比例各是36.12％。但就算這樣，你的持股淨值到那時還是有224萬3540元。

　　然後別忘了，我們的持股都可以用淨值1.25倍的價格出售。所以你手中股票的市值會是280萬4425元，比配發股息的策略還高出4%。

　　而且採用賣股票策略每年收到的現金也會比配息策略高出4%。你看！不但每年有更多現金，還有更多資產價值。

　　當然，以上的計算是假設公司平均每年獲利12%，而且股東可以按照帳面價值的1.25倍賣出股票。在這點上，標準普爾500指數的報酬率肯定超過12%，而且賣出價格也遠高於淨值的1.25倍。所以對波克夏來說，這兩個假設都很合理，雖然我們不能掛保證。

　　這兩個假設也有可能比我們的假設還高，如果是這樣，那就更有理由採用「賣股票」策略了。從波克夏的歷史來看，「賣股票」策略為股東帶來的好處**遠**優於配息策略，不過必須承認，波克夏的業績表現無法重複。

　　賣股票策略除了在數學上證明有利於股東之外，還有兩個**重要的**理由。第一，配息政策是對所有股東設定一樣的配息率。如果政策是發放40%的盈餘，那麼希望發放30%或50%盈餘的人就算反對也只能接受。我們的股東期望獲得的現金各不相同。不過我們可以肯定的說，其中有很多人、甚至大部分人想把錢留在公司，不希望配發股息。

　　相反的，賣股票策略可以讓每個股東自己選擇要領取現金或是累積資本。比方說，A股東可以選擇領出60%的盈

餘，而 B 股東可能只領出 20％。當然，配息策略下的股東還是可以反過來把股息拿來買公司更多股票，只是會吃點虧：因為他要多付 25％ 的錢（別忘了，公開市場上的股價是帳面價值的 125％），而且要繳稅。

配息策略第二個缺點也很重要，對**所有**需要納稅的股東來說，稅負通常會比賣股票策略來得重**很多**。在配息策略下，股東每年收到的現金都要被課稅，但賣股票策略只有在增值的部分需要課稅。

我就以自己的例子來說明股東如何定期出售股票，同時**增加**在自己事業上的投資，來結束這次的計算練習。我彷彿可以聽見大家因為鑽牙機被拿開而歡呼。過去 7 年來，我每年都會賣出大約 4.25％ 的波克夏股票，透過這個計畫，原本我持有 7 億 1249 萬 7000 股的 B 股（經過股票分割調整後的數字），如今已減少為 5 億 2852 萬 5623 股。很明顯，我持有的公司股票**比例**大幅減少了。

但是我對波克夏的投資反而增加。我目前持股的帳面價值大幅超越 7 年前的價值（實際數字是從 2005 年為 282 億美元，到 2012 年的 402 億美元）。也就是說，即使我控制的股權減少很多，我投入波克夏的投資資金反而變得**更多**了。

2014年

股息政策

　　波克夏的股東群真的跟其他大企業不一樣。去年的股東大會就完全證明這點。會上有人提出一個代理提案：「**決議：**由於公司有太多超過需求的資金，而且股東們都不像華倫是個億萬富翁，所以董事會應該考慮配發大量股息。」

　　提出這個議案的股東沒有出現在股東會，所以這個動議不算正式提出。但我們還是投票表決，結果也非常清楚。毫無意外，人數相對較少、但有很大經濟利益的A股股東以89比1的懸殊比例否決此案。B股股東人數很多，高達數十萬、甚至上百萬人，結果是6億6075萬9855股反對、1392萬7026股贊成，比例大約是47比1。

　　我們的董事都建議否決此案，但公司並沒有試著去影響股東意願。結果還是有98％的股東投票表態：「不要給我們股息，把盈餘全拿去再投資。」我們的全體股東，不管是大股東或小股東，都跟經營團隊有一致的理念，真是讓人驚嘆又欣慰。

＊　　＊　　＊

波克夏投資績效與標準普爾500指數表現比較

年度	年度變化率		
	波克夏每股帳面價值	波克夏每股市值	標準普爾500（加計股息）
1965	23.8	49.5	10.0
1966	20.3	(3.4)	(11.7)
1967	11.0	13.3	30.9
1968	19.0	77.8	11.0
1969	16.2	19.4	(8.4)
1970	12.0	(4.6)	3.9
1971	16.4	80.5	14.6
1972	21.7	8.1	18.9
1973	4.7	(2.5)	(14.8)
1974	5.5	(48.7)	(26.4)
1975	21.9	2.5	37.2
1976	59.3	129.3	23.6
1977	31.9	46.8	(7.4)
1978	24.0	14.5	6.4
1979	35.7	102.5	18.2
1980	19.3	32.8	32.3
1981	31.4	31.8	(5.0)
1982	40.0	38.4	21.4
1983	32.3	69.0	22.4
1984	13.6	(2.7)	6.1
1985	48.2	93.7	31.6
1986	26.1	14.2	18.6
1987	19.5	4.6	5.1

年度	年度變化率		
	波克夏每股帳面價值	波克夏每股市值	標準普爾500（加計股息）
1988	20.1	59.3	16.6
1989	44.4	84.6	31.7
1990	7.4	(23.1)	(3.1)
1991	39.6	35.6	30.5
1992	20.3	29.8	7.6
1993	14.3	38.9	10.1
1994	13.9	25.0	1.3
1995	43.1	57.4	37.6
1996	31.8	6.2	23.0
1997	34.1	34.9	33.4
1998	48.3	52.2	28.6
1999	0.5	(19.9)	21.0
2000	6.5	26.6	(9.1)
2001	(6.2)	6.5	(11.9)
2002	10.0	(3.8)	(22.1)
2003	21.0	15.8	28.7
2004	10.5	4.3	10.9
2005	6.4	0.8	4.9
2006	18.4	24.1	15.8
2007	11.0	28.7	5.5
2008	(9.6)	(31.8)	(37.0)
2009	19.8	2.7	26.5
2010	13.0	21.4	15.1
2011	4.6	(4.7)	2.1
2012	14.4	16.8	16.0

年度	年度變化率		
	波克夏每股帳面價值	波克夏每股市值	標準普爾500（加計股息）
2013	18.2	32.7	32.4
2014	8.3	27.0	13.7
2015	6.4	(12.5)	1.4
2016	10.7	23.4	12.0
2017	23.0	21.9	21.8
2018	0.4	2.8	(4.4)
年複合成長率 1964–2018年	18.7%	20.5%	9.7%
總成長率 1964–2018年	1,091,899%	2,472,627%	15,019%

附注：資料除了以下例外都採曆年制：1965年和1966年以9月30日為年終；1967年以12月31日為年終，數據包含過去15個月。從1979年開始，會計原則規定保險公司要以市價揭露持股金額，以前是用成本與市價孰低法。在本表中，波克夏1978年以前的數字都有根據新規定重新計算，之後的數字則是原始公布的資料。標準普爾500指數的資料是**稅前**數字，波克夏則是**稅後**數字。如果一間像波克夏的公司只擁有標準普爾500指數，而且還要課稅，那在指數上漲的年分，報酬率必定會低於指數，但在指數下跌的年分則會高於指數。這個稅負成本多年累積下來會相當可觀。

2

羅貝托・古茲維塔
可口可樂公司致股東信

可口可樂公司在前執行長**羅貝托・古茲維塔**任內
確立三大優先目標：創造價值、強化品牌優勢，以
及聚焦長期發展。這三大優先目標在公司裡貫徹，
從此定義了可口可樂公司。可口可樂公司的總市值
在古茲維塔上任執行長時為40億美元，到他1997
年過世時，已經成長為1500億美元。在古茲維塔
充滿熱情的文筆，以及與之前得力助手唐納德・
基歐（Donald Keough）合撰的部分內容，道盡可
口可樂公司有如此成就的原因。

古茲維塔的致股東信展現出領導與管理的風範。他
述說這些優先目標如何引領公司創造出色的業績，
為股東帶來豐厚的報酬。1995至1996年間，可口
可樂公司在《財星》雜誌最賺錢企業排行榜上名列

第一。1995年底，可口可樂總市值為930億美元，股東財富比前一年暴增380億美元。1996年底，公司總市值成長為1310億美元，股東財富再增加380億美元。1976年可口可樂公司在美國上市公司最賺錢企業排行榜上只排名二十，到了1995年已經排名第四，1996年終於登上第一。

在1995和1996年，可口可樂股票的總報酬率超過40％，而15年來的年複合報酬率是30％（計入股息再投資）。從1980年到1995年，可口可樂公司的股價年複合成長率是24％，為股東創造近890億美元的財富，同時期的道瓊工業指數才上漲12％，標準普爾500指數則上漲11％。1981年到1990年間計入股息再投資的年化報酬率達37％，1986年到1990年間也有34％。

簡而言之：在古茲維塔的領導下，可口可樂公司的股票表現真是驚人！

古茲維塔一直把自己當作股東的資金管家，可口可樂公司的一切運作都跟股東價值有關。他曾說：「銷售數量穩定成長就是創造經濟利潤的基礎，經驗告訴我們，這才是增加（我們股東投資）價值的關鍵。」

古茲維塔秉持這樣的理念，讓公司專注經營核心業務，凡事放眼長期。他相信：「要持續創造強勁的短期業績，最好的方法就是把注意力放在緊盯長遠的未來。」而在 1980 和 1990 年代，可口可樂公司的長期計畫就是逐步建立未來幾十年「能維持強勁獲利成長的全球商業機制」。

古茲維塔公布一個衡量可口可樂業績的新方法：不只看營收或盈餘的成長，還以「經濟利潤」作為衡量標準。經濟利潤是指「稅後營業淨利減去創造獲利的平均資金成本」。他以這項指標來判斷業績，賣掉表現不佳的事業，重新專注於可口可樂軟性飲料的核心業務。

古茲維塔說他的主要挑戰在於資源分配：從已開發市場賺錢，來投資開發程度較低的市場。可口可樂透過訂價策略和成本控制，在全球各地巧妙部署資源，並經由靈活的行銷投資來從中獲利。

在財務方面，可口可樂公司藉由謹慎舉債來提高股東報酬，並買回庫藏股來提高每股獲利。公司降低配息率的同時，付出的股息反而增加，藉此釋放更多現金以低成本進行再投資。這些資金用來擴展可

口可樂公司在全球的裝瓶網絡，並建立廣泛且有效
率的事業體系。古茲維塔的股東信與一篇雜誌文章
清楚說明這點。

1984年

投資

我們的主要目標還是讓股東價值達到最大。我們經營事
業來追求盈餘成長，提升報酬。我們計畫投入更大比例的資
源進行再投資計畫，投資在可以用策略增強營運的計畫，也
就是投資在長期現金收益超越資金總成本的計畫。即使其他
事業有顯著的成長機會，我們還是不打算在三大業務範圍之
外冒險投資。

1986年（與基歐合撰）

買回庫藏股

為了展現我們對公司基本面優勢的信心，我們啟動買回
最多1000萬股的庫藏股計畫。另外，為了繼續提升公司現有
業務的成長力道與長期報酬，我們計畫將配息率逐步降低至
40％。股息還是會適當增加，只是增加幅度會比盈餘成長幅
度小。

1992年（與基歐合撰）

資本配置

我們的基本面優勢從何而來？這是來自我們各業務單位分散在不同區域經營的特性。我們的意思是，就算有些市場的表現不佳，我們也幾乎能從其他市場的優勢得到彌補。1992年，我們在巴西、澳洲、英國與部分市場的營運就遇到經濟不景氣，但在德國和阿根廷等其他已開發市場，以及新咖發的中東歐業務單位等快速成長的新業務單位，都幫忙挑起了重擔。

這種平衡不但讓我們短期的每季或每年業績保持穩定，也讓我們的長期發展保持穩定。所以，我們往往會把每個市場及其營運單位視為公司整體「投資組合」裡個別的投資機會。舉例來說，我們把美國、德國和日本等市場看作大型績優股。我們在這幾個國家有穩定成長的銷售量和營收，並產生大量的現金。它們是有點「保守」、但非常可靠的投資。

而在光譜另一端的市場是我們的「新機會世界」，它們各處於不同的發展階段。比方說，我們認為印尼和東歐的業務是高成長冒險事業，需要大量投資；另一方面，我們在中國與重新進軍的印度市場，則被視為「新創」事業，確實有無窮的長期潛力。

這種整體的多元性給予我們創造長期獲利成長的基本公

式：利用現有優勢去創造未來優勢。我們藉著在已開發市場創造的龐大財務資源，利用其中一部分資金去投資開發中市場。我們還利用已開發市場作為員工的訓練場，授予業務經驗，最後應用在開發中市場，取得良好的成果。

所以，我們的主要挑戰是在各種投資機會之間做好資源分配，這樣才能為股東帶來最高的報酬。為了完成這項挑戰，我們受到明確聚焦和清楚描述的策略引導，隨著我們制定具體的計畫，這個策略給我們清楚的方向，並將積極執行的作法轉換成確實的成效。我們向來不隨便做出承諾，但可以跟你保證，我們在執行計畫時總是建立在一套經過時間考驗的基本原則之上。畢竟，我們在這一行已經有一段時間，而且每一年都累積更多經驗，能有效率的去做需要做的事。

然而，在困難的環境下，我們最好能夠展現出長期建立事業至關重要的決斷力、資源與持久力。我們事業的基本面優勢，以及挺過艱難時期的嚴謹管理，將會使我們在全球經濟好轉時變得更加光明。正因如此，在《財星》雜誌對企業聲譽的最新調查中，我們不但名列全美國最受推崇的五大公司，更是最具長期投資價值公司第一名。

1993年

長期觀點

　　1993年的營運數字已經證明我們公司的基本實力，那麼真正的獲利狀況是如何呢？你投資的總報酬是多少呢？1992年我們為股東創造的報酬率接近6％，接著在1993年的報酬率則超過8％。但這些數字都比不上我們過去12年的紀錄，也沒有達到我們的長期預期，所以我們並不滿意。儘管我們也取得一些重大成就，但那正是我們應該要有的樣子。

　　在地區經營上，我們在各地的營運單位屢創佳績。可口可樂公司在英國被譽為最佳行銷公司，在阿根廷是最受推崇的公司，在法國是最受歡迎的食品雜貨供應商，在美國是便利商店最喜歡的供應商，在亞洲更是最佳企業；我們在整體與個別的長期發展願景上，以及在財務健全度與樹立的榜樣上，都讓其他公司爭相效仿。

　　就公司整體而言，在《財星》雜誌對企業聲譽的年度調查中，可口可樂公司再度名列全美國最受推崇的前五大公司，在總排行上已經晉升到第三名，而且仍然是最具長期投資價值的第一名。

　　這些好消息告訴我們，在艱難的大環境下，我們仍然經營得很有效率。不過最重要的是，你有權質問：「這3年、5年的平均績效是很不錯，但是**接下來**的3年、5年，你們又

會為我做什麼？」

法律不鼓勵我們具體承諾會給你多少總報酬，我們也不想這麼做。畢竟我們無法控制全球經濟、各地天氣，或美國股市的短期波動。

我們只能控制自己的行動。我們給股東的年度報酬率過去10年平均是29％，而我們承諾會維持相同的經營方式，讓你對我們提升公司價值的能力有信心。

我們的動力是什麼呢？可口可樂公司的員工，從董事會成員到世界上最偏遠角落的送貨司機，都抱持著傳教士般的熱情和科學家紀律嚴明的理性。我們的思想和行動都受到三個優先目標驅使，每一個目標都是濃縮自我們公開過的經營策略。

- **創造價值**。我們從不疑惑公司存在的原因。雖然銷量成長、盈餘、報酬和現金流量都非常重要，但我們的員工都知道，這些衡量標準都只是為股東創造長期價值的工具。
- **強化品牌優勢**。衡量品牌真正價值最好的方法，是看品牌在市場上能發揮多少效益，而不是在資產負債表上計算的數字。我們員工都了解，品牌優勢不是讓大家一直取用的池塘，而是必須不斷注入活水的大水庫。每個日常工作都是提升可口可樂公司和旗下所有

產品品牌價值的機會。

- **長期願景**。經濟艱困時期會讓人滋生恐懼，常常導致商人失去長期判斷力，對現狀妥協。但我們絕對不會犧牲任何一點長期願景來滿足短期期望。

我們毫不遲疑，每天都讓自己更為專注。不過這並不是我們公司吸引人的原因。我們最好的賣點其實是可口可樂公司獨特的架構。

你可以這麼想：可口可樂公司基本上是一個集合超過195個不同事業體的大組織，我們的事業擴及全球，都用「可口可樂公司」這個名字做生意。我們有大家都很熟悉的經營團隊，為投資人提供獨特的投資機會，投資在全球各地最有前途的經濟體中利潤豐厚的軟性飲料產業，而且很容易可以透過紐約證交所投資。

根據同一本雜誌的調查資料，在全美國資本額1000大企業中，我們公司為股東創造的財富僅次於沃爾瑪（Wal-Mart）。過去12年來，我們的市值增加近540億美元，還配發超過60億美元的現金股息。1993年，我們又創造40億美元的股東財富。我們在美國企業總市值排行榜繼續上升，成為第四大企業，更是消費類產業的第一名。到1993年底，我們的市值已經達到580億美元。

1994年

衡量指標

我們去年的表現跟過去12年差不多。從1980年代初期以來，我們已經清楚了解，要持續創造強勁的短期業績，最好的方法就是把注意力放在緊盯長遠的未來。

過去15年來，長期願景為我們公司帶來巨大的變革。實際上，我們一直有系統的打造維持獲利強勁成長的全球商業機制，讓我們沿著成功的道路進入下個世紀。我們一步一腳印，每天積極解決最重要的長期任務，一個接一個迅速去做。

我們開始採取重要的步驟，逐一改革我們的財務政策：對於原本單純的資產負債表，我們開始審慎的舉債投資，讓產生的報酬大幅超過貸款成本；我們開始讓每年的股息增加率低於盈餘成長率，把配息率從65％降到40％，因此從1983年以後多出34億美元的營運資金；我們也買回自家股票，這一直是我們最明智的一項投資。

我們也改變績效衡量方式，採用更新、而且明顯更好的指標：現在我們評估事業單位或投資機會根據的是它們能產生多少吸引人的經濟利潤，而不只是看營收或盈餘成長。我們的經濟利潤是指「稅後營業淨利」減去「創造該獲利的平均資金成本」。這種評估方法的轉變，讓我們把賣出比軟性飲料這項核心事業表現還差的業務。

在運動比賽中，教練和球員一樣重要；在商場上的道理也一樣，經理人和事業一樣重要。為了成為你最佳的投資經理人，我們刻意縮小業務範圍到業績表現更凸出的項目。現在我們幾乎完全專注在軟性濃縮飲料上，它穩定產生的報酬大概是資金成本的三倍。我們還在全世界選擇多個地點投資裝瓶產業，另外也有長期穩定獲利的可口可樂食品公司（Coca-Cola Foods），它們都強化公司的核心事業。

1995年

股價

我們明白，有幾年公司的業績比股價表現好，有幾年的股價表現則比公司的業績好。但是我們相信，兩者的差距一直都不會太大，長遠來看，這兩者其實是緊密相隨。所以，我們一直認為我們的股票在長期投資人眼中是便宜貨，我們也會繼續買回自家股票來提升股東價值。

最後要說的是，我們永遠不會忘記我們的最終責任就是要為你（也就是公司股東）創造價值。要做到這一點，我們必須在公司中確立「價值導向的管理制度」，這個簡單的方法可以評估我們的各項決策是創造價值、還是破壞價值。

1996年

信任

我們已經有不少成就，不過故事才剛剛開始。全世界每人每天平均要攝取64盎司（約2公升）的水，我們現在只提供不到2盎司（約60毫升），而且我們還在努力取得另外62盎司的生意。我們比去年更努力工作，也花更多時間來討論和理解怎麼把生意做得更好。

在直言不諱的員工大會上，在公司的內部雜誌中，甚至在我們全世界各地辦公室的走廊裡，我們都不厭其煩的談到公司的使命是持續為股東創造長期價值。我們必須對成功的定義有共識，才能一起努力獲得成功。而在可口可樂公司，我們都知道：成功就是替將資產託付給我們的人創造價值。

翻開最近的報紙，很容易就可以看到忘記存在初衷的公司。而我們一直牢記，只有履行為股東創造價值的使命，才能提供那些美好的事物，包括服務客戶和消費者、創造就業、正面影響社會、支持社區。

如果你在兩年前投資我們公司，那麼你的投資已經增加一倍以上。你可以想見，我們對此頗為自豪。不過你可能也想得到，不用我們法務長提出建議，常識都告訴我不能擾亂社會秩序。但我還是可以跟你保證接下來會發生的好事：我們員工依舊會努力為你創造長期價值，抓住幾乎無窮的成長

機會。

最重要的是，我要感謝所有股東，謝謝你們對我們的信任。我們知道，在這個瘋狂的股票市場中，所有交易都來自懷抱真實的希望與夢想、拿辛苦賺來的錢投資公司未來的實際投資人，所以我要跟你們保證，不管你們持股多久，我們都會以最認真負責的態度好好管理，感謝你們持續的信任。

我們這個月再次獲得《財星》雜誌評選年度「全美國最受推崇企業」，這是連續第二年受到肯定。我們知道名氣轉瞬即逝，《財星》的調查結果到明年可能就會換新贏家。不過我們也知道，在商場上，能夠創造價值才會得到大家的推崇，而我們深信自己建立的這套體制在未來數十年還會繼續創造價值。

我們董事會在10月批准買回庫藏股的新計畫，預定買回超過2億股的普通股。我們從1984年執行第一次買回庫藏股計畫到現在，以平均每股10美元的價格買回將近10億股（經股票分割調整），為我們股東帶來超過270億美元的價值。

〔1995年的股東信曾提到：〕從1984年以來，我們以平均每股18.21美元買回4億8300萬股（經股票分割調整），獲得約170億美元的價值，並讓這段期間的平均每股盈餘成長率增加到18%。要是沒有買回這些股票，這個數字只有14%。

*　　*　　*

古茲維塔在1988年發表過一篇精彩文章〈美國企業在後企業集團時代的改革樣貌〉（The Changing Shape of Corporate America in the Post-Conglomerate Era）。節錄如下：

「變革」的氣氛已經瀰漫美國企業界一段時間了。那些帶有《企業改造》（*Reinventing the Corporation*）、《再生要素》（*Renewal Factor*）等書名的書籍，只要不是寫得很爛，都會成為暢銷書。

發生了什麼事？應對變革就像某年曾經追求、但隔年就拋棄的「卓越」概念，這難道成為一種管理時尚嗎？我想不是這樣。畢竟，「變革」本身並非新鮮事；現在普遍強調企業變革，正是因為過去幾年來變革的腳步加快了。推動變革加速的力量確實成為風潮，例如將各地單一的金融市場整合成全球市場的力量。所以，企業專家、顧問和作家也許很快會厭倦變革的話題，但我認為我們其實正在進入美國資本主義的新時代：「變革」將從管理與策略的概念提升到企業結構的概念。

企業結構並不是「不變的」。 我先來說明這點。很多強調企業需要開放、彈性和變革的評論者，都是專注在管理風格、產品開發和行銷策略，簡單的說，就是在討論公司結構不變時，公司應該怎麼營運。但是企業結構不應該是「不變的」。資本主義唯一「不變的」地方，就是一家公司的目標是為股東的投資增加價值。而公司的結構本身是可以隨著人

事、產品、規畫與策略同等改變的。舉例來說,當企管專家湯姆・畢德士(Tom Peters)寫下「建立不斷創新企業的能力」的必要性時,我認為他思考的是公司的營運方式,而我認為經理人的挑戰,就是進一步利用他的概念,思考如何把這些概念應用在公司上。

當然,並沒有什麼「典型」或「一般」的公司,受歡迎的企業組織形式來來去去。在20世紀上半葉,大多數公司是單一事業,只待在最熟悉、最了解的領域。有些公司甚至只有一種產品,全心投入在這個產品上,包括可口可樂公司。這種公司的結構最簡單,也很有實力,但到了1950年代中期的某些時間,似乎就變得過時、死板、只依靠單一營收來源,而且最後也難以吸引投資人的青睞。

部門林立,就像一條魚有很多尾巴。 企管專家接著推崇的企業集團(conglomerate)似乎讓很多評論員和分析師認為,這是第二次世界大戰後競爭更加激烈的商業環境中,讓盈餘持續成長的完美組織形態。於是,「規模」變成美國企業的必要條件。企業就像汽車一樣,外形被拉長、加大,整個改頭換面;內部多了不少部門和新事業體,幾年下來,就好像一隻魚有好幾條尾巴一樣笨拙,但是實際功能看起來都差不多。

有很多企業集團,除了母公司的名稱之外,旗下各個事業體幾乎沒什麼共同點,難以發揮綜效。不可避免的,要管

理這一堆毫不相干的事業很快就會碰上問題；企業集團的規模和多元不再是實力的象徵，反而變成致命弱點。另一個必然出現的問題是，非主流事業的財務需求與特性，通常跟核心事業不相容，然而卻只能有一種資本結構、一份資產負債表，非主流事業必須適應這些需求。這種一體適用的結構顯然無法發揮最大效益，於是企業集團開始失寵，主張要投資這樣的企業組織也變得愈來愈困難。

混合形態的誕生。雖然企業集團已經不再是最受歡迎的公司形式，但要回到單一事業或單一產品主導的企業形態也不太可能。取而代之的是一種全新的企業組織混合形態：一來保有前兩種形式的優勢，卻沒有或很少有它們的缺點。

1990 年代以來的多角化公司就是如此。在我看來，它有個投入最多關注與獲利來源最多的核心事業，但它同時也對其他公司或事業體進行大量投資。這個模式背後的道理非常簡單，而且有說服力：管理重點不同、財務特性相異的事業體，本來就應該有量身訂做的資本結構來滿足它們的特性和需求。當經營者的主要工作是提升盈餘、現金流量和報酬來增加股東財富，那麼很自然的，他便有義務去考量不同事業的財務特性與需求，打造出適合的財務或資本結構，讓它們能完全發揮成長與獲取報酬的潛力。這個道理讓我們在可口可樂公司發展出某些評論者簡稱的「49％解決方案」。

我先來介紹它的發展背景。我們在 1982 年收購哥倫比

亞影業（Columbia Pictures Industries Inc.），擴大並改組為
我們的娛樂事業部門。進軍娛樂事業讓不熟悉我們策略目標
的人感到驚訝，但它在短期內就結出甜美成果。到了1986
年，以盈餘來衡量的話，我們的娛樂事業部門在全球電影公
司中已經是第一名。去年我們把娛樂事業部門的娛樂產業資
產和我們已經持有相當大部位的三星影業（Tri-Star Pictures）
加以合併，在經過一次性股利配發給股東後，目前我們
對合併後的新公司哥倫比亞影視娛樂（Columbia Pictures
Entertainment）持有49％股權。

從許多方面來看，這個「新哥倫比亞」公司很像我們
在1986年創設的可口可樂實業公司（Coca-Cola Enterprises,
CCE）。可口可樂實業公司也是跟一家我們持股49％的上市
公司合併組成，那家公司是做裝瓶業務，負責我們全美國軟
性飲料40％的產品。在加拿大，我們去年也完成類似的公司
重組，成立T.C.C.飲料公司（T.C.C. Beverages Ltd.）。

與大眾的夥伴關係。可口可樂集團中每一個新公司的創
設，都曾引起財經媒體的廣泛關注。但媒體並不會一直注意
到我們採取行動的真正意義：我們只是改變軟性飲料裝瓶事
業和娛樂事業的企業結構和財務運作的方式。為了滿足各事
業體不同的財務需求，我們需要跟大眾建立「夥伴關係」，
而不是單靠我們自己的資產負債表。

這種財務上最重要的差異在於財務槓桿的使用：跟我

們的核心事業（軟性飲料糖漿與濃縮液的製造和銷售）比起來，裝瓶事業和娛樂事業的負債比率顯然可以拉得比較高。可口可樂實業公司、T.C.C.飲料公司與新哥倫比亞公司身為可口可樂集團的成員，比過去合併在母公司裡更能利用負債來擴充資金。

適合與靈活。這種結構會成為1990年代美國企業的榜樣，除了因為有「適合」的財務運作方式，還必須足夠靈活，讓之前的「母公司」能夠以持股不過半的超級大股東身分對「關係企業」施予影響力。當然，母公司沒有絕對的控股權並不明智。還有個機制可以確保公司保有適當的影響力，那就是透過董事會代表（可口可樂在關係企業的董事會都有代表）。

不過，進入董事會也不是唯一可以發揮影響力的方法，就像持股不過半的超級大股東也不是發展適當資本結構的唯一方式。合資企業、合夥企業或只占20％的入股投資，都可以產生相同的結果。過去6年來我們在國際軟性飲料的裝瓶業務有的是透過股票投資，有的是建立合資企業，現在這些廠商負責我們全球軟性飲料四分之一的裝瓶作業。這些投資使我們能夠強化在全球的裝瓶業務，不必犧牲90年來連鎖體系的優勢，也不會讓公司的資產負債表太過龐雜。

3

普雷姆・瓦薩
楓信金融控股公司致股東信

普雷姆・瓦薩在1985年成為馬克爾金融控股公司
（Markel Financial Holdings Limited）的董事長，這
是一家加拿大卡車運輸保險公司，是股票上市公
司馬克爾公司（Markel Corporation）的關係企業。
瓦薩和幾位加拿大商人透過六十二投資公司（Sixty-
Two Investment Company）入股馬克爾金融控股公
司，和史蒂夫・馬克爾（Steve Markel）領導的馬
克爾公司擁有相同的公司控制權。

兩年後，這家公司改名為楓信金融控股公司，10年
後，和馬克爾的合資關係友善的結束。不過在那之
後，瓦薩還是擔任董事長，而且多虧雙層資本結
構，他還是擁有公司控制權的大股東。現在這家公
司已經成為大型國際保險公司，擁有很多去中心化

的子公司，其中大多數是保險業者，另外還在其他
產業做了一些投資。

公司的目標從一開始就是要讓股東得到很高的報
酬。1985 年到 2006 年的目標是每年超過20％，雖
然未必年年達到目標，但多數時候不負所望。之後
的獲利目標降到15％，大多數時間也都達成了。有
幾年績效不佳，包括1999 年到2005 年這段期間。
但是公司不變的訊息還是堅持專注在長期業績。

除了反覆提醒關注長期的重要性，瓦薩撰寫的楓信
致股東信還會大量引用先前的股東信和公司年報資
訊。瓦薩每年撰寫股東信時，會先回顧之前的股東
信內容，並處理許多相同的主題，通常是更新資
訊，但也有滿多重複的內容。對讀過之前股東信的
人而言，這些內容是在強調重要的議題；而對新股
東而言，這些內容則是簡介瓦薩認為重要的議題。

不管是哪個目的，下面摘錄的內容如果重複出現，
無論是談論股息政策、員工認股計畫或股市行為，
都是根據最明顯或最具代表性的文字，以及在敘述
中最適當的脈絡或順序來進行挑選。

瓦薩豪放的個性非常顯眼。早在推特帳號出現之

前，他就大量使用驚嘆號！他的股東信顯示楓信做
過很多金融操作，包括積極的買賣，對許多企業的
投資增減，為了併購而發行新股，以及買回庫藏
股。這些操作比波克夏積極多了。

但巴菲特很快就拋棄「菸屁股公司」投資法[*]，轉而
投資在穩健、擁有特許經營權的耐用品公司，而瓦
薩很晚才放棄菸屁股投資法。

即使如此，毫無疑問的是，瓦薩跟波克夏一樣，心
中時時以股東為念。

青春歲月：1985年至1998年
1985年
公司歷史

我們為什麼要投資馬克爾？主要是因為史蒂夫・馬克
爾和馬克爾家族。這家公司最近雖然遇到困境，不過我們很
佩服它多年來的經營方式。這筆交易前後磋商了六個月，我
親身體驗到史蒂夫和馬克爾家族展現出高度的誠信。你一定
會很驕傲是由他們來管理你的公司。事實上，若不是史蒂夫

---

[*]　編注：指挑選股價遠低於淨值的股票來投資。

和湯尼・馬克爾（Tony Markel）過去兩年不懈的努力，你的公司可能早就倒了。我們投資馬克爾金融控股公司，就是要與馬克爾家族建立夥伴關係，希望能將我們的投資背景與他們的保險業經驗結合起來。

投資

我們的投資理念是根據班傑明・葛拉漢提出、並由他的知名弟子巴菲特發揚光大的價值投資法。這意味著我們會在股價低於基本長期價值時買進財務狀況良好的企業股票。我們預期長期下來這樣做會賺錢，而不是在下個月或兩個月後就要賺錢。事實上從短期來看，股價很可能會跌破成本價。在買進投資標的時，我們首先努力在做的是保護你的資金在不管短期股價波動下，長期下來都不會虧損，之後才想辦法賺錢。我們不會拿你的錢來投機，因此不會買選擇權、大宗商品、期貨、黃金或其他短線交易工具。我們的投資理念長期以來已經有很好的成績，未來也會堅持下去。

你會怎麼期待馬克爾的未來？我們的主要目標是為了全體股東的長期利益來經營公司。我們身為股東，會為大家提供我們覺得有用的資訊類型。這份年報是我們首次公開披露更完整的資訊。你以後要怎麼判斷我們的表現？我們認為，所有公司的表現都應該以普通股股東的稅後報酬率來衡量。

1986年

雙層資本結構

　　為什麼我們要銷售一股一票的有表決權次順位股票（subordinate voting shares），然後保留有多票表決權（一股十票）的股票呢？主要是因為我們想要掌控馬克爾金融公司，好好的經營，並提供高於平均長期報酬的報酬給股東。我們的多票表決權股票都不會賣掉，而且只在公開市場上出售一股一票的有表決權次順位股票。而且，如果有人出價收購我們的股票而且被接受，同時就會有相同的報價去收購所有在外流通的普通股。

　　但我們要補充的是，就算現在有人出比市價高出100％的價格，我們也不太可能賣出這些多票表決權的股票。所以，我們的多票表決權股票會避免希望快速致富的投資人投資。不過我們認為，忍耐短期的誘惑才能獲得長期優異的報酬。比方說，波克夏海瑟威的股票從1965年的20美元，驚人的漲到現在的3500美元。當年要是有人收購波克夏，不管開出多麼誘人的價格，也不能跟後來實現的長期報酬相提並論。對波克夏海瑟威來說這是事實。對我們來說，這就是目標！

公司歷史

如果你同意的話，我們建議把公司名稱「馬克爾金融控股公司」改為「楓信金融控股公司」。你可能會很驚訝楓信這個名字的由來，它不是命名專家或董事會提出的，而是基思・英格（Keith Ingoe）的祕書布蘭達・亞當斯（Brenda Adams）的建議。布蘭達說Fairfax（楓信）代表Fair（公平）、friendly（親切）、acquisitions（併購），大家都覺得有道理，因此決定用這個名字。不過馬克爾保險公司（Markel Insurance）還會延用超過35年的「馬克爾」老招牌。

1987年

願景

好幾次有人問我們：楓信的願景是什麼？有什麼長期計畫？我們一些獨立事業單位都有「願景」和「使命」的聲明，但我們楓信的目標很簡單，就是讓普通股的長期報酬達到20％以上。我們沒有什麼長期計畫，就是每天好好把握眼前的機會。

很多人以為10月崩盤可能導致經濟蕭條。1929年的情況會重演嗎？很遺憾的是，我們也不知道答案。但我們知道，市場的短期波動都是恐懼和貪婪兩種情緒造成的，跟國

家和企業的基本面**毫無關係**。

　　股票分析大師葛拉漢很久以前就在《智慧型股票投資人》
（*The Intelligent Investor*）寫道：「只要投資組合裡有穩健的
股票，投資人就不必害怕股價波動，不要因為大漲而興奮，
因為大跌而擔憂。要永遠記得市場報價只是為了大家方便，
不是要讓你去炒作或刻意無視。不要因為股票在漲就跟著搶
買，也不要因為股票在跌就急著賣掉。記住這句話就不會出
大錯：『絕對不要在大漲後搶進，也不要在大跌後急殺。』」

1988年

買回庫藏股

　　在1987年的年報上（剛好在股市崩盤後），我們引用
葛拉漢的話：「絕對不要在大漲後搶進，也不要在大跌後急
殺。」我們對這次股市大跌的結論是，這次崩盤提供很多長
期投資的機會。事後來看，可以利用的機會實在好多。

1990年

公司歷史

　　我們在1990年最重要的大事是重組我們跟馬克爾公司
的合夥人權益，讓兩家公司可以更自由的追求成長。過去5

年來的合作，對楓信和馬克爾公司都非常美好，我們各自都從資本不到1000萬美元成長到現在大約1億美元。不過最近我跟史蒂夫‧馬克爾都覺得，長期來看，現在的結構繼續發展下去可能已經不是最好的結構，楓信和馬克爾應該要合併，或者直接分開。

〔把楓信和馬克爾的企業權益區分開來的理由是，讓彼此有更多成長空間。儘管有將業務區分開來的構想，瓦薩和史蒂夫‧馬克爾還是繼續擔任對方公司多年的董事（湯尼‧馬克爾則是隔年就退出楓信董事會）。〕

1991年

投資人關係

我們沒有媒體部門或投資人關係部門。我們相信可以透過年報、每年的股東會、半年報和適當的定期公告來完整揭露資訊。再多的公開評論都沒必要，也沒有什麼建樹。我們相信楓信金融控股公司和集團內的每家公司都應該以長期績效來評判，而不是靠「好」消息或「壞」消息來評判。這就是為什麼我們對媒體的評論常常是「不予置評」。

1992年

公司歷史

我們在1992年買下韓伯林瓦薩投顧（Hamblin Watsa Investment Counsel, HWIC）以及六十二投資公司（楓信的控制股東）49.9％的股權，大幅簡化公司的股權關係。我是這兩家公司的股東，我承認這樣做很可能有很大的利益衝突，所以想要讓你了解這些交易的進行方式與原因。（希望你也能同意！）韓伯林瓦薩投顧是湯尼・韓伯林（Tony Hamblin）跟我在1984年成立的投資顧問公司。

我們怎麼評估這家公司的價值呢？首先我們在董事會成立獨立委員會，由羅伯特・哈托格（Robbert Hartog）主持。[14]接著我們請約翰・坦伯頓爵士（Sir John Templeton）擔任顧問，他是投顧業的大老，也是我們的大股東。當羅伯特和約翰爵士都認為價格合理的時候，我們聯繫小股東，取得超過50％的書面同意這筆交易。因此，董事會、多數小股東和韓伯林瓦薩投顧所有合夥人都認為，這家公司1400萬美元的估價（現金185萬美元和每股28美元的楓信股票43萬3773股）是合理的價格，並同意合併。

楓信為什麼認為收購韓伯林瓦薩投顧很合理呢？主要有以下三個原因。（1）對楓信來說，這是一筆很不錯的投資。在非常合理的假設下（也就是沒有績效獎金或負擔其他管理

費用下），楓信能有20％的投資報酬率。而且收購價是營收的3.8倍，以及稅前盈餘的8倍，以一般投顧公司的私下交易或公開收購的估價來看，相對合理。此外，我們主要是以每股28美元的合理價格發行楓信股票來買下公司。（2）可以把良好的投資管理方式帶進楓信。（3）可以移除我原先要面對的利益衝突，並把我手上的所有股權合而為一。

股息政策

長期以來，楓信保留的每一塊錢（不支付股息）都能產生至少一塊錢的市場價值，而且我們的股東不必為此繳稅。只要能夠維持這個紀錄（即保留的每一塊錢都能在市場上增加價值），而且我們能繼續為股東權益賺到20％的利潤，我們就不會發放任何股息，因為發放股息跟我們想要迎合長期股東的利益相違背。

1994年

新股發行

在7年沒發行新股之後，我們最近又成為券商的大客戶：我們在1993年以每股55美元公開發行200萬股，1994年又以每股76美元完成100萬股私募。歡迎我們的新股東，

而且就跟1993年一樣要再次強調，我們公司會長期經營。所以請你不要太在意短期業績，忍受短期波動才能得到更好的長期績效。

這裡要再次說明，我們發行新股非常小心謹慎。我們會避開以帳面價值的2倍價格去併購公司、卻以折價發行新股來募資的企業。我們的股票要是沒有到達合理價格，就不會發行新股，所以也不會去併購。你應該記得，我們從來沒有興趣要變得更大，只希望善待客戶、員工和股東，為股東謀取更好的長期報酬。

我們最近以76美元發行新股並不尋常，這個價格比前一天的股價還高出12美元。金融市場大多數的人都認為最後一筆交易反映公司的合理價值，就算那筆交易可能只有200股。不過我們的看法不一樣，我們認為我們股票的合理價格是76美元。

在金融市場裡，大多數剛上市的新股短期會上漲，讓買家覺得安心，儘管他們感受到的長期經驗未必是如此。如果我們在發行新股後股價上漲，我們當然覺得很好，但我們更關心的是讓投資人長期看來很好。

1994年

薪資報酬

　　我在楓信的固定薪資是25萬美元，沒有獎金、董事酬勞或楓信任何子公司的薪水（除了韓伯林瓦薩投顧以外）。我在韓伯林瓦薩投顧跟其他合夥人一樣是領20萬美元的薪水，並參與利潤分紅（分紅最高是30%）。在股東通報上顯示我領到的任何獎金，指的就是這個利潤分紅。由於我的薪資可能因為投資績效而增加不少，所以我想要確保你了解這些分紅的來源。

　　說到我的薪資報酬，在楓信成立頭7年我從沒領過薪水、獎金或其他金錢，但我有加入員工認股計畫。我計畫在1995年賣掉這些股票，不是把股票賣回給這個計畫，就是賣到市場上，而且日後也不再向公司申請無息貸款（我們的董事、高階主管和總裁會繼續享有這個福利）。如此一來，我就可以自由決定這個計畫應該怎麼運作，因為我不再有任何利益牽涉其中。

1995年

尋找好股東

　　我們的股價現在已經是三位數，常常有人來問為什麼

不分割股票來讓流動性增加、拉高股價等等。我們總是回答不要。我們認為股票分割不會讓股票變得更有價值或更沒價值。這只是把一塊蛋糕切成比較多片，並不會讓蛋糕變大。我們關注的是要增加公司的長期內在價值（蛋糕的大小），而不是改變蛋糕的切片數量。

連同我們的股息配發政策（不配股息）、投資人關係部門（沒有），而且不強調短期（單季）盈餘，我們制定的政策都是要迎合長期投資人，也就是買進並長期持有的投資人。那麼，我們有成功吸引到這種投資人嗎？1995年楓信股票在多倫多證交所（TSE）的成交量是150萬股，大概是在外流通股數的20％。跟多倫多300指數（TSE 300）裡的公司相比，楓信在1995年的周轉率（成交量占流通股數的比例）排在倒數第八，這就是我們想要的排名啊！多倫多證交所成分股的周轉率最高是1250％，最低是13％，平均為60％。我們要是真的上了熱門股排行榜，你就賣出股票吧。

說到長期投資，我們要提醒一下（就像1986年年報也提醒過），我控制所有多票表決權的股份，所以你在短期有明顯劣勢。就算有人要用溢價一倍的價格（也就是每股200美元）跟我買股票，我也不會賣，因此我的多票表決權會讓你無法短期致富。不過，在這種短暫的痛苦下，我們希望提供你良好的長期報酬。別忘了複利的效果：股東權益報酬率（ROE）20％經過13年（不配股息）後，帳面價值會增加到

10倍（而且我敢說也許股價也漲10倍呢?!）雖然我們過去的成績更好，但未來並不敢保證。

談到長期看法，你應該會很樂意知道，在楓信，我們都對自己很有信心。楓信所有一級主管（包括本人）、韓伯林瓦薩投顧的合夥人和我們子公司的幾位總裁，在個人財產裡都有非常多的楓信股票。六位董事中至少有三位對公司有很大的投資。

總共算起來，楓信股票有超過21％是由董事、主管和員工持有。以每股100美元來算，價值大概是1億8900萬美元。因此，你如果在報紙證券版看到楓信股價而突然消化不良，這也許會幫助你知道：我們也不好受！

1996年

內部人持股

我們有一套員工認股計畫，讓員工最多以10％的薪資買進公司股票，而且公司會自動提撥30％的資金買進股票，如果公司達到股東權益報酬率20％的目標，則會再提撥20％的資金。你一定很有興趣知道，如果一個薪水只有2萬美元的員工在實施這個計畫的9年裡全程參與，到1996年底，他能擁有775股、價值22萬5000美元的公司股票。現在你知道我們員工為什麼都笑容滿面了吧！我們員工參與這項計畫的比

例很高，我們也一直鼓勵員工長期思考。我們喜歡員工是公司股東這個構想，而這項計畫就是一個好方法。不是員工的你請不要擔心，這些股票都是在市場上買進，而不是從庫藏股來配發。〔更新資訊請參閱 2015 年「員工」條目。〕

低股票周轉率

我們是長期經營的公司，好幾年下來也吸引到擁有長期眼光的股東。1996 年，楓信股票在多倫多證交所的成交量是 250 萬股，占流通股數約 25％。跟多倫多 300 指數的所有公司相比，楓信股票的周轉率（成交量占流通股數的比例）繼續排在倒數 10％。

1997年

股價

股價**不斷**在波動，而且會一**直**波動下去。一般的股票都是這樣，但是應用在楓信來說就很特別了。我們一貫的政策是吸引長期投資人，而且不做宣傳，長期來說，價格波動應該比一般股票小，但短期還是會出現暴漲暴跌。我們在 1997 年看到股價從年初的 290 美元暴漲到 403 美元的高點，隨後又跌到 285 美元的低點，最後以 320 美元收盤。以上市價 395

美元來看，股價下跌19％到接近320美元。不過這裡有幾點要注意：

1. 這些波動如果只看絕對數字的變化似乎很大，但換算成百分比來看就不奇怪。其實我們的股票要是把1股分割成100股（不要擔心，不會發生這樣的事），即使跌幅完全一樣，你們多數人並不會注意到股價從3.95美元跌到3.2美元。

2. 我們過去也經歷過類似、甚至更大的股價波動。在目前的團隊經營下，楓信股票最大的跌幅出現在1990年，從21⅝美元跌到8⅞美元，跌幅60％。未來我們或許還會遇到類似的重挫，但是**如果**20％的獲利目標可以繼續實現，那麼這樣的波動在5年後就會變得無關緊要，就好比在今天來看1990年的股價波動一樣。不過請注意「**如果**」這個粗體字，並記得我們並不保證未來會實現20％的獲利目標。

3. 有些新股東看到今年這樣的波動，不斷打電話來總公司問是不是因為聖嬰現象、墨西哥地震、亞太金融危機等等造成。我們必須再次強調，我們公司長期經營，所以股價的短期波動沒有意義。而且我們總公司只有13個人，沒有時間回答這些電話詢問。如果你無法接受短期波動，也許我們的股票並不適合你。

　　我們年報的目標是要提供足夠資訊給你，讓你可以了解以下幾個概念：（a）楓信的企業價值；（b）我們履行債務的能力（也就是我們的財務健全度）；以及（c）從經營成果來判斷我們的表現。

　　這份年報大多都處理（b）和（c）的概念，但我想簡短討論（a）。楓信有多少企業價值呢？我在1995年的年報曾經解釋內在價值的概念，也就是公司到底有多少價值。內在價值不會像股價會時常波動，而是根據公司盈餘或未來現金流量來計算，扣除企業為了資本支出與營運資金而進行的再投資費用後，盈餘或未來現金流量可以分配給股東。大致說來，在我們的保險和再保險事業，資本支出和營運資金的要求都很小，所以盈餘都可以自由分配給股東。因此，楓信的未來盈餘會由公司的內在價值所決定。

　　另一方面，公司的帳面價值顯示的是歷年來投入公司的資金淨額。股東權益報酬率，亦即帳面價值報酬率，就是反映帳面價值與內在價值的關係，因為未來盈餘是由股東權益報酬率所決定。像楓信這種股東權益報酬率超過20％的公司，由於長期利率低於這個水準，公司的內在價值就會超越帳面價值，而長期下來股價也會跟著反映出內在價值。所以股價雖然短期有波動，反映出恐懼與貪婪的交互作用，但長期總是會反映出基本的內在價值。這就是我們對於帳面價值、內在價值和股價之間關係的看法。

　　我們已經提供你一個評估楓信的架構，但你必須自己算出內在價值數字。我們藉由發行新股來籌資進行併購時，都會確保股價對買方和賣方（我們）都公平，也就是儘量貼近內在價值。不過，這就表示我們是以超過帳面價值的價格來發行新股。有些人可能（錯誤的）以為，我們會這樣做是因為想要藉由超過帳面價值的價格發行新股來提高每股帳面價值。有許多公司確實是這樣做，而且藉著提到未來盈餘會增加來證明併購策略是正確的。但我們思考的關鍵是，為了併購而募集的額外資金報酬率。這些額外資金的報酬率就算只有10％，盈餘也是增加啊！我們的目標一直都是讓額外募集的資金報酬率達到20％以上，未來也是如此。

羅貝托・古茲維塔

　　我們應該要讓你注意到我最近讀到最好的一篇文章，那是談論民間企業為何都應該致力提升股東長期價值。作者是已故的可口可樂董事長羅貝托・古茲維塔，標題是〈為什麼股東最重要？〉（Why Share Owner Value?），收錄在可口可樂公司1996年年報。羅貝托的文章重點是，提升股東**長期**價值不只會為股東帶來好處，也會為客戶、員工和社會大眾帶來好處。只想增加**短期**價值，最終是沒有人會得到好處。

亨利·辛格頓

特勵達公司（Teledyne）的亨利·辛格頓是買回庫藏股界的麥可·喬丹（Michael Jordan）。辛格頓在1961年創立特勵達，當時在外流通的股票約700萬股，之後公司透過併購成長，在外流通的股票在1972年達到高點8800萬股。從1972年到1987年，早在買回庫藏股開始流行前，辛格頓將在外流通股票減少87％至1200萬股。在辛格頓執掌特勵達的27年間，每年的每股帳面價值和股價複合成長率超過22％，是業界的最佳紀錄之一。我們在做任何收購之前，依然會先考慮投資自家的股票（即買回庫藏股）。

1998年

警告

楓信的股東權益報酬率平均是20.4％，超越我們的目標，而且只比多倫多300指數裡的3家公司、標準普爾500指數的57家公司還低。所以你可以看到報酬率要長期達到20％是何等困難，尤其是股本很大的時候。你也許會有興趣知道過去13年來，只有一家加拿大公司和兩家美國公司的股價複合成長率比我們高。當然，這都是歷史紀錄，不能在未來幫助你，但就算未來的複合成長率只剩歷史水準的一半，

我們還是很高興。

請不要忘記我們在1996年年報提到的：「我們很幸運沒有遇到任何短期（每季）的意外，但我很肯定意外有時候會出現！」而且我們跟金融市場普遍的實務做法不一樣，我們**不會**發出「獲利警示」公告。為了不要讓你有過度期待，我們建議你閱讀過去的年報，裡面會列出我們曾經犯過的所有錯誤。（就算我吃飽飯也不敢看！）

願景

這樣的成長連我們都難以置信，而且壞消息是，它並非因為楓信有「願景」聲明或長期計畫。（我查過了，完全找不到！）所以，這表示這樣的成長**無法**推展到未來（如果可以這樣的話，我們就會擁有全世界！）。

雙層資本結構

我好幾次提到（1986年、1995年和1997年），因為我控制所有多票表決權的股票，所以你有很明顯的短期劣勢。因為我們還想經營20年以上，我的股票（應該說我的投票表決權！）絕對不會賣掉，所以你無法藉著買進楓信股票來很快致富。

我們也說過，不管價格多少，我們的子公司都不會賣掉。你也許覺得這是重大利空，但對我們子公司而言是重大利多。如今企業界不分規模大小，相互併購氾濫橫行，而我們是極少數逃過併購吞噬的企業之一。很多在美國（及其他地區）更大型的競爭對手會擔心自己的獨立性，有時候為了防禦而做出不划算的併購。我們絕不會**故意**進行不划算的併購，所以我們的經理人都不必擔心公司被賣掉，可以真正專心的長期經營。

〔1998年的股東信宣布瓦薩辭去馬克爾公司的董事職位，以及史蒂夫・馬克爾辭去楓信董事，主要是因為兩家公司的競爭日益激烈。但他們長期的友誼和互敬互重依舊不變。〕

收成欠佳的七年：1999年至2005年
1999年

股價每年的變化，跟帳面價值或內在價值每年的變化沒有什麼關係。1986年，楓信股價大漲292％，但帳面價值只增加183％。1990年我們的帳面價值**增加**39％，股東權益報酬率高達23％，但股價反而**下跌**41％。你仔細查看附表就會發現，股價每年的波動非常隨機，但**長期下來**還是會反映經濟基本面（或內在價值）。

內部人持股

因此我們對1999年的股價下跌有什麼感覺？首先當然是覺得虧好多！！別忘了，公司的董事、經理人和員工總共擁有16％的在外流通股票，而且沒有賣掉任何持股。楓信所有重要幹部，包括我、大多數董事、韓伯林瓦薩投顧的經理人和子公司大多數總裁的淨資產中，楓信股票都占很大的比例（我的楓信股票就占超過90％）。所以我們真的對自己很有信心！

薪資報酬

你知道我們會透過無息貸款來鼓勵子公司和母公司的總裁及重要的高階主管買進楓信股票。這套方法在加拿大運作得很好，但在其他各國因為稅負等原因不怎麼有效。因此，1999年底我們實施「限制型股票」計畫，讓重要的高階主管可以領取生效時間最長10年的股票。跟無息貸款計畫一樣，這些股票都是在公開市場上買進，買進時把成本列為費用，而且本金會在計畫執行期間平均攤提。我們希望這樣可以大大激勵重要的主管。

同樣在1999年底，我們也首次實施一套與「限制型股票」獎勵相似的年度計畫，如果公司在當年的綜合比率

（combined ratio）*達到目標，每個保險及再保險子公司員工
會得到相當於薪資5％的獎勵。這是以前年報提過的員工認
股計畫之外的計畫。

指導原則

　　我們根據1985年9月成立以來的三大目標來為楓信制定
指導原則，到現在已經十幾年了。我們曾經說過，我們公司
有很多事情可能會改變，但指導我們這麼久且成效良好的原
則一定不會改變。這套指導原則在公司內已經根深柢固，所
以我們決定跟大家公開分享（我們是真的確定有「指導」效
果才跟你分享）。在我們的指導原則中，最重要的就是價值
觀。我們已經很清楚的說過，我們不會犧牲自己的價值觀來
換取成功。

股票上市

　　到1999年底，我們有大約75％的業務是以美元計價，
也有大約75％的員工在美國。因此，我們未來的財報將以美

＊　　編注：綜合比率是一般產物保險業最常用來評估經營績效的方法，指的
　　是損失率與費用率的加總。

元計價，並預定兩年內在紐約證交所上市。

2000年

長期觀點

　　我太樂觀了！這是15年來的第四次，也是第一次連續兩年股東權益報酬率沒有超過20％。我們2000年的股東權益報酬率是4.1％（對比多倫多300指數上漲11.4％），真的很低，而且是連續第二年比多倫多300指數的表現還糟。我們的低股價吸引很多「深度價值」的投資客。在2000年大多數時間裡，楓信的市值倒地不起；看看我們的績效，你應該很容易理解！

　　過去兩年的表現確實令人非常失望，但我想再次提醒你，我們從1985年9月成立以來，一直都是長期經營。這麼多年來我們多次強調，而且在近期1999年11月的股東信也提到：「為了有更好的長期績效，我們可以接受盈餘出現短期波動。」雖然未來總是充滿不確定性，我依舊相信楓信的遠景從沒有像現在那麼光明過。

　　在討論2000年的表現之前，（檢討過去比檢討現在容易多了！）讓我重申楓信出色的長期績效，這是在產險與意外險市場遭逢史上最長、最嚴重的衰退時仍然達成的佳績：我們的每股帳面價值每年以37％的複利成長，我們的股價即使經

歷1999年和2000年的下跌，每年的複合成長率還是高達33%。

薪資報酬

多年來，我一直覺得身為參與公司經營的控制股東（controlling shareholder），我的薪資報酬應該跟所有股東緊密連結。所以從2000年開始，我的薪資每年固定為60萬加幣，沒有獎金。這個薪水不會每年調升，而且1999年至2000年的慘況要是再出現，還可能會減少！不過，為了確保我的家人能夠安心生活，楓信考慮發放股息，是的！一點點的股息。在2001年每股發放1美元或2美元。

在此之後，我跟各位股東的差別，就只有60萬加幣的年薪；根據最近的績效，大概有許多人會覺得太高吧！配發一點股息雖然會讓很多人被課兩次稅，經濟效益也比不上保留獲利來複利成長的高報酬率（就像我們過去15年來的表現），但這是我想到唯一讓我的薪資跟你的利益保持一致的辦法。

放空者

因為我們1999年至2000年的表現欠佳，我發現楓信頭一次吸引到這類投資人：少數的放空者！我一直以為只有

長期投資人對我們有興趣，沒想到截至2000年12月31日為止，楓信竟然有4萬7100股的空頭部位（希望可以從我們的股價下跌來獲利）。

2001年

指導原則

　　過去一年來，楓信小小的經營團隊、幾位經營我們公司的總裁，以及我們的指導原則，都遭到空前未有的嚴厲考驗。我們腹背受敵，雖然奮勇抵抗，做的事情卻似乎不見成效！不過，我們的指導原則還是完整保留，主要的經營團隊也是，大家仍然以愉快的心情、非常專注的繼續為股東創造業績。

2003年

公司治理

　　身為控制股東與公司執行長，我從2000年起薪資就固定在60萬加幣，沒有額外獎金、選擇權或其他股票獎勵。我領到的就只有60萬加幣，如此而已。不過我承認，最近幾年的表現實在不值得拿這麼多錢！我沒有跟公司有其他交易，而我的淨資產有超過95％是楓信股票。我們從來不用庫藏股

來發行選擇權或其他股票分紅，我們所有用來分紅的股票都是在公開市場上買進，而且所有分紅都是長期執行，而且任何人只能獲得一次或很少次。

2004年

2004年是我們成立19年來第二次碰到虧損，原因是史無前例的颶風重災、非常保守的投資導致收益減少，以及保險殘留責任業務（runoff）[*]的損失。2004年我們的平均股東權益報酬率是負1％（而標準普爾500指數的報酬率大約是15.5％，加拿大標準普爾綜合指數（S&P/TSX）的報酬率則是12.7％）。

每股帳面價值也減少4.1％至每股187.86美元，這是公司成立以來第二次減少帳面價值，原因是2004年的虧損，以及以低於帳面價值發行新股。我們的股價則從2003年底的174.51美元下跌至168.5美元，跌幅3.4％。但是我們的保險與再保險事業表現出色，所以公司的內在價值在2004年大幅提升。

---

* 編注：指還有保險責任要承擔、但已不再繼續接受新承保的業務。

新股發行

我們藉由發行240萬股來募資3億美元，主要是給馬克爾公司（1億美元）和東南資產管理公司（Southeastern Asset Management，1.5億美元）。我之前說過，我們不喜歡這個價格，可是我們喜歡這些長期夥伴：馬克爾的史蒂夫·馬克爾、東南資產管理公司的梅森·霍金斯（Mason Hawkins）和長葉基金（Longleaf funds）。我們在1985年成立的時候，史蒂夫·馬克爾就是合夥人，現在歡迎他回來。而正如你知道的情況，東南資產管理公司是我們最大的股東。這次新股發行大概會讓帳面價值稀釋大約5％，但我們預期資金調度可以更靈活，很快就能彌補回來。

重生：2006年至2017年
2006年

放空者

我們在2006年7月向幾家避險基金提起訴訟。我之前說過，我們對放空或放空者完全沒有意見，放空交易可以合理納入投資或避險策略中。事實上，我們現在的投資組合中也有空頭部位。但我們也提到，我們絕不容忍利用操縱和威脅來謀利。這是我們成立21年來第二次提起訴訟。你也許還記

得，我們上次走進法庭，是因為倫敦的保險業務受到非法市場操縱，當時我們上訴到底，最後獲得全面的勝利。

2007年

明斯基與葛拉漢

「金融不穩定假說」（Financial Instability Hypothesis）之父海曼・明斯基指出，歷史顯示「穩定會導致不穩定」。長期繁榮會導致槓桿化的金融結構，進而造成不穩定。而我們現在正目睹美國最長的經濟復甦（已經超過20年）與最短的衰退（2001年）的後果。回歸平均值已經開始了，但才剛剛開始而已！

我們看到抵押貸款保險公司、債券保險公司和垃圾債券的信用利差急劇擴大，這主要反映出房地產市場的問題。我們一直對這些風險是否會擴散到所有信用市場提高警覺，因為其他市場的貸款標準和資產擔保也一樣寬鬆。而且我們以前也提過，我們依然擔憂破紀錄的美國企業稅後獲利有可能減少，並對股價產生影響。當然，美國經濟和股價也可能會影響全球經濟和股價，尤其現在全球股市大多數正接近歷史最高點，所以我們才一直要保護我們的投資組合不受50年一次、甚至100年一次的金融風暴打擊。

最近我們想到一位大師的有趣觀察，他是「長期價值投

資法」的理論奠定者班傑明・葛拉漢，我們至今都因此受惠。他指出，1925年進入股市的投資人裡，能從1929年至1933年股市大崩盤中存活的人只有百分之一。要是你在1925年沒有看到風險（這樣做很難），就不可能從後來的崩盤中存活下來！我們覺得葛拉漢的觀察可能也適合描述我們過去5年的經歷。我們在2005年年報曾提醒你：「格蘭瑟姆梅堯基金公司（Grantham Mayo）的傑若米・格蘭瑟姆（Jeremy Grantham）說他們研究過所有資產市場（包括黃金、白銀、日股和1929年的股市）的28次泡沫行情，最近的美股泡沫是唯一完全沒有反轉的一次（2003年差點反轉，但馬上就反彈）。」要進場的投資人請謹慎！

2009年

2010年9月23日，我們就要慶祝楓信公司成立25週年。由於許多好運眷顧，加上勤奮工作和優秀的團隊文化，我們的每股帳面價值到2009年底已經成長到243倍，股價也跟著上漲126倍，離25週年還有一年可以努力呢！說到長期經營，過去我最喜歡的公司是1600年成立的英國東印度公司（British East India Company），而且這家公司還延續250年以上！連英國女王都是它的大股東。當我讀到它的獲利目標要賺20％時，請大家想想我有多驚訝！往事滄桑啊。

有一次有人問這家「可敬的公司」（The Honourable Company，英國東印度公司的外號）的總督成功的理由，他回答：「一句話，瘋狂的不作為。」或許對身為我們長期股東的你而言，250年實在太久了！

說到長期經營與企業為何沒有自滿的本錢，美國國際集團（AIG）的歷史真是發人深省。美國國際集團花了89年來累積將近1000億美元的股本，結果一年（2008年）就全部賠光，真是嚇死人！最近我跟家人去印度海德拉巴（Hyderabad），回到45年前畢業的高中母校。在這趟懷舊之旅中，我驚訝的發現主牆上高掛的母校校訓：「保持警惕。」我一直以為這句話是從班傑明‧葛拉漢的《證券分析》（Security Analysis）中讀到的！

股票下市

我們去年底決定從紐約證交所下市。我們認為在美國上市並未對長期股東帶來任何好處，這家公司是為了長期股東而經營。我們之前需要募資時並沒有上市，而且我們在全球各地的員工都可以透過多倫多證交所，以加幣或美元買到我們的普通股。

2010年

衡量指標

從年度數字來看，帳面價值增加和股價上漲之間並沒有關係。但長期而言，我們普通股股價的年複合成長率，跟每股帳面價值的年複合增加率大致相同。

2011年

衡量指標

我們在2011年原地踏步，每股帳面價值基本上持平。我們的短期績效一直起起落落，但從每股帳面價值的增加幅度來看，長期表現還是非常棒。〔附表顯示公司成立以來帳面價值的年複合增加率，以5年為單位，分別為19.4%、12%、12.4%、16.1%與23.5%。〕

2012年

我很驚訝這陣子的股市交易量那麼大。比方說，黑莓公司（BlackBerry）在2012年的在外流通股票有5億股，成交量卻高達14億9000萬股，周轉率是3倍。至於楓信的股票，在從紐約證交所下市之前7年，平均每天成交12萬9000股，

而下市後的3年，成交量每天平均只剩4萬7500股（85％以上是在多倫多證交所買賣）。所以我們股票的周轉率在這段期間是從2倍下降為0.6倍。我們公司是為了長期股東而經營，因此希望周轉率甚至可以進一步下降。附帶一提：你在多倫多證交所可以用加幣或美元買賣楓信股票！

在這種狂熱亢奮的環境中，行動派投資人和避險基金已經主導了大盤，他們全都關注短線獲利。因此，企業的經營團隊遭到撤換，員工被解僱，部門被分拆售出，甚至整家公司賣掉，為了的是讓投資人迅速獲利。許多好公司就這樣毀了。但我們會繼續秉持長期理念，始終待人友善，並且永遠支持經營團隊。

員工

27年以來，楓信從我們發展的「公平友好」企業文化中獲益不少。我們母公司的小團隊都非常誠信、秉持團隊精神，而且不自誇自負，以此帶領整間公司大步邁前，保護我們免受無預期的下方風險（downside risk），並且抓住任何出現的機會。讓我們公司團結在一起的是信任和長期觀點。從我們的董事會、經理人到所有員工，你都可以指望他們擁有長遠的眼光、做正確的事。

所以在楓信，你不會看到有個很龐大的母公司去檢查我

們公司的一舉一動，不會為了取得最多的短期利益而出售公司，我們的管理階層不會領取超額酬勞，不會大規模裁員，經營團隊不會經常異動，也不會鼓吹大家來買股票。我們的主管幾乎都不會賣出持股，而且我很慶幸可以跟他們一起合作。我們從來不曾錯失想要留住的總裁或主管。楓信的總裁、主管和投資主任的平均資歷長達13.5年，擁有堅強的實力，讓我對公司的未來很樂觀。

2013年

避險

2013年普通股的價格大漲，我們賣出價值超過20億美元的普通股，實現13億美元的利得，抵銷因為等比例降低避險部位而產生的避險損失。

因為同比例縮減避險部位而產生的損失，抵銷大部分的利得，因此最終的實際獲利是13億美元。若計算清算價值（net net），我們賣出普通股和債券共賺了2900萬美元，未實現虧損則有15億9300萬美元（包括債券近10億美元和普通股5億美元），因此我們的投資淨虧損是15億6400萬美元。由於2013年股市上漲，讓我們普通股投資組合的避險部位虧損近20億美元，這是很龐大的未實現金額，但我們還是要繼續避險。我們有些長期投資的獲利非常好，但最近金融市場

的狀況令人憂心，因此儘管很不願意，我們還是決定出售長期持有的富國銀行（Wells Fargo，獲利125％）、嬌生公司（Johnson & Johnson，獲利47％），以及美國合眾銀行（U.S. Bancorp，獲利135％）等股票。

2014年

接班

我和家人都很關注長期而言，必然需要下一代參與並熟悉楓信的經營團隊，所以我們在今年任命我的兒子班（Ben）擔任董事（他以自己的能力成為成功的投資組合經理人）。我的孩子都不是楓信的主管或員工，但他們進入董事會能確保楓信「公平和友好」的企業文化得以延續，這是公司可以長期成功的重要因素。〔2017年，瓦薩的女兒、雲杉投資（Sprucegrove）研究部主管克莉絲汀‧麥克林（Christine McLean）也進入楓信董事會。〕

2015年

警告

現在有一種普遍的看法是，不管股價多少，普通股都是最好的長期投資。這是長期投資誤入歧途很好的例子。當

然，全世界沒有哪個國家比美國更有創業家精神，而且擁有法治與深厚的資本市場，這些都讓全世界都羨慕不已。但是正如歷史顯示，1929年道瓊指數漲到400點的時候，大盤呈現多頭格局，但要等到25年後（1954年）才會看到道瓊指數再次站回400點。在這段期間，你還是必須從指數下跌90％的情況下存活下來。再看看近期的日本，日經指數也尚未重返1989年的4萬點高峰，這幾乎是27年前的事了。而且現在還比1989年的高點低了50％以上。所以，敢進場的人要自己負責！

　　以上是特別為你簡介現在全世界面臨的問題和挑戰。那些意想不到的後果非常嚴重，痛苦也必然很強烈。這就是葛拉漢說的，如果你不在1925年領先看跌（是的，1925年），那麼你逃過大蕭條的機會只有百分之一。1930年到1932年，股價會從1930年的最高點跌掉86％。但我們還是會盡最大努力，繼續保護身為我們股東的你和我們的公司避開種種潛在的問題。我們早就說過，寧可一直犯錯一直犯錯、但最後是對的，也不要一帆風順卻在最後翻船！別忘了，美國國際集團（AIG）花了89年累積900億美元的股本，短短一年就全部賠光啊！

雙層資本結構

2015年，我請身為我們股東的你准許我保留多票表決權。過去30年來我一再說到，你會因為我擁有公司的控制權而有一個主要的負面影響，那就是你不會在楓信的股票上快速獲利，因為不管別人出價多少，我都不會接受別人的併購提案。當然，反過來說，我們會致力給你豐厚的長期報酬。

但是這麼多年過去，由於我們發行過不少新股，所以我持股的表決權從過去占全部80％，到現在只剩41.8％。控制權變得這麼低，讓我非常介意，覺得很容易被外人併購。所以接下來有兩個選擇：更改多票表決權制度，或者是以後不再用增資發行股票來併購。我們董事會成立一個特別委員會……在仔細考量之後，他們提出一個既能保障小股東權益、又能保留多票表決權的辦法。

我們和大股東討論，並在一次股東臨時會獲得股東批准。要改變我們的多票表決權股票條款，需要獲得上市的次順位表決權股票三分之二同意，而且表決通過了。我們相信這是因為股東們都認為這是在衡量楓信所有情況下最好的公司治理方式。我們要感謝特別委員會委員代表股東所做的廣泛工作與審慎考量，更要感謝各位股東的支持！

對應這次的批准，我也同意到2025年為止，我的年薪依然維持在2000年我自己要求的60萬加幣，而且不會領取

任何獎金、股票紅利或退休金福利。此外，在外流通股票增加到一定數量後，多票表決權的效力須定期由我以外的股東進行多數表決（細節請詳閱股東通報）。

總而言之，這是楓信公司和股東一次了不起的決議，它讓我們能大幅擴張，同時又能保持過去30年來建立的寶貴文化。雖然你不能靠楓信的併購溢價獲利，但我們以公平、友好的方式善待客戶、員工和社區，一心一意為股東創造長期價值。或許是我偏心，但實際上楓信絕對不會出售或賣出旗下任何保險事業，對我們公司和員工而言這是一大優點。

在企業行動主義（corporate activism）和短視近利的今天，這就是楓信的一大優勢。那些秉持企業行動主義的投資人為了快速讓自己獲利，積極要求企業出售旗下部門、不惜代價削減成本，或是讓公司被併購！公司往往會被摧毀。這些做法讓我們反感，而且讓企業界背負惡名。我們永遠不會同流合汙！

低股票周轉率

我們一直非常幸運擁有持股非常久的股東。從1985年成立以來，就有許多人一路支持我們。一些法人股東也反常進行的長期投資，很多都投資我們10至25年。你可以看看我們的股票周轉率。我們股票每年的周轉率是32％，在多倫

多證交所或紐約證交所都是最低的幾家公司之一。紐約證交所的熱門股每年周轉率超過500％。

員工

我們繼續透過員工認股計畫鼓勵所有員工成為公司股東。這套計畫讓員工可以扣除一定比例的薪資來買進公司股票，並獲得公司出資贊助認股。這是個出色的計畫，而且長期下來，員工都獲得豐厚的報酬。年薪4萬加幣的員工若是從計畫實施以來就全程參與，到了2015年底就持有3306股楓信股票，價值高達220萬加幣。我可以很高興的說，有很多員工確實全程參與！我們希望員工成為股東，從公司的績效中獲益。

2016年

企業文化

過去31年來，我們有一套自己發展出來的優秀企業文化。我們稱之為公平友好的企業文化，這是遵循以下的黃金法則：以我們希望對待自己的方式來對待別人。這樣的企業文化和去中心化的企業結構，吸引到許多優秀的公司與管理人才加入我們的行列。而我們的故事才剛開始呢！以前提

過，我們正在提高收購門檻，除了要專心從我們已經併購的事業中獲利，也要買回庫藏股。我崇拜的英雄辛格頓，我在之前的年報中提過他創立了特勵達，這家公司的在外流通股票從1960年的700萬股增加到1972年的8800萬股，然後到1987年縮減成1200萬股，在外流通股數銳減87％。我們的長期聚焦策略是非常明確的。

指導原則

　　這是我們成立以來第一次更新指導原則，明確闡述幾個經常談到與一定要理解的事情：我們的投資始終要以長期價值導向的理念為準，而且我們也體認到回饋地方社區與在地經營的重要性。

2017年

投資

　　在撰寫最新年報之前，我習慣會回顧過去所有的年報。我今年就發現，我曾在2011年寫道，未來3年會感受到經濟有重大風險，在那之後，普通股就會有10年的好光景，但在長期公債殖利率只有2.9％的情況下，債券的表現就不可能像過去20年一樣比股票好。不幸的是，由於我們對經濟還是

很憂慮，所以3年後我們並沒有結清我們的指數避險部位，不過在2016年美國新執政團隊上任後，我們有了改變。我們馬上結清我們的指數避險部位，也結清我們的個股空單，未來我們也不太可能會再用放空來保護我們的投資組合。

美國新政府調降公司稅率至21％、對資本支出加速折舊、放寬諸多管制，還可能有龐大的基礎建設支出，加上美國的實質經濟成長率從來沒連續8年低於2％，因此未來幾年的經濟很可能會高速成長。我們認為，經濟成長率更高，會使許多公司有更高的獲利，就算指數沒有大漲，我們認為這也會是「選股」市場，像我們這種價值投資人會因此興起。所以我們又回到市場，積極操作，當然我們也認為股票市場現在並不便宜。長期利率已經觸底反彈，而且未來5年會升得更高，甚至有更明顯的漲幅。

2018年

文化

楓信會長久經營下去，即使我離開很久也一樣！公司不會賣掉，而會專注在為股東提供豐厚的長期報酬。我們的成就和強大的競爭優勢奠基於我們在楓信發展的公平友好的企業文化，而這可以回歸到我們的指導原則。為什麼有公司喜歡楓信，為什麼有人想要加入我們公司，我們的企業文化就

是答案。

每季表現

藉由每季舉辦法說會，專注在每季的成長，會使目前的股票市場對短期績效超級敏感。顯然大多數市場參與者只在乎每日的天氣變化，但我們留意的則是季節變化。我們知道冬天會結束（多倫多的冬天要走了！），然後春天就來了，接著則是夏天；我們只是不知道確切的日期，而且可能還會降下春雪！然而就像四季會重複出現，我們也預期我們的價值投資法還是會一馬當先，再次為股東帶來豐厚的利潤。

* * *

買回庫藏股

瓦薩在1997年和2016年讚揚辛格頓買回庫藏股的做法。而且在股東信也好幾次重申這個主題，以下是摘錄內容：

- **1988年**：在1988年間，楓信的股價在11.75元至15.125元間波動。當它在低檔的時候，我們認為對公司來說，我們的股票是很棒的投資，所以計畫買回在外流通10％的股份。我們最後是以平均每股12.94元買回1萬4200股。我們會持續買回庫藏股，只要我們

認為這是公司可以獲得最好的投資。

- **1999 年**：黑暗中總有一線光明。由於我們的股價大幅下跌，我們才可以趁機買回大約5%的在外流通股數（平均價格為293元）。在相同情況下，1990年我們以平均大約9美元的股價買回180萬股、占在外流通股數約25%的庫藏股，這是我們最好的一項投資！

　　在進行任何收購之前，我們一向會優先考慮投資自己的股票（即買回庫藏股）。而且與我們的併購政策類似，我們不會在犧牲財務狀況下買回庫藏股。

　　低價買回自家股票不會增加公司的內在價值，不過公司的**每股內在價值**會大幅增加。而且隨著分母減少，長期下來會幫助我們達成股東權益報酬率20%的目標。

＊　　＊　　＊

股息政策

　　瓦薩在股東信上並未深入討論股息政策，但在信末幾乎都會說上一兩段。跟買回庫藏股一樣，我把各年有關股息的段落集結在一起，以便讀者參閱。以下是過去10年的摘錄內容：

- **2007年**：在去年年報中，我們說我們付出的年度股息

除了名目規定的每股2美元以外，還要反映到年底的情況。從我們2007年的業績和母公司的現金與有價證券部位來看，我們決定每股加發3美元的股息。所以2008年付出的股息是每股5美元，大概是年終帳面價值的2.2%。

- **2008年**：根據2008年的業績，母公司的現金與有價證券部位多到破紀錄，資產負債表也呈現出安全穩健，所以我們決定配發每股8元的股息（名目規定的股息每股2美元再加上每股6美元）。我們的股東都很高興吧！

- **2009年**：根據2009年的業績，母公司龐大的現金與有價證券部位，還有我們現在3家百分之百持股的保險公司有很多可用資金，加上資產負債表非常安全穩健，我們決定配發每股10美元的股息（在名目規定的每股2美元額外增加每股8美元）不過這樣的配息率不可能維持下去。

- **2010年**：根據2010年的業績，母公司龐大的現金與有價證券部位，加上我們現在在百分之百持股的保險與再保險事業提供很多可用資金，而且資產負債表也非常安全穩健，在2011年初，我們配發每股10元的股息（名目規定的每股2美元額外增加每股8美元）。在名目規定的股息外會加發的金額，要看當時的狀況

而定。

- **2012年**：我們維持每股10元的股息，但還是要提醒你，不要以此推斷未來的股息金額，因為每年的股息是根據母公司的自由現金流量以及我們持有公司的現金與有價證券部位來決定。每股10元的股息占2012年我們帳面價值的2.5％至3％。

- **2014年**：我們2014年的配息維持不變，不受盈餘破紀錄的影響。我們喜歡股息穩定的做法，所以預計短時間內不會改變。

- **2015年**：我們的配息依然與2014年相同，按照標準計算，我們會付出大概占每股帳面價值2％或盈餘17％的股息，長期下來這個比例可能大幅下降，因為我們喜歡配息穩定的構想，而且在未來一段時間內預期不會改變。

- **2016年**：我們2016年的配息維持不變。從2001年開始配息以來，我們累積配發的股利是每股93美元。希望你有善加利用！

*　　*　　*

下表是我們更新的內在價值與股價。在之前的年報中提過，我們使用帳面價值作為衡量內在價值的第一個指標。

	內在價值（以美元計的每股帳面價值）變化比例	股價（以加幣計的每股價格）變化比例
1986	+180	+292
1987	+48	−3
1988	+31	+21
1989	+27	+25
1990	+41	−41
1991	+24	+93
1992	+1	+18
1993	+42	+145
1994	+18	+9
1995	+25	+46
1996	+63	+196
1997	+36	+10
1998	+30	+69
1999	+38	−55
2000	−5	−7
2001	−21	−28
2002	+7	−26
2003	+31	+87
2004	−1	−11
2005	−16	−17
2006	+9	+38
2007	+53	+24
2008	+21	+36
2009	+33	+5
2010	+2	−
2011	−3	+7

年		
2012	+4	−18
2013	−10	+18
2014	+16	+44
2015	+2	+8
2016	−9	−1
2017	+22	+3
2018	−4	−10
1985–2018 （年複合成長率）	+18.7	+17.1

單位：%

　　這張表顯示以美元計價的帳面價值與加幣股價的變化。我以前說過，我們認為楓信的內在價值遠遠超過帳面價值。就像這個表所示，有好幾年的內在價值獲得市場認同，股價也大幅上漲。未來我們仍會努力表現，讓這種盛況重現！

4

伊恩‧康明、喬伊‧史坦伯、李察‧韓德勒與布萊恩‧富利曼

露卡迪亞國際公司（富瑞集團）致股東信

露卡迪亞公司的歷史可以由2012年股東信中的幾段話概述，開頭是這麼寫的：

> 我們1970年從哈佛商學院畢業後，開始在一間小型家族企業上班，那是一個叫做卡爾‧馬克斯公司（Carl Marks and Company）的投資銀行，名字很妙。後來我們其中一個人去西部探險，我們就此分道揚鑣。一直到我們其中一個人想要收購塔爾科國家企業（Talcott National Corporation），我們才又碰頭。塔爾科是

一家歷史悠久但奄奄一息的金融服務控股公司，因為進入不了解的產業，幾乎快要破產。

我們花了一年去說服兩百多位債權人簽字同意，終於在1979年4月在法庭外進行企業重組，即使到今天，這個案子可能還是最複雜的企業重組案。塔爾科進入重組程序前的帳面價值是負800萬美元，企業重組後是2300萬美元。我們重整公司，在雜亂的業務和金融資產中尋寶，陸續恢復它們的價值。那時候我們根本不曉得，這種方法在接下來35年是必要的技能。

1978年到2012年，**伊恩・康明和喬伊・史坦伯**是露卡迪亞公司的股東信作者。最早幾年是以純粹簡潔的筆法對業務做出評論，並說明管理事務。從1980年開始，大多數的股東信一開始會談到公司的經營時間和股東權益狀況，往往第一句話就會提及，就像1980年提到：「我們公司成立的第126年真是忙碌的一年。」或是：「1982年是公司128年歷史上表現傑出的一年。」在他們任職期間，大多數的股東信在總結時都會提到每股帳面價值的變化。

這些信件篇幅依循一個熟悉的模式：最早的10年都只有幾頁，中期增加到大約10頁，最後5年（2007年到2011年）擴充到15頁至17頁，而2012年則是11頁。最早10年的股東信大多附有消費金融、保險、製造業等營運部門主管寫的說明，每人大概是1～2頁。

1996年，大約在康明和史坦伯任職的中期，股東信開始包括有完整歷史的財務資訊圖表，記錄帳面價值和股價，以及兩者的變化，到2005年更匯整成年度「成績單」。在此有個經驗頗值得參考：經理人在早期任職階段不需要運用這種成績單，但是掌管公司一段時間之後，對於使用哪些衡量指標很重要，以及如何根據這些衡量指標才讓經營事業變得更為嫻熟。以露卡迪亞公司來說，經理人在經營20年後才終於能清楚說明未來20年要使用的穩定績效成績單。

在他們退休的時候，他們兩個人為自己和公司設定一套令人欽佩的接班計畫。在2012年的股東信中寫道：

　　隨著歲月流逝，我們漸漸變老，接班計畫

變得愈來愈重要。這幾年來我們一直在爭論、探索許多不同的方案，又帶來更多爭論，而且與我們認為值得股東信任、足以引領露卡迪亞前進的每個人談話。2013年3月1日，我們的接班計畫終於確定由富瑞集團收購。

這個優秀的領導團隊**李察‧韓德勒**和**布萊恩‧富利曼**，會成為露卡迪亞公司的執行長和總裁，而我們其中一位會擔任董事長，另一位則會捲起袖子重新開始與家人一起創業。

從公司後來的股東信來看，這兩位接班人確實挑起了重擔。韓德勒和富利曼在信上談到相同的傳統和價值觀，同時也在過渡期帶來新風格。他們的第一封股東信只有5頁、隔年是14頁，接著是9頁。2016年以後，就固定寫5頁的評述，信後再附上4頁〈其他業務檢討〉。

韓德勒和富利曼的股東信跟康明與史坦伯的股東信一樣，通常會逐一回顧各部門的狀況，對於重要的併購案會額外說明，而其他重要事項則另成一節，

主題從資本結構、會計原則變更,到買回庫藏股都有。各年的股東信都有明顯的延續,這樣的方法傳達出他們的眼界不受年度的限制,而且,在業務經營上,年報的期間只是人為產生的。

最初的十幾年
1987年

公司歷史

自從經營團隊在1979年4月取得露卡迪亞的股權以來,你投資的公司已經走出財務困境,從原來的應收帳款承購與融資公司,轉變成目前的控股公司,擁有超過10億美元的資產。我們的子公司主要從事人壽保險、製造業和其他金融服務業。

1988年

投資

對露卡迪亞很常見的批評是我們的財報很複雜,而且很難了解。這一點我們同意,但很遺憾,這是因為我們的商業策略使然。我們一向會買下出問題或不受市場青睞、而且導致股價大幅低於我們認定價值的公司。接著我們會致力改進

併購公司的業務經營，期望增加現金流量和獲利能力。

當市場價格達到我們認為划算的水準時，我們就會不時出售一部分事業。雖然我們執行這套投資策略沒有很完美，但是對於我們的長期績效，我們還是很自豪。我們不會受損益表驅使，而且在經營你投資的公司時不會過度強調每季或每年的盈餘。我們認為我們在會計實務與政策上都是保守的，而這樣的資產負債表也是以保守的方式呈現。

1990年

策略

常常有人要我們說明露卡迪亞的公司策略和長期目標。除了前面提到的警告事項，我們能夠提供最好的說明就是重複1988年致股東信的內容。〔接著作者引用上述1988年股東信的摘錄，然後加以說明。〕

我們的事業單位都是分權管理。我們認為我們的業務不應該受到股東的過度干預，所以都交給優秀的管理團隊來經營公司，他們也都做得很好。不可避免出現問題時，我們可以提供幫助，分配資金，並為未來做規畫。

我們會繼續尋找價格合理的收購目標。

經營分水嶺的 1990 年代
1991 年

〔公司進行一樁併購，買下汽車保險公司科洛賓（Colonial Penn），堪稱是公司發展的「分水嶺」。〕預期會產生明顯的經常性營收實在很讓人開心，也讓我們大大鬆了一口氣。你的管理團隊有時候感覺自己好像是小老鼠在滾輪上跑著。好玩是好玩，但偶爾停下來休息一下也很好。不過，我們還是會尋找更多被低估的投資機會，並經營既有的事業。

1992 年

指導原則

我們認為，列出我們經營保險事業的指導原則會很有幫助：

1. 我們追求的是獲利能力，不是承保數量或市場占有率，所以有時候放棄就是最佳策略。
2. 我們寧願保守的保有準備金，然後被要求釋放出保證金，而不是因為準備金不足，之後被要求提報損失。
3. 我們尋找特殊利基，而不是要主導市場。自然界理論上可以有很多老鼠，但不會有太多大象。

4. 我們保守建立投資組合。我們願意為了可預測、安全
   性與一夜好眠而放棄額外收入。這樣的謹慎保守讓我
   們安然度過1980年代。世上沒有免費的午餐：不是沒
   有午餐，就是不可能免費。
5. 我們面對重責大任，要小心謹慎的管理很多人的錢。
   保險準備金不屬於股東，只有公司資本才屬於股東。

1993年

指導原則

1. 我們投資較短期的短期債券。長遠來看，股票表現比
   較好，但是短期來看，股市無法預測。而我們對保戶
   的義務可以預測，因此履行責任最好的方式就是投資
   債券。
2. 我們害怕長期債券。
3. 我們的投資組合不會包含無擔保房貸、「垃圾」債券
   或外國證券。
4. 我們不為其他保險公司提供再保險。我們只承擔自己
   的風險。
5. 我們為股東創造的財富，是以合理價格收購企業，而
   不是投機炒作投資組合裡的證券。

1994年

多頭與空頭

《聖經・創世紀》第41章中，法老王夢見瘦牛吃掉肥牛，約瑟夫說這表示七年豐收之後接著是7年饑荒。1980年到現在，股市一直是多頭市場，持續豐收15年！所以我們擔心空頭那隻熊可能會從哪裡冒出來，它現在一定很餓！我們希望自己準備好了，空頭市場也一樣有機會。

1995年

警告

在過去幾年的年報中，我們很高興有幾次稅後報酬率高達30％以上。但同時我們也會提醒，這麼高的報酬率不可能一直持續。

露卡迪亞的稅後報酬率

1990	1991	1992	1993	1994	1995
18.4%	35.3%	35.7%	39.7%	7.8%	12.2%

有幾個因素會影響報酬率的高低。隨著我們的淨資產規模逐漸增加，在我們的現有業務和營運方式之下，要維持非

常高的報酬率愈來愈困難。由於我們的資本額愈來愈大，報酬率必然會漸漸趨向平均水準，這是很自然的事。

　　第二個原因是，我們有大量資產是投資在未來的商機。這些資產在等待期間幾乎不會有報酬。但要是我們的判斷沒錯，等到時機成熟的時候，後代子孫就能以好價位出售或賺到高額報酬。最後一個原因是，我們有些事業單位的價值其實遠遠超過帳面價值，但這些價值還沒有實現。

　　我們的企業策略可以說明我們的做法。〔作者再次引用1988年年報的經典說明，因為一直有人關切他們為何折價併購艱困企業、偶爾又轉手獲利了結；他們強調這是基於長期觀點，以及保守的會計處理原則。他們提到，這樣的策略就意謂著「年度報酬率很難維持穩定」。〕

　　今年我們一個快要56歲，另一個剛滿52歲。要退休還嫌太早，但要改變做法又嫌太老。所以我們會繼續採用我們知道最好的方法：在便宜時買下資產，等到別人比我們更想要那些資產的時候就賣給他們。

景氣循環

　　過去幾年讀過我們股東信的人，應該覺得我們天生對未來感到悲觀。我們頑固守舊，總是擔心資本會短少。我們在華盛頓的政府一團混亂，但我們卻驚訝的看到本世紀持續最

久的多頭市場。我們的投資顧問和專家計算標準普爾500指數50年的平均股息殖利率、股價淨值比、本益比,以及股價對現金流量比。到1995年底,標準普爾指數要下跌21%至52%,才會讓這些指標回到歷史平均水準。所以大盤還能再爬多高?景氣循環什麼時候會轉向呢?

1996年

策略

雖然1996年的獲利比我們希望的少,但我們對長期績效還是很滿意。我們使用同樣的策略再過6個月就滿20年了。以下我們會再次說明這個策略。對於長期股東,我們要對重複講同樣的事說聲抱歉,但這些文字最能說明我們的作為。〔接著作者寫下對策略有關的經典說明,請見前文1992年的摘錄。〕我們一心一意執行這套策略,一旦偏離這個原則,往往就會很後悔。有些年的表現很好,有些年則表現很糟,但我們希望你能滿意整體績效。我們就很滿意。

投資

我們兩個的職業生涯是從創投開始,我們從那裡發展出一個信念,就是投資是一門科學,賣出則是一門藝術。蒐

集、整合大量看似無關的資訊，然後以某種神祕的方式得出該續抱或該脫手的結論，這種無可言喻的人類能力就好比一門藝術。這麼多年來，我們已經學會仰賴這個流程。

在決定是否出售科洛賓公司時，我們同時利用科學與藝術。我們聘請富瑞公司（Jefferies & Company）就其中一項交易提供公正的意見。他們的分析結果可以在股東通報上找到。

我們的判斷是這樣。科洛賓產物保險公司直接對客戶賣車險。而現在大家都認為，直效行銷賣保險才是未來的主流。所以直效行銷公司人氣大漲，資金大量湧入這個產業。蓋可（GEICO）、奇異（General Electric）和前進保險（Progressive）等公司都會變成很強大的競爭對手。當這些市場巨頭開始出招，價格壓力也就不遠了。而付出大筆行銷費用來期望擴大市占率、提升獲利，一向不是我們的專長。

由於汽車保險已經不是成長特別快的市場，要吸引新客戶唯一的途徑就是從競爭對手那裡挖腳。我們擔心，以後要在這行賺錢，就像在壓路機前面彎腰撿硬幣一樣，既危險又沒有明顯賺頭。這家公司的營收超過10億美元，是一般公認會計原則下帳面價值的2.6倍、法定資本額的3.2倍與稅後盈餘的24.1倍，賣出總比冒險好。

我們擅長發現低估的投資標的然後重整，並不是行銷專家。4.6億美元的售價是一般公認會計原則下帳面價值的3.1倍、法定資本額的5.8倍，而且是1996年稅後盈餘的14.7

倍。我們覺得不錯。

我們分析市場上類似企業的售價，並且儘可能預測未來，最後認為那些價格達到有利的水準，因此決定出售。培養多年的醜小鴨終於變天鵝了。

警告

好幾次有人問我們，現在的成功是否會減弱我們繼續前進的熱情和動力。我們兩個變得比過去夢想的情境還更成功（政治正確的說是更有錢）。我們擁有聰明的員工、活躍的顧問、充裕的資本，還有一些企業、房地產、巴貝多的電力公司、阿根廷的投資、銀行和保險公司、葡萄園、金礦、裝瓶廠，以及很多前所未有的機會。我們正處於全球擴張的時代，自由市場經濟大行其道，而且我們就是其中積極的參與者。這個全球沙椿是個有趣的地方，目前的計畫會持續下去，直到我們老到玩不動為止。為什麼不這樣做呢？這真是有趣！如果我們決定停下來，一定會馬上通知大家。

不過要注意上面提到的熱情還是要有節制。現在每樣東西的價格幾乎都在歷史最高檔附近，這種時候要做我們這種投資是很困難的。等到那幾個事業賣掉之後，我們公司就會有很多現金，有寬裕的信用額度，以及各種事業和投資標的。我們不會隨意亂花錢，因為目前的情況也許應該有段時

間要按兵不動。我們已經對此做好準備，你應該也一樣。

1997年

投資

　　過去20年來，我們一次又一次做同樣的事：購買我們認為可以努力改善現金流量、並實現內在價值的資產或公司。如果有人出價高於我們認定的價值，那就賣給他。科洛賓就是一例。

　　這樣的流程已經順利進行20年。即使在喧鬧的1980年代，游資泛濫，物價高昂，我們還是能找到有價值的投資標的。但到了1990年代，我們挖掘有價值的投資標的的變得愈來愈困難。此時物價依然高昂，隨著全球市場持續上漲，每天有更多貨幣創造出來。這時候要找到被低估的資產簡直像大海撈針一樣，我們的眼睛都快瞎了。

　　價格愈高，報酬必然愈低。隨著價格上漲，計算或判斷失誤的後果將更為致命。這時候就要特別小心。由於我們兩個人天生好奇，本來就愛四處跑，所以過去幾年為了尋找高報酬的機會，我們去過俄羅斯、蓋亞那、阿根廷、南韓、安哥拉、吉爾吉斯、德國、巴拿馬、剛果、荷蘭等地。但是各地的狀況其實都差不多。在衡量風險後，通常會發現報酬太低，投資根本不划算。大量熱錢在全世界四處流竄，我們不

管到哪裡都被熱錢打敗。我們一個人預期這樣的全球榮景下場會很糟，另一個人則根本沒有頭緒。

這就是我們現在面對的難題。要怎麼辦呢？有幾種選擇：

- 什麼都別做。短期安全的持有現金，等到大環境回到過去的情況再說。因此，投資報酬必定很低。
- 跟前一個建議一樣，但是將大部分的錢還給股東。或許你比我們還會運用資金。至少我們可以少擔一點心。
- 別在忙著快樂尋找投資標的了，把錢全部還給股東，理論上，過去賺了20年也該心滿意足了。舊日的好光景不會很快回來，就算回來也一定完全不一樣。我們這些老狗已經老到學不會新把戲了。
- 綜合以上的建議。

我們最近不斷思考這些事。心中不勝惶恐，但還會繼續思考下去。一旦做出結論，我們會讓你知道。你如果有什麼意見，也歡迎來電告知。最後提醒一下：要是財神迎面而來，我們可能會馬上改變做法。

1998年

策略

　　去年我們反覆思考很多事情，告訴你在這種瘋狂的經濟環境下，要讓大量股東的錢繼續有高於平均報酬率的表現，我們感到有些挫折。我們得出結論，對我們而言，這是做不到的事。

　　另一方面，我們的收發室經理是高科技股的當沖高手，而且最近的表現很好，他覺得我們兩個人這樣辛辛苦苦真是瘋了。但eBay和亞馬遜的股票不是我們的強項（請見下文）。所以在決定該做什麼事的過程中，我們不意外的再次回顧一路走來的歷程。這個在之前也說過很多次了，我們在做的是：

　　〔此處摘錄1988年的經典說明，並附注：「最早刊載在1988年的年報，後來又在1990年、1991年、1995年和1996年的年報中重述。」〕

　　我們一心一意堅守這個策略，而且希望你同意這樣的策略很成功。最重要的是，我們喜歡這個策略，因為它而成功，而且不想放棄。然而我們現在資金太多，對你和對我而言都無法有效運用。

　　所以，我們寫下這封股東信，我們準備還給股東8億1200萬美元的股息，亦即每股13.48美元，我們在可預見的

未來也會繼續經營露卡迪亞公司。今年看起來可能會不錯，但會不會持續下去，我們也不曉得！要是機會再不出現，我們會再想別的辦法讓股東受益。

1999年

〔1998年股東信提到，國稅局已經裁決本公司這次的股息配發為資本利得，因此適用稅率會比一般股息的稅率來得低。〕在還錢給各位股東的時候，得到來自國稅局的祝福，獲得稅率優惠，這真是再好不過了。我們兩個老狗覺得自己無法用20億美元做有效投資，更不用說露卡迪亞在資本市場上還有更多可用資金。我們現在擁有淨資產11億美元和充裕的流動資金，仍然在努力找尋任何低估的資產！這個稍後會再談。

過去幾年的股東會中，都有股東問我們為什麼會錯過標準普爾500指數的多頭行情，以及納斯達克的網路股和生技股飆漲。我們的答案一直是：那些不是我們會做的投資。新股東請了解，我們在做的是：〔此處摘錄1988年的經典說明，並附注：最早刊載在1988年的年報，後來又在1990年、1991年、1995年、1996年和1998年中重述。」〕

講難聽一點，我們是老狗，學不會新把戲。但我們相信，憑著過去30年學會的經驗還是可以做得很好。

繁榮的2000年代
2000年

騷亂

　　2000年是美國金融市場混亂騷動的一年。聯準會主席葛林斯班（Alan Greenspan）幾年前說的「非理性繁榮」，到了2000年已經變成引發劇痛的病毒。葛林斯班博士說完這句話後，股市還是持續高漲，逼得他不情願的成為新經濟的信奉者。

　　武斷發表意見並不是我們的日常工作。不過最近感覺有點安慰的是，過去幾年來我們一直堅定的認為，我們目睹的舊式金融狂熱不會持續下去，也不可能持續下去。經濟世界自己有地心引力般的力量，時間一久自然會發揮作用，投資人要是疏忽了就會碰上危險。

　　各位股東也許想知道我們對這些事情有什麼想法，以下我們就來解釋過去發生什麼事，以及未來又可能發生什麼事。

　　1980年代初期，美國經濟逐漸缺乏競爭力與效率。財經媒體稱頌日本奇蹟，美國汽車業指責一切都是日本的錯：想像一下，日本以更低的價格提供品質更好的汽車。不過到最後美國企業總算清醒了。他們不再詛咒黑暗，而是重新唸起「生產力」的口號！毫不意外的是，我們這個熱鬧、強健、自立自強的國家一旦有了共同目標，就會發生好事。美國企業的當務之急從抨擊日本改為提高生產力。他們不再躲在牆

角裝病，說都是日本奇蹟的錯。

　　大概在同個時間，有一股巨大創新正在成熟，在當時以及現在都展現革命性的意義。它始於電晶體的發明，一直延續到今日的數位時代。當產業界和商業界在尋找更有效率的新方法的同時，遠在瑞士日內瓦歐洲粒子物理實驗室（European Particle Physics Laboratory）的提姆・柏納斯李（Tim Berners-Lee）也在思考。其實那時候有一套網際網路的實體系統，是用光纖電纜將全球很多大學和研究實驗室的電腦連接起來，可是這些電腦無法互相分享資訊，就算可以這麼做，也缺乏傳遞的標準形式去解讀資訊。柏納斯李心懷願景，全球資訊網（WWW）和第一個搜索引擎「有問必答」（Enquire Within Upon Everything）因此誕生。現在電腦可以相互溝通，我們也開始上網，網際網路一直蓬勃發展到今天。

　　資訊就像庫存，周轉愈快，生產力就愈高。有了網際網路這個新工具，整個世界加速，時間與空間都被壓縮。因此，美國經濟專注於變得更有效率的同時，遇上讓世界縮小、節省時間的設備出現，數位經濟以閃電般的速度發展。新概念、新產品、新創意、新軟體、新硬體、玻璃纖維傳輸和電信通訊新發明紛紛出現，一直持續發展到今天。整個美國經濟都以網路通訊的速度在改造、重塑。效率導向的美國產業加上數位時代的降臨，兩個事件匯合起來，賦予「綜

效」新的意義。繁榮的股市以無限的熱情應對這個新時代，使得多頭行情持續十幾年。

　　露卡迪亞的管理團隊每天早晨醒來都抱著價值好幾億美元的無風險國庫券。我們還是像不忘舊習的土撥鼠，每天早上從洞裡冒出頭來，環顧市場找尋投資機會。我們第一個會問的問題是：「在調整風險後，有沒有看到可以賺到高於無風險利率的投資標的？」當股市一路漲到最近幾年的高檔時，我們很少看到感興趣的標的，就躲進洞裡了。其實我們成功將大部分的資產以我們覺得很離譜的價格賣給其他人。在配發 8 億 1190 萬美元的股息給股東後，露卡迪亞還是留下很多流動資金，同樣有既有的經常性開支，以及有少量的經常性盈餘。接下來幾年我們的工作就是買進有經常性盈餘的標的，準備好這些資產來迎接下一次瘋狂的時代。這個流程需要的是耐心，但做法並不複雜！

幸運

　　我們在 1978 年一起創立露卡迪亞，借了 5 萬 3000 美元的卡債。我們一直非常幸運，對此我們感激不盡。不過我們都老了 24 歲，變得比較富裕，但也可能有點懶了（至少我們其中一個人是這樣），而且必然變得更加保守。我們希望各位股東發現自己也處於相同的情況。

2001年至2003年

行銷

- 記住!葡萄酒是食物;這是出自《聖經》的典故。每天喝一杯松之嶺酒莊(Pine Ridge)或弓箭峰酒莊(Archery Summit)*的葡萄酒可以延年益壽,讓各位股東笑顏長開。

- 記住!葡萄酒是食物;從大詩人荷馬想像奧德賽(Odysseus)航行穿越「紅酒之海」(wine-dark seas)以來就是如此。每天喝一杯松之嶺酒莊或弓箭峰酒莊的葡萄酒可以養生健體、心情愉快,讓各位股東笑顏常開!現在來參觀品嚐!請致電松之嶺酒莊(800)575-9777或弓箭峰酒莊(800)732-8822,報上露卡迪亞股東的身分,即可參加導覽行程,並成為葡萄酒俱樂部的成員。

- 記住!葡萄酒是食物;適量飲用有助於血管通暢。自從人類定居在底格里斯河和幼發拉底河之間的肥沃月彎,建立農業和城市文化以來,葡萄酒就一路伴隨人類走過災厄與歡慶,成為我們的好朋友。不過最近肥沃月彎那裡可不是讓人太愉快!歡迎你前來參觀酒

---

* 編注:松之嶺酒廠與弓箭峰莊園都是美國的著名酒廠。

莊，加入我們的葡萄酒俱樂部，告知自己是露卡迪亞的股東，並要求提供導覽。當你報上露卡迪亞股東的身分（全憑個人誠信），就能獲得八折的股東優惠價。

2003年

指導原則

我們要提醒自己和各位股東我們收購與經營事業的幾項指導原則。

1. 不要買貴了。
2. 買進會提供大眾需要的產品或服務的公司，而且它們想要在堅持高品質的情況下，盡可能便宜的提供產品和服務。我們從失寵的產業中尋找有翻身潛力的企業。我們救活不少混亂、虧錢、無力振作或垂死掙扎的企業，而且成績非常好。
3. 盈餘可以因為營業虧損扣抵而避稅的公司，當然比盈餘被國稅局課稅的公司更好。
4. 員工表現好就要給予獎勵，才能期望他們努力又誠實。
5. 不要買貴了。

我們希望長期下來，每股股東權益成長率比平均水準要
好。如果我們做到了，股東才會得到良好的服務。要是我們
看到吸引人的機會不多，就會退場觀望。

〔這些原則後來重複刊登在2006年年報〈通行規則〉
（Rules of the Road）一節；那年同時也重複寫下〈我們做的
事情〉（What We Do），同樣的內容在1988年、1990年、
1991年、1995年、1996年、1998年和1999年都寫過。）〕

2006年

接班

我們以雙管齊下的方式解決接班問題：合併或併購一家
跟我們投資方法不一樣的大企業，以及在公司內外尋找和培
養善於交易的投資人才。

2007年

小不點，快跑！[15]*

下面是我們描述過去30年世界上發生的事情的超級簡

---

*　譯注：這句話的原文是 Run Spot Run，改寫自美國早期兒童讀本的課文開
頭 See Spot Run，本來的意思是兩兄妹外出蹓狗，看著他們的小狗「小不
點」到處亂跑。

化版。1988年，我們其中一個人帶著孩子，搭平底船溯亞馬遜河而上。航行一週後，河面變得愈來愈窄，而且愈來愈淺，我們繞過一個河彎，在前方有人清理出一片空地，那裡有個小村莊。我們下船去探訪。

還沒走近，就聽到一陣熟悉的聲音。在村莊孩子的伴隨下，我們踏著小路進入叢林。那裡有個Sony小發電機、一台電視和一個移動式衛星天線，都是幾年前一個科學研究團隊留下來的。那些村民正在用這些設備收看CNN新聞網！

就連在叢林中勉強維生的村民也在看電視，並想體驗北半球的富裕生活。世界各地不管哪個國家的政府，都在想辦法回應人民日益增加的期望。中國雖然還是獨裁國家，卻已經成為全球的低成本製造中心，以自己的方法提升人民的生活水準。印度走的路稍有不同，但是生活水準也以驚人的速度快速上升。光是這兩個國家的人口就占全球的三分之一，加上亞洲其他地區更占全球人口的一半以上。亞洲經濟成長帶來的需求，大幅推升大宗商品價格，我們都親身感受到，也在報紙上看到了。

我們的名字

我們很多次被問到「露卡迪亞」這個名字是怎麼來的。30年前的夏天，我們其中一個人在37歲時獲選為塔爾科國

家企業的執行長；另一個人那時34歲，不久也擔任那間公司的董事長。塔爾科的歷史可以追溯到1854年，我們有文件顯示在美國南北內戰時代，塔爾科曾經買襪子資助北方的聯邦軍隊。

1937年塔爾科在紐約證交所上市，逐漸發展為一間金融公司，擁有四項業務：消費金融、商業金融、應收帳款承購（factoring）和房地產。因為利率非常高，加上房地產投資不謹慎，導致公司的淨值是負的，還有大量負債。這種別人避之唯恐不及的標的，正是我們跳進去接手的好機會！

1980年5月27日，我們把從事應收帳款承購的詹姆斯塔爾科公司（James Talcott Factors Inc.）賣給由駿懋銀行（Lloyds Bank）與蘇格蘭皇家銀行（Royal Bank of Scotland）合資的駿懋蘇格蘭公司（Lloyds and Scottish Limited）。詹姆斯塔爾科在應收帳款承購業頗有名氣，所以買家想把公司名字也買下來。經過激烈談判後，我們得到更多錢，但沒留下公司的名字。

我們原本就擔憂會出現這樣的結果，所以一直在尋找可以在紐約州註冊登記的名字。打從印第安人賣掉曼哈頓島之後，紐約已經登記過不少公司的名字。有一次，從加州聖地牙哥沿五號公路開車往北走，經過一塊綠色的大招牌，上面寫著：「下個出口，露卡迪亞」，因此我們就決定用「露卡迪亞」試試看。結果馬上獲得批准！

Leucadia（露卡迪亞）這個名字來自希臘Lefkadia，是愛奧尼亞群島（Ionian Islands）中的一個島名，擁有多彩多姿的悠久歷史。

2008年

投資

我們在1990年代後期賣掉很多資產，然後配發總額8億1190萬美元的股息，即每股4.53美元。也許那時候我們就該功成身退？但我們還是繼續做著30年來一直在做的事：〔他們繼續引用1988年「我們一向會買下出問題或不受市場青睞、而且導致股價大幅低於我們認定價值的公司」的段落。〕

2008年和2009年

這兩封股東信對同樣艱困的環境有不同的回應。雖然大部分內容相同，但對整個世界的看法很不一樣。在此並列呈現，可以看出作者的思考轉變，包括2009年對合資企業伯卡迪亞（Berkadia）的收購案寄予厚望的樂觀看法。不同之處以粗體字顯示。

2008年	2009年
我們大多數資產都跟世界經濟復甦有關，而且當世界經濟回到常軌，我們預期我們的資產價值與價格也會上漲。同時，我們會繼續支付經常性費用和長債利息。我們有充裕的時間等待世界恢復常態，但那應該很難熬。	我們大多數資產都跟世界經濟復甦有關。2009年我們看到像嬰兒學走路一樣的一點復甦。期盼小嬰兒不要腿軟坐了下來。
在當前經濟衰退的環境中，我們幾個事業單位和投資的收益無法支應**目前**的經常性費用和利息。但我們有現金、流動性投資、證券和其他資產，預期都可以換成現金，應該可以讓我們渡過難關。我們正在努力削減成本，我們優秀的經理人和員工也天天努力工作。**我們會全力以赴。**	在當前經濟衰退的環境中，我們幾個事業單位和投資的收益無法支應經常性費用和利息。但我們有現金、流動性投資、證券和其他資產，預期都可以換成現金，應該可以讓我們渡過難關。我們正在努力削減成本，我們優秀的經理人和員工也天天努力工作。

2008年	2009年
出於審慎的態度，我們對這次衰退何時結束抱持悲觀的看法。換個說法就是，我們好似在賭好日子什麼時候開始，同時想像未來雖然黯淡，但我們還是可以撐過去，等到好日子來臨。	出於審慎的態度，我們對這次衰退何時結束抱持悲觀的看法。換個說法就是，我們不想跟這場賭局。
在這動盪時期，肯定也有很好的投資機會，我們依然在尋找。我們看到機會就**能**認出來，而且努力執行。	在這動盪時期，肯定也有很好的投資機會，我們依然在尋找。**伯卡迪亞收購案就是第一個成果。**我們看到機會就**會**認出來，而且努力執行。

2009年

伯卡迪亞收購案

我們在去年的股東信做出結論，除了「露卡迪亞精神堡壘」之外，「我們也會繼續尋找收購對象，而且只會買進會賺錢、前途光明、歷久不衰的好公司！」

我們最新加入的成員就是實踐那個承諾的好開始。伯卡迪亞現在是美國非銀行界提供商用不動產服務最大的公司。我們是從破產的凱普馬克金融集團公司（Capmark Financial Group Inc.）買下它的。我們和波克夏海瑟威公司各出資一半收購伯卡迪亞，並以4億3400萬美元的合資股權和波克夏提供的一筆貸款買下凱普馬克的服務資產與貸款。為這個長期穩定成長的事業奠定基礎。

邁向接班：2010年至2012年
2010年

接班

董事會持續督促我們提出接班計畫。我們這幾年一直努力解決這個問題。現在已經有點進展，希望明年會更加成形。

2011年

財務槓桿

　　我們讀到很多報導談到美國正在去槓桿化。你要是不常看《華爾街日報》，這裡替你解釋一下：去槓桿是一個重新發現的概念，它就是不再借錢來還債。

　　貝爾斯登（Bear Stearns）和雷曼（Lehman）破產或許是大衰退的頭號結果，但病根其實是過多的財務槓桿。過去20年來，有房子的人一直借錢買新房，房貸愈來愈多。這種無法持久的計畫在2008年終於畫下句點，每個人都因為更低的房價付出代價。

　　同樣這段期間，購物中心、公寓大樓的房東和炒地皮的投機客大量舉債來填塞無法滿足的貪欲，也產生相似的結果。低利率也許暫時讓商用不動產不用被法拍，但我們認為還是會有很多人挺不過來，或是需要債務協商，希望他們可以來找伯卡迪亞想辦法。垃圾債券的發行公司也從低利率得到幫助，然而當利率上升到比公司成長前景和現金流量還快的時候，算總帳的日子終將到來。

　　《財星》1000大企業則跟自用和商用不動產的屋主不一樣，他們都沒有過度借貸，而且大公司的財務狀況很好，有些公司的股息殖利率甚至高於債券殖利率，可以說相當罕見。但連實力最強的企業都小心翼翼的舉債與投資，也難怪

就業數字會低落，經濟成長緩慢。在經歷2008年的慘劇之後，美國企業都很害怕承擔風險。我們也是。

現在碰到最大的債務麻煩是美國中央政府和州政府。歐洲和美國的政府跟消費者和銀行一樣，都在忍受去槓桿化的痛苦。

美國政府很幸運，因為它有印鈔票這個法國前財政部長季斯卡（Valéry Giscard d'Estaing）所稱的「囂張特權」。但就算是特權也有極限，不用懷疑，我們遲早還是要解決債務問題（我們希望可以早一點）。聯準會說在可預見的未來要繼續壓低利率，延緩過度槓桿的痛苦，並延緩政府不能避免被迫下猛藥加稅或削減支出（或雙管齊下）的時刻。

我們跟前幾年一樣哀嘆相同的事。一大堆私募股權和避險基金只會追逐低報酬。短期利率非常低的同時，像露卡迪亞等非投資等級的放款機構所面對的長期利率卻是比預期報酬率相對高出很多。所以，符合我們投資標準的機會非常少。我們很希望利率可以高一點，而且游資不要太多，這樣併購才有利可圖。我們以謹慎的方式利用槓桿，不想陷入過度利用槓桿或借短債放長債的陷阱。那種傻事就留給避險基金去做吧。

2012年

接班

　　我們兩個人43年前在哈佛商學院認識，35年前開始這段非凡的合夥關係。到了2012年底，這個合夥關係也結束了，所以這是我們兩個人寫下的最後一封股東信。以財務表現來看，2012年是我們最成功的一年，也是LUK*最成功的一年。2012年的稅前盈餘是13億7100萬美元，創下歷史紀錄。

　　〔在談到本章開頭摘錄的接班計畫後，作者詳細介紹他們的接班人。〕

　　我們在1987年認識李察。當時他26歲，在業界剛出茅廬，從史丹佛商學院畢業進入德崇證券（Drexel Burnham Lambert）工作，參與過露卡迪亞的幾筆交易。他在德崇證券很快就學到，對一家金融公司來說，沒有「輕微」的流動性危機。認清這個弱點對他往後的工作可以說大有幫助，不過他要是待過哈佛商學院，可能早就學會了！

　　1990年李察離開德崇證券，進入富瑞集團。富瑞集團當時只是一家小券商，營收1億4000萬美元，淨利700萬美元。我們是他的第一批客戶，李察和他的團隊在1992年幫我們發行高級次順位債券（Senior Subordinated Note），那也是

---

*　譯注：露卡迪亞在紐約證交所的股票代號。

富瑞集團第一次承作法人債券交易。

自從李察在23年前加入富瑞集團，公司的年化股東權益報酬率高達22%，實在堪稱典範。李察成為執行長後，自己也成為富瑞集團的大股東，他的累計薪資有75%以上是公司股票。雖然我們沒有請獵才公司幫忙找人，但還是可以說：「他看起來是個合適的人選。」

布萊恩‧富利曼則是在2001年8月加入李察的團隊，帶來很多與團隊互補的卓越技能，以及堅持不懈的敬業態度。最終他們成為富瑞集團的合作夥伴，在公司邁向成功的每一步上，布萊恩都發揮重要作用。

我們向來都不喜歡用「雙贏」來描述自己的交易。但是在我們最後一封致股東信中，很難找到更合適的詞來表達我們的感覺。

富瑞集團／韓德勒與富利曼時代：
2013年到現在
2013年

新人上任

一年前，露卡迪亞與富瑞集團結合為獨特而強大的商業銀行與投資銀行平台，這種組合幾乎就跟商業的歷史一樣悠久。露卡迪亞的特色在於，在以急躁、而愈來愈短視為特徵

的世界裡，有能力真正秉持長遠的眼光。耐心和審慎承擔風險不僅是露卡迪亞創辦人、也是我們兩個人的共同理念。憑藉著勤奮和好運，我們希望以後能充分運用我們充足的永久資本（permanent capital）做好長期投資。

　　過去這一年，我們也跟董事長喬伊・史坦伯合作，將露卡迪亞和富瑞集團兩方的董事會整合、擴大。我們相信，持續創造長期價值的祕訣，就是向在我們身旁這些經驗豐富、能力高強、盡忠職守的董事多多請教，以主動積極、公開透明的方式跟他們合作，好好利用他們的知識、經驗和人脈。

回顧與展望

　　雖然我們打算遵循露卡迪亞以往的做法，只以行動和績效作為溝通主調，但我們還是會舉辦一些年度活動，讓股東、債券投資人和其他相關人士更加了解露卡迪亞和富瑞集團。

　　我們在此恭賀並感謝伊恩和喬伊，他們創辦露卡迪亞，為我們的股東確立真正的長期眼光，並且投資富瑞集團。最重要的是，感謝他們相信我們兩個人，以優雅的身影俐落的完成接班。

2014年

長期觀點

我們整個團隊一直努力將露卡迪亞定位在追求我們第一個目標：創造長期價值。我們藉由經營一個商業銀行與投資銀行平台，創立、收購和經營多角化的事業集團，藉此實現這個目標。我們希望露卡迪亞保持專注、多元、積極且透明。我們只會投資可以觀察到價值和獲利機會、並適合我們投資組合的標的。我們已經在露卡迪亞的所有企業上緊發條，而且不斷去促使事情變得更好，而且更有價值。我們已經取得許多成果，就算偶爾有挫敗，每天也都能學到新東西。

股東至上

我們兩個人的思考與作為都把股東放在優先順位。我們關心的是5年、10年和15年後的股價。但這不代表我們沒有緊迫感，沒有感受到天天要擔負的經營責任。我們相信我們已經取得很大的進展，而且是一家定位獨特的永久資本公司，這是一家多角化的投資公司，奠基在一間全球性的投資銀行和一家多角化的商業銀行業務。

2015年

績效起伏

露卡迪亞的績效一向起伏不定（我們有很多資料可以證明），而且我們從過去轉型到未來的過程比原先想的困難許多，但請放心，我們還是一樣專注在提高所有股票的價值。

2016年

實事求是

我們兩個人一向實事求是、嚴以律己。然而我們也都相信露卡迪亞值得被樂觀看待。我們從不宣告自己大獲成功，世事也很難預測，但從我們今天所處的位置和以下的觀察與省思（並非承諾或保證），我們兩個現實主義者甚至比金融危機前更樂觀的看待我們的前景：

1. 美國利率在市場正常運作下自然的向上攀升，並沒有跟隨聯準會的引導。利率走勢恢復正常，對投資人和企業都很有利。當然，要是利差意外擴大，很快就會帶來很多痛苦。

2. 市場和企業已經感受到有利於企業的氛圍，以及繁瑣法規可能鬆綁，這對很多美國企業來說都是好預兆，

包括〔我們的許多事業〕。當然我們未必相信這些產業受到的管制會大幅放寬，但減少一些限制總是有幫助。有利企業的氛圍應該也會幫助富瑞集團的企業客戶，各執行長會更有信心，加快各種活動。

3. 美國的公司稅率降低，使得海外資金可能回流，對整個經濟和金融市場是一大利多，富瑞集團和我們其他的金融服務事業也都會受益。企業的淨利提升，積極程度也會提升（這是「動物本能」）。

4. 富瑞集團的競爭優勢不斷增強。如今美國市場已經不像金融危機前那麼競爭。特別是我們在美國和其他地區的主要競爭對手，歐洲銀行的控股公司，還在解決先前的問題。富瑞集團有八成事業是在美國，這讓我們在搶占市場和建立未來的全球合作夥伴關係都處於有利的地位。

5. 富瑞集團和美國牛肉公司（National Beef）的業績都持續改善，加上其他事業持續有好表現，〔公司的大額課稅減免〕終於派上用場。

6. 我們預期會持續產生現金，而且我們會有更多火力（希望）去做明智的投資，並增強現有的一些業務。

7. 每一天，我們都在強化露卡迪亞與富瑞的品牌，我們也抓到愈來愈多有價值的獨特機會。但萬事萬物並非天注定，唯一能確定的就是一切無法預料，世局動盪

難免。所以我們要保持適當的彈性，持續警惕風險，並隨著局勢應變，讓各個事業維持組織扁平與透明，使資訊可以適當、自由的流動。

8. 企業文化和人才很重要，這兩者一直是露卡迪亞和我們所有主管與事業最重要的事。

9. 我們每天的任務就是腳踏實地、謙虛至誠、熱情付出，要與股東利益一致，並且服務與保護客戶、員工和債券持有人。

2017年

策略

　　從2012年年中以來，我們已經完成多項策略性交易，以及經營績效的強化，使露卡迪亞的業務有了轉變，前景也清晰起來。在跟富瑞集團合併之前，露卡迪亞的資產組合比較分散，現在則是專注於金融服務的控股公司，有明確的動力和方向。我們結合投資銀行與商業銀行的願景即將實現。

　　展望未來，我們在露卡迪亞看到進一步創造價值的機會。我們預期未來的成長來自現有業務的自然發展和策略性驅動，增加和結合更多鄰近的外部機會，並在富瑞集團持續向前的帶領下，引進更多商業銀行的業務機會。

　　我們計畫繼續支持現有事業的成長，並尋找新機會做

聰明的投資。在經濟強勁、市場上揚之際,當然會有一些挑戰,但我們會耐心等待,而且不可避免會出現情勢改變,我們會在情勢有利時出擊。

我們也會繼續藉由買回庫藏股、發放現金股息,狀況合適的話甚至以實物分配股息來退還股東現金。當然,我們絕不會做任何我們認為會有損關係企業或母公司財務基礎的事情。

*   *   *

露卡迪亞的成績單

	每股帳面價值（美元）	帳面價值成長率	標準普爾500指數加計股息的變化	股價（美元）	股價漲跌（%）	股東權益（千美元）	淨利（損）（千美元）	股東權益報酬率
1978	($0.04)	NA	NA	($0.01)	NA	($7,657)	($2,225)	NA
1979	0.11	NM	18.2%	0.07	600.0%	22,945	19,058	249.3%
1980	0.12	9.1%	32.3%	0.05	(28.6%)	24,917	1,879	7.9%
1981	0.14	16.7%	(5.0%)	0.11	120.0%	23,997	7,519	30.7%
1982	0.36	157.1%	21.4%	0.19	72.7%	61,178	36,866	86.6%
1983	0.43	19.4%	22.4%	0.28	47.4%	73,498	18,009	26.7%
1984	0.74	72.1%	6.1%	0.46	64.3%	126,097	60,891	61.0%
1985	0.83	12.2%	31.6%	0.56	21.7%	151,033	23,503	17.0%
1986	1.27	53.0%	18.6%	0.82	46.4%	214,587	78,151	42.7%
1987	1.12	(11.8%)	5.1%	0.47	(42.7%)	180,408	(18,144)	(9.2%)
1988	1.28	14.3%	16.6%	0.70	48.9%	206,912	21,333	11.0%
1989	1.64	28.1%	31.7%	1.04	48.6%	257,735	64,311	27.7%
1990	1.97	20.1%	(3.1%)	1.10	5.8%	268,567	47,340	18.0%
1991	2.65	34.5%	30.5%	1.79	62.7%	365,495	94,830	29.9%
1992	3.69	39.2%	7.6%	3.83	114.0%	618,161	130,607	26.6%

	每股帳面價值（美元）	帳面價值成長率	標準普爾 500 指數加計股息的變化	股價（美元）	股價漲跌（%）	股東權益（千美元）	淨利（損）（千美元）	股東權益報酬率
1993	5.43	47.2%	10.1%	3.97	3.7%	907,856	245,454	32.2%
1994	5.24	(3.5%)	1.3%	4.31	8.6%	881,815	70,836	7.9%
1995	6.16	17.6%	37.6%	4.84	12.3%	1,111,491	107,503	10.8%
1996	6.17	0.2%	23.0%	5.18	7.0%	1,118,107	48,677	4.4%
1997	9.73	57.7%	33.4%	6.68	29.0%	1,863,531	661,815	44.4%
1998	9.97	2.5%	28.6%	6.10	(8.7%)	1,853,159	54,343	2.9%
1999	6.59(b)	(33.9%)	21.0%	7.71	26.4%	1,121,988(b)	215,042	14.5%
2000	7.26	10.2%	(9.1%)	11.81	53.2%	1,204,241	116,008	10.0%
2001	7.21	(0.7%)	(11.9%)	9.62	(18.5%)	1,195,453	(7,508)	(0.6%)
2002	8.58	19.0%	(22.1%)	12.44	29.3%	1,534,525	161,623	11.8%
2003	10.05	17.1%	28.7%	15.37	23.6%	2,134,161	97,054	5.3%
2004	10.50	4.5%	10.9%	23.16	50.7%	2,258,653	145,500	6.6%
2005	16.95(c)	61.4%	4.9%	23.73	2.5%	3,661,914(c)	1,636,041	55.3%
2006	18.00	6.2%	15.8%	28.20	18.8%	3,893,275	189,399	5.0%
2007	25.03%(d)	39.1%	5.5%	47.10	67.0%	5,570,492(d)	484,294	10.2%
2008	11.22(e)	(55.2%)	(37.0%)	19.80	(58.0%)	2,676,797(e)	(2,535,425)	(61.5%)
2009	17.93	59.8%	26.5%	23.79	20.2%	4,361,647	550,280	15.6%

	每股帳面價值（美元）	帳面價值成長率	標準普爾500指數加計股息的變化	股價（美元）	股價漲跌（%）	股東權益（千美元）	淨利（損）（千美元）	股東權益報酬率
2010	28.53(f)	59.1%	15.1%	29.18	22.7%	6,956,758(f)	1,939,312	34.3%
2011	25.24	(11.5%)	2.1%	22.74	(22.1%)	6,174,396	25,231	0.4%
2012	27.67	9.6%	16.0%	23.79	4.6%	6,767,268	854,466	13.2%
年複合成長率 1978–2012 (a)	18.2%		11.2%	25.7%				
年複合成長率 1979–2012 (a)			11.0%	19.3%		18.8%		

(a) 因為首年數字為負值，無法計算複合成長率，因此以1979年的數字取代。

(b) 又映出1999年支付股息8億1190萬美元，即每股4.53美元的影響。露卡迪亞的年複合成長率並未計入年度股息或1999這筆股息。

(c) 反映出認列遞延所得稅資產11億3510萬美元，即每股5.26美元的影響。

(d) 反映出認列遞延所得稅資產5億4270萬美元，即每股2.44美元的影響。

(e) 反映出沖銷遞延所得稅資產16億7210萬美元，即每股7.01美元的影響。

(f) 反映出認列遞延所得稅資產11億5710萬美元，即每股4.75美元的影響。

PART II

成熟期

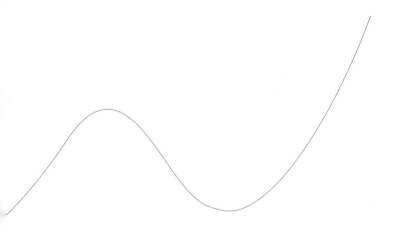

5

唐諾・葛蘭姆與提姆・歐夏納西

華盛頓郵報（葛蘭姆控股公司）致股東信

華盛頓郵報公司（簡稱華郵）從1970年代到1990年代都是最耀眼的股票，深深吸引波克夏海瑟威與魯恩卡尼夫公司（Ruane Cunniff）等傑出的股東。

但是到了2000年代初，科技和政治衝擊侵蝕商業模式，包括旗艦報紙和營利教育事業卡普蘭（Kaplan）都受到影響。2010年到2014年間，公司大幅裁員，最後改名為葛蘭姆控股公司（Graham Holdings）。現在它同時經營幾項業務，年營收30億美元，報紙事業則獨立出來，由傑夫・貝佐斯擁有。

華郵在1971年上市沒多久，就吸引巴菲特的注意。後來波克夏成為大股東，巴菲特也在董事會任職30年。巴菲特還找來許多傑出人士擔任華郵董事，包

括唐納德・基歐和隆納・歐森（Ronald Olson）。

在早期，巴菲特就建議華郵把公司的退休基金操作
委託給比爾・魯恩（Bill Ruane）和山迪・高茲曼
（Sandy Gottesman），他們的策略創造出傑出的績
效，讓退休基金有大量的資金，永遠減輕退休金支
付的壓力。華郵的高層也精通巴菲特的買回庫藏股
策略，並吸收許多企業併購的專業見解。

凱瑟琳・葛蘭姆是1971年到2000年股東信的作者
或合著者。在1970年代，跟她一起撰寫股東信的
都是高階經理人，包括菲德列・畢培（Frederick
Beebe）、賴瑞・伊薩列（Larry Israel）和馬克・
米赫（Mark Meagher）。這些股東信很短（一至兩
頁），談的都是業務上的事情，但比較籠統，即使
談到後來成為公司特色的買回庫藏股計畫也不深入。

從1981年到1990年，跟凱瑟琳合寫股東信的是**迪
克・西蒙斯**（Dick Simmons），兩人共同為公司和
股東帶來繁榮的10年。他們持續按照慣例寫下商
務文書，談著公司的成就和挑戰，堅持當時簡潔的
股東信風格。

1991年新人接班之後，股東信的風格和談論範圍開

始改變。迪克‧西蒙斯退休，擔任 10 年董事的艾倫‧史普恩（Alan Spoon）接任董事長，1978 年開始擔任報社發行人的**唐諾‧葛蘭姆**接下母親凱瑟琳的位子擔任執行長，凱瑟琳則成為榮譽執行長。所以在 1998 年史普恩離開前，股東信是由三人合著。1999 年和 2000 年的股東信則是由唐諾和凱瑟琳合寫。2001 年，凱瑟琳去世，唐諾開始自己寫股東信，直到 2015 年公司轉型為葛蘭姆控股公司。之後就由接下唐諾棒子的女婿**提姆‧歐夏納西**一個人寫。

唐諾的領導風格和股東信寫作可以分成幾個時期：(1)1991 年到 2000 年是團隊時期，談論範圍擴大，風格變得更為親切；（2）2001 年到 2009 年，在談到這個時期的掙扎和公司政策時，內容更加深入；以及（3）2010 年到 2014 年，公司進入卓越轉型的高峰。

所有的股東信，包括唐諾寫的信，都提供各項業務的分析，並且展現出股東導向、類似合夥關係和保守穩定的企業文化。唐諾的股東信強調帶領本業（新聞事業）的活力感，並針對科技和政治對報紙印刷到營利教育事業的種種衝擊，提供公司的策略

調整。在一些公司政策的說明上，尤其是買回庫藏股與退休基金的會計處理，每年都會帶給股東更多啟發。

這些股東信雖然內容多樣，但都有共同的主題。重複出現的主題像是退休基金投資和買回庫藏股計畫的成績，因為時常出現，所以本章在逐年摘錄的股東信後大量摘錄相關內容。其他時常談到的主題還有：嚴守紀律的併購策略、坦率面對挑戰和認錯、謙虛的將功勞歸給團隊成員，以及不斷提醒多年的報酬才是重點，不要看單季績效或短期股價。

另一個主題是定期提到董事會成員的加入與離開，這個名單簡直就是美國企業名人錄，包括李・伯林格（Lee Bollinger）、華倫・巴菲特、丹尼爾・柏克（Dan Burke）、克里斯・戴維斯（Chris Davis）、巴瑞・迪勒（Barry Diller）、梅琳達・蓋茲（Melinda Gates）、湯姆・蓋納、喬治・格里斯佩（George Gillespie）、唐納德・基歐、隆納・歐森、愛麗絲・瑞夫金（Alice Rivkin）和比爾・魯恩（離開的人顯然是因為年紀限制，而非任期限制或其他原因）。

唐諾‧葛蘭姆寫的股東信，最大的特點就是不說廢話。或許就因為他是新聞人出身，所以他陳述論點時都很確實清晰、簡潔有力。他的看法只跟業務直接相關，而且必定是堅決果斷。行文敘述一板一眼，充分顯露他是家族企業裡的男性，是公司女家長的兒子，也是接班人的岳父。在這本書挑選的企業執行長中，唐諾可以說相當獨特，他像在製作新聞剪輯般，運用簡短段落串聯成6到10頁不等的股東信，篇幅不會更多，有時還過分簡潔。

1991年的股東信有兩頁是唐諾向母親在華郵的成就致敬。1963年公司的營收是8600萬美元，但是到了1991年已經成長為14億美元，淨利則從500萬美元增為1億7500萬美元。

除了得過18次普立茲獎，還完成多次企業併購，最知名的包括1984年買下卡普蘭教育機構，以及1986年（向首都城市公司〔CapCities〕）收購龐大的有線電視事業。從1963年至1990年間，每股盈餘的年複合成長率為17.1％，股東權益報酬率平均達20.4％。唐諾還談到五角大廈越戰密件和尼克森水門案的重大報導；值得注意的是，負責報導的記者班傑明‧布萊德利（Ben Bradlee）也在那年退

休，唐諾特別在股東信的倒數第二段提到他。

1991年的致敬文一開頭就寫道：「你如果只看客觀報導，現在就可以翻頁。」但他隨後列舉的事卻不是依戀母親的產物。由此更可證明唐諾是精明的商人和傑出的股東信作者。另一個證明是2001年凱瑟琳過世後，由巴菲特撰寫、刊在年報上的紀念文章，我們這一章就從這篇文章開始。

巴菲特談凱瑟琳‧葛蘭姆的經營生涯

說起凱瑟琳‧葛蘭姆的故事，我無法說得比她本人還好。她那本《個人歷史》（Personal History）是我讀過最好的自傳。不過我很幸運和她共事多年，可以就近觀察她的經營生涯，所以能說一些我的看法。

凱瑟琳的事業歷程可說是獨一無二。她在1963年開始負責公司的營運，曾經痛苦的懷疑自己的能力，但對於自己奉行的原則卻是毫不動搖。她一生都被錯誤的教導只有男性才懂得管理。但是她也完全正確的明白一件事：一流的獨立新聞機構才是建立及維護偉大社會的關鍵力量。她的丈夫去世後，這家新聞機構的經營重任一下子落在她肩上，她覺得自己責無旁貸，就算緊張得兩腳發抖，也只能勇往直前。

　　她的勇往直前是何等壯舉！五角大廈密件和水門案都是新聞史上的里程碑，將會被研究和傳頌許多世紀。而與新聞事業上的成功相匹配的是低調的商業成就。華盛頓郵報公司在1971年6月15日以每股6.5美元的價格公開上市（已考量1股分割成4股的調整）。到了1991年5月9日凱瑟琳卸下執行長職位時，股價為222美元，漲幅3315％。而這段期間道瓊指數從907點上漲至2971點，漲幅才227％。

　　她的表現如此出色，遠遠超越同時代的男性經營者，凱瑟琳本人卻一直很驚訝，甚至是不敢相信。她從未搞懂怎麼認列借方和貸方，總以為自己沒有企管碩士學位就注定會經商失敗。

　　然而這些事一點都不重要。因為凱瑟琳了解兩個最基本的商業原則：首先，要讓優秀的人才圍繞在身邊，以責任感和感激之心培育他們；第二，提供給客戶的產品一定要不斷改進、精益求精。新聞界裡的領導人沒有一個在這兩件事上做得比她更好。最後的成果就是超額的利潤。的確，如果用我說的「經品質調整後」的標準來看報社和電視台的獲利，她已經把華盛頓郵報公司從谷底帶到頂峰。

　　讓凱瑟琳感到最痛苦的管理難題，是1975年印刷工人罷工。在那之前幾年，華盛頓郵報的印刷廠已經惡化到像是無人管理的狀態。工會最後在10月1日開始罷工，所有印刷機都停擺，有一架印刷機甚至遭到縱火燒毀，還有一位領班

受到攻擊而重傷。工會沾沾自喜，以為長期罷工報社就會倒閉，凱瑟琳一定會屈服。但她硬是挺下去。

罷工剛開始的時候，華盛頓郵報的廣告和讀者以驚人的速度流失，競爭對手《華盛頓星報》（*Washington Star*）則是廣告大爆滿。在那段期間我看著凱瑟琳痛苦萬分，她想著家人花了40多年建立的事業恐怕就要毀在她手裡，因此自責不已。幾個最信任的經營顧問都勸她屈服，可是她比以往都還要不屈不撓、堅持到底，最後贏得勝利！

凱瑟琳擔任華盛頓郵報公司的執行長，帶來了人才、品格、膽量和不容忽視的愛國心。她總是說，她最想得到的是企業管理界的普立茲獎。在我看來，她已經得到了。

團隊時期：1991年至2000年
1991年

接班

我們的繼任者會擁護之前帶來成功的相同原則，以此來引領新的管理團隊。具體而言，我們會持續以提升出版品、節目和服務的品質為核心，堅持致力於在市場與組織內部達到高標準。

我們會持續為了股東的利益來經營公司，尤其是為了眼光超越一季甚至一年業績的長期股東。我們不會以營收規模

或掌控的企業數量來衡量我們的成功。

我們會繼續嚴格控管成本，我們年復一年的控制費用，希望可以獲得最多的獲利，同時避免許多公司無法承受的破壞性裁員。

我們會持續嚴守資金運用的紀律。我們尋找符合我們公認高投資標準的併購機會，同時也尋找能夠帶來成長潛力的通訊新科技。我們有充分的資源能利用我們找到的機會。另外，買回庫藏股一直是我們投資策略的重要部分，以後也會如此。

我們會繼續以造福股東的成效為基礎來評估和獎勵經理人，評量標準包括和競爭對手的業績比較，或者看股東權益報酬率等指標數字。

長遠來看，我們相信這些經營原則會繼續為公司和各位股東帶來良好績效。

1992年

投資

現有業務產生的現金要怎麼投資運用，是公司未來發展的關鍵變數。這項工作做得好，對創造價值、讓盈餘繼續成長並為股東帶來高額報酬很重要。我們接觸和評估新投資機會的原則還是不變：我們只對具備競爭優勢的企業感興趣。

　　我們感興趣的企業必須：（1）資本支出不會過多，也不是由市場影響我們的決定；（2）我們有合理的訂價能力；（3）獨特的品質可以在市場上得到高額報酬。我們也很喜歡我們了解的企業。

　　我們寧可投資少數具有上述特徵的大賭注，而非把投資的資金分散開來。我們的目標是要以有利的投資成本，開發出大量、穩健的持續收入。知道什麼時候該說「不」跟說「是」一樣重要，有時甚至更重要。

1993年

資訊科技

　　我們以往發現很多透過報紙、雜誌、廣播和有線電視節目傳遞資訊的方法，並將這些商機變成獲利事業。現在我們必須弄清楚，在這個不斷演變的媒體市場中，要怎麼做相同的事。因為我們不知道自己在這個市場裡的最終定位，如果要繼續迎向未來，似乎該採取以下步驟。

1994年

資訊科技

　　新科技構成的資訊高速公路，還是會為我們這樣的公

司帶來有趣的機會。不過不幸的是，就像我們去年提到，我們還沒有明確的路線圖可以變身為未來成功的新媒體事業。1994年的各項發展並沒有讓路徑變得更加清晰。

買回庫藏股

我們還會繼續買回庫藏股，因為公司長期以來一直認為，在股價有利時買回庫藏股正是運用股東資金的絕佳方法。藉著買回自家股票，我們可以加強投資在特別了解且重視的業務。希望各位股東都能同意。

1995年

買回庫藏股

我們很高興看到股價相對比公司的實際價值低，這讓我們有機會藉著提升股東權益來增加現有股東的財富。

退休基金餘額

感謝我們精明能幹的退休基金管理人，我們公告的營業利益包含過去3年將近6000萬美元的退休基金餘額。請各位投資人注意，它的性質與其他盈餘不同（它產生的現金收益

將保留在退休基金裡面，無法拿來配發股息、併購企業或買回庫藏股），但也絕非毫無用處，因為可以在退休金成本增加時用來調節。

1996年

企業文化

在我們經營的許多事業中，多年來都聽到一些讓人懷疑的傳統思維。例如很多觀察家堅持我們必須成長，或是不管價格如何都要啟動併購，只是因為幾家公司結合起來的表現必定比小公司更好。在我們經營的事業領域中，我們會持續檢視「合併」的必要性證據（確實有一些），但我們聽到這種說法已經很久了。

在我們經營最久的產業中，也就是報紙新聞業，發動併購的公司一向宣稱在產業裡擁有很多公司的好處。不過我們知道新聞業中獲利最多的公司，其實是我們一位董事的公司所擁有的獨立報社〔這應該是指華倫・巴菲特的波克夏海瑟威所擁有的《水牛城新聞》（*Buffalo News*）〕。《新聞週刊》（*Newsweek*）應該也很危險，因為它並不屬於穩健經營的雜誌一員，至少目前是如此。

在我們經營的任何領域中，我們都很希望能在我們認為價格不錯時併購新的企業。我們會為賣家的事業提供獨特的

環境，這家公司的經營會由優秀的經理人負責，而不是由公司高層或公司理念主導。所以關心未來業務運作的賣方會發現這裡是個好地方。不過我們的股東預期會看到，我們仔細尋找的事業，一定符合我們值得投資的定義。如果價格太高讓我們卻步，大家也不要太驚訝。我們的事業我們最了解，所以我們也會繼續買回庫藏股來擴大控制權。

1998年

指導原則

我們對自己表現的評價，有一部分是根據我們的目標。多年來我們好幾次說過這些目標，這次重申是希望有助於大家理解：

1. 我們是高度去中心化的公司，由各事業單位的主管負責營運。我們的目標是在各領域都做出最好的成績。

2. 在大部分年分，我們賺的錢都超過必要的資本支出與股息。所以資金要如何配置就成為我們的重要工作。公司從來沒有只對增加營收感興趣，我們堅定不移的目標是妥善運用每一塊錢來增加獲利，並且強化各事業單位來幫助公司提升價值，不過這個目標並沒有完全實現。

3. 我們完全不在意每季的業績高低（而且我們也敢保證
每季業績不會有穩定或任何可預測的模式）。隨著我
們推升公司價值（你的股票價值也會跟著提高），只
要我們相信未來能夠從投資中獲利，就能忍受今年的
虧損。當我們這麼說的時候，我們預期你會讓我們負
起推升公司價值的責任。

多角化經營

我們很滿意華盛頓郵報公司的事業組合，尤其是在這
個網路加速衝擊的時代。演變成這樣的組合並不是因為一個
偉大的宏願，而是來自我們對事業長期前景的合理預測，以
及最近幾年我們把握機會投資所創造出來的價值。我們在廣
播、有線電視和教育事業花更多錢，並不是因為賣方剛好想
賣企業的隨機結果（確實，我們經營的各個產業都有人想要
出售事業），而是我們合理判斷風險與報酬所做的決策。結
果也不出所料，網路對有線電視和教育事業的影響，或許比
對印刷出版業的影響更有效益。

投資

〔公司買進1億6500萬美元的波克夏股票。〕要是〔在

唐諾與艾倫1991年上任時〕做相同的投資，這筆投資現在就價值15億美元了。

1999年

信任

你為何應該信任我們，讓我們將股東的錢，也就是你的錢，投資在這些公認高風險的事業呢？首先，我們也把自己的錢投進去了。公司高階管理人員有異常的比例都把自己的資產集中投資在公司股票上。第二，我們的投資紀錄到目前為止都很不錯。

第三，我們看到其他務實的投資人以高於我們付出的價格投資，或表示願意投資，這樣的感覺真是讓人欣慰，而且意義非凡，不過這是否只是多頭市場的現象，依舊有待觀察。

最後一點，不管是賺是賠，我們都會在之後的年報逐一報告每項計畫的成果，如果有重要的事情我們也會盡快通知你。我們會對市場分析師做簡報（通常一年兩次），內容也都會同時（上網）公布給你知道。

還有一件事要請股東放心：我們掌控的任何組織都不會或不打算去降低經營事業對財報虧損的影響。我們以非常老派的方式說明我們的業績表現。

　　另外，公司的盈餘並沒有每季固定或可預測的模式變化。現在的情況又比過去更難預測，因為我們的新創事業和網路事業隨時可能加速或縮減。我們不在意單季業績，要是有人想根據我們在未來某一季會賺多少錢來決定是否買進股票，就會犯下大錯。

媒體事業

　　根據董事會的建議，我們以往只投資非常確定會有成效的標的。現在進行的各種開發型投資則無法符合這樣的模式。儘管如此，我們認為對股東而言，這些投資看起來是正確的選擇。另一方面，我們的網路投資確實跟過去幾年的併購對象不一樣。要在這個過渡的環境裡經營是非常困難的，而且一家同時經營傳統和網路事業的公司，還要面對將兩者調和起來的挑戰。新舊事業的衝突必須降到最小，這個問題無法逃避。

2000年

尋找好股東

　　我們公司的溝通方式跟大多數公司不一樣。就像我們多年來在年報上說道，我們極為關心各事業的獲利能力，但一

點也不在意每季的財報數字。我們也一直對股票分析師說，我們完全不關注任何人預估的每季盈餘，或者實際盈餘比預估值高或低。事實上，我們常常都不知道預估數字是多少。

但是，我們不關注單季數字並不是在替表現不好找藉口。我們的重點一直是努力為公司的各項事業長期創造內在價值；我們是否成功做到這一點，只能用淨利來衡量。我們的目標是盡可能建立最成功的長期事業，堅持華盛頓郵報公司強調的品質。這個目標不容易達成，從分心關注單季業績中解放可能有些幫助，但該做的工作還是必須要做。

我們不會私下透露訊息給關切我們單季業績的股票分析師，但我們試圖會向你、向各位股東公開詳細的資訊。因為我們在股東會上直接答覆重要業務問題的能力有限，所以2000年我們邀請股東（而且只有股東）來參加「股東日」活動。過去從沒有超過50位股東參加股東會，因此我們在送出股東日邀請時，預期大概只有30位左右的股東會參加。不過讓我們訝異的是，有超過300位股東出現！（我們還必須臨時把地點從華盛頓郵報公司移到附近一家大飯店。）

股東們聽取第一有線電視（Cable ONE）、卡普蘭以及華盛頓郵報新聞互動部（Washington.Newsweek Interactive）的詳細營運計畫，花了五個小時聆聽和提問。郵報和新聞周刊的記者還討論三天前的選舉。股東日對公司裡的每個人來說都是一次很棒的經驗。我們雖然不會把它變成年度活動，

但是你可以期待以後會有更多股東日。

苦戰時期：2001年至2009年
2001年

尷尬的樂觀

　　長年讀我們報告的人也許會發現，我對於樂觀的陳述特別感到不安，所以我很彆扭的在這裡嘗試一次。最近雖然出現最大幅的廣告業務衰退，我們在2002年的表現還是會相當不錯。事實上，就算廣告業務沒有起色（只要不繼續壞下去），公司接下來的兩三年都會不錯。一旦廣告業務開始恢復，我們就會準備好讓業績有所進展，不過我們不知道時間會是什麼時候。

2002年

長期觀點

　　在這些年來的年報中，你都會讀到我們公司專注在創造長期價值，不太有興趣談論公告的短期業績。所以你大概會很想知道，這個長期價值到底什麼時候才會實現。

　　我們不會預期何時將出現一連串神奇的結果，但是過去幾年我們做的一些投資已經開始開花結果（也有部分投資是

一開始就爛了）。

薪資報酬

美國總統布希在2002年的一次演講中說，執行長應該在股東信中公布自己的總薪資。好的！我1991年上任執行長時，跟幾位董事討論後，決定我的薪資就維持過去擔任郵報發行人時一樣。我每年領40萬美元，還參加一個公司分紅計畫：要是業績表現好，每兩年最多能再領40萬美元。這個計畫也會讓我得到一些限制型股票（最近一次領了300股）。這個計畫很多年都沒有改變，所以除非有任何變動，不然在未來的股東信中不會再提。當然，在我的淨資產中有95％還是華盛頓郵報公司的股票。

吸引企業賣家

對經營良好並希望保留特色的媒體事業和教育機構而言，郵報公司就是最佳歸宿。我們也會留意其他領域的企業，只要他們有特別強健的經營團隊。我們偏愛盈餘500萬美元以上的企業，但若是比較小的企業很適合我們現有的部門，當然也會留意（這就是我們跟波克夏海瑟威明顯不同的地方，波克夏是無人能比的企業母艦，只對盈餘5000萬美元

以上的企業有興趣）。

我們（喜歡）自己能了解的產業（不是科技業），而且是具備穩健管理、低資本要求、而且已經開價的事業體。過去的經驗證明，我們對新創或轉型企業並不擅長（除了教育事業偶爾還行）。我們也喜歡直接跟賣方交易，跟別人競價幾乎都沒贏過。

2003 年

股東日

感謝250位股東前來參加第二次「股東日」活動。這個參加人數是股東會人數的5倍，而且大家都對經營團隊提出一整年來最好的問題。我們下次再見。

2004 年

長期觀點

我們在2004年的成長帶來許多新股東，歡迎大家！但我們要重複老股東之前聽過的話：這家公司的運作有些不尋常的原則，我們注重的是長期提升公司的內在價值。

我們對短期業績或近期股價不感興趣。我們的興趣都集中在盡可能讓公司許多年後更有價值（如果公司的長期價值

增加，股價也會上升）。

我們的盈餘會波動。郵報與新聞週刊電視台（Post–Newsweek Stations）在偶數年（大選和奧運舉辦時期）賺得比單數年多很多。我們所有的媒體事業都有週期變化，有些變化很大。我們不會花力氣解決這個問題，我們也不會關注單季業績或華爾街對單季業績的預估。

2005年

策略

我們覺得，從現在起到未來幾年後，我們有機會變成更有價值的企業。有機會，但並不肯定（媒體業的前景有好一陣子無法肯定了）。為了完全實現這個機會，我們必須完成四項主要工作：

1. 卡普蘭必須充分發揮潛力。我們的教育事業10年來有很大的進步，我們還是有機會變得更大、更好。
2. 郵報和華盛頓郵報網站（washingtonpost.com）必須達到或超越郵報過去在華盛頓特區的影響力和競爭優勢（而且新聞週刊需要快速發展網路關係企業）。
3. 郵報與新聞週刊電視台面對廣電產業即將到來的巨大變化，一定要堅持品質，維持強大實力。

4. 第一有線電視要再繼續努力，超越衛星、電話和其他
競爭對手，在服務的市場中建立獨特優勢。

現在有很多事情要做。簡單來說：卡普蘭的成長一直非
常好，而且必須繼續進步。不過，媒體事業占了我們2005年
營業利益76％，它們的持續成功就跟我們期待卡普蘭的成功
一樣，對我們的未來非常重要。

媒體事業

我在1971年進入報業，在那時或1981年，你能預測未
來20年的情況，而且基本上都不會錯。到了1991年，我滿
懷信心預測未來20年的情況，結果我錯了。前景變化比我預
期的要快得多。印刷品發行量下降得更快，而且年輕讀者比
我猜想的更不愛看報紙。（不過郵報的年輕讀者比大多數同
業多。）

2006年

尋找好股東

有些熟悉的話要對各位股東和想買股票的人說。我們經
營團隊試著關注的是提升華盛頓郵報公司長期的每股價值。

經營團隊完全不在意單季業績；你要是在意，根本不該買我
們的股票。我們願意採取可能導致一季、一年甚至好幾年業
績不佳的行動，只要那些行動能為股東建立更有價值的公司。

　　我們關注在長期增加內在價值有個重要條件，那就是堅
持出版高品質的華盛頓郵報和新聞週刊。我們報社和雜誌社
的員工都知道（而且歷史已經證明），公司必須成功經營才
能維持品質。但我們也相信這些事業的重要性，而且我們也
相信在某些程度上，新聞做得好，也會帶來長期更好的事業。

　　我必須再一次引用凱瑟琳・葛蘭姆〔在上市時〕說的
話：「華盛頓郵報對於地方、國家和世界大事有著直言不諱
的觀察家的好名聲。公司的經營團隊和郵報編輯團隊歷年來
非常重視報紙的公共責任，在公司的註冊證書上寫的宗旨是
『公司發行的任何報紙都是遵循新聞自由原則、致力於社群
與國家福祉的獨立報紙』。」

2007年

公司動態

　　15年前，我們是標準的媒體公司。而這麼多年來，卡普
蘭已經發展為實力雄厚的企業，跨越多個學門，也日益國際
化，跟世界上其他教育業者不一樣。過去6個月，卡普蘭的
營收幾乎占公司營收的一半，達到49％。卡普蘭在2008年

會繼續成長，變得更強大。所以華盛頓郵報公司現在是教育和媒體公司（這不是「重塑品牌」，而是實際情況），我們未來在教育產業的著墨也會愈來愈多。

在報紙業務方面，即使和網路新聞業務合併，業績也正在下滑。我們還沒有完整的解決方法。但在整個報紙產業中，我們已經占據很好的市場地位，擁有最好的報導人才和管理人才（同時也有一些未來該如何改變的想法）。

卡普蘭和郵報公司有兩個共同優勢：我們可以把其他事業賺到的錢轉投資在教育事業上（只要有合適的機會）；而且卡普蘭可以自由的長期投資，不必擔心對各季盈餘的影響（郵報的所有股東應該都知道公司不關注單季業績）。

* * *

隨著公司的成長，郵報的業績不再像以前那樣舉足輕重。這件事有好有壞。壞的是，對股東來說，報紙不再像過去那麼賺錢。好的是，報紙賺的錢轉投資在教育和有線電視上，大部分都證明很成功。

拜卡普蘭和第一有線電視所賜，華盛頓郵報公司能在未來幾年為股東提供愈來愈多的營業利益；同時，我們或許能讓郵報透過轉型，帶來新讀者和新營收。我們只能說這麼多，無法提供保證。但只要有成功的希望，公司就願意投入資金來改造郵報和新聞週刊。

為什麼不乾脆賣掉郵報,或用其他方式「重整」公司呢?我們不會這麼做。我們的目標是為股東增加公司的長期價值,而不是藉由改變營運方針來使今天的股價更高(也可能不會如此)。

這麼說吧,今天投資郵報就跟尤金・邁耶(Eugene Meyer)在1930年代與1940年代投資郵報一樣:他買下破產的郵報以後,(套用巴菲特的說法)就像在一座大池塘釣魚。

不過,我們不像邁耶先生那麼肯定經濟上的成功會伴隨著勝利的到來。在他那個時代,任何城市發行量最大的報紙都是很有價值的事業。而現在,不管報紙加網路新聞事業的規模有多大,沒有任何一家報紙能藉其稱霸市場。

2008年

長期觀點

過去幾年來,我在股東信嘮叨談著我們公司與股東的關係。郵報公司的幾代高階經理人一再重申:我們專注於長期經營,致力為股東創造價值。我的資產有超過九成是持有跟你一樣的股票。

以上所言至今仍是如此。不過,在郵報公司股價下跌超過50%的一年之後寫信給大家實在尷尬。就算跟別人比較(「你們應該看看別的報社發生什麼事」)也沒有感覺到安慰。

在現今這種極不可測的經濟環境中講出斬釘截鐵的話，感覺實在很愚昧，但我們的長期觀點仍然是：本公司一定會為股東找回創造更高價值的方法。長期下來，我們的盈餘應該會成長，因為我們兩個最大的事業比較不受景氣衰退影響，而且會愈來愈壯大（在公司的重要性也會愈來愈高）。我們必須控制印刷媒體公司的虧損，最後讓它們轉虧為盈。

2009年

公司動態

1991年（現任經營者接任的那一年），郵報公司的營收有82％來自報紙、雜誌和地區電視業務。報業部門（過去到現在主要是郵報）占整個公司的47％。到了2009年，這三大部門僅占公司營收的25％，光是卡普蘭就占營收的58％，第一有線電視則占16％。

在獲利方面，變化更是顯著。我們一向強大的報紙業務在2009年虧損很大，新聞週刊也是。因此到年底結算的獲利，幾乎都來自卡普蘭、第一有線電視、郵報與新聞週刊電視台。

這種新狀況顯示，各位股東在華盛頓郵報公司看到的實際情況已經不一樣了，公司現在更加仰賴單一事業：卡普蘭。（自從我們上市以來，郵報的營收從沒有高達公司營收

的58％。）對我們與許多其他公司而言，教育業都是非常好
的產業，未來應該也會很好〔但還是有風險〕。

改革時期：2010年至2014年
2010年

公司動態

我們賣掉新聞週刊。光是寫這些字我就覺得很難過。
我的父親菲利普‧葛蘭姆（Philip Graham）在1963年買
下新聞週刊，他跟我母親、姐姐萊莉‧威茂絲（Lally
Weymouth）和我都一直都對新聞週刊引以驕傲，也很欽佩
在那裡的工作人員。

我們很不願意賣掉事業體，除非它正在虧錢，而且我們
認為那個事業不可能轉虧為盈。這就是新聞週刊的情況。跟
大型網站結合一直是個有趣的選擇。新聞週刊睿智的新老闆
席尼‧哈曼（Sidney Harman）打算合併蒂娜‧布朗（Tina
Brown）領導的「野獸新聞網」（The Daily Beast）。

巴菲特退休

在加入37年後，華倫‧巴菲特要離開董事會，雖然中
間有離開一陣子。（華倫在1974年加入董事會；1986年在首

都城市公司買下美國廣播公司〔ABC〕後，他去擔任首都城市公司董事，直到1996年，但這段期間他還是繼續為凱瑟琳・葛蘭姆和我提供諮詢。）

這麼多年來，郵報公司做出的重要決定，沒有一個不先徵求華倫的意見。很容易說明他督促我們做的事，像是買下現在的第一有線電視；休士頓和聖安東尼奧的電視台併購案；我們積極買回庫藏股；選擇退休基金的投資顧問。他阻止我們不要做的事情更是重要：凱瑟琳・葛蘭姆在《個人歷史》中就寫道，當她急著想要買下報社和電視台時，華倫給了她建議，於是她遵照華倫的價值投資法，沒有用高價競標。他也好幾次說服我打消計畫不周、可能會造成嚴重問題的併購構想。

華倫實在是無人能比。37年來，我們很榮幸擁有這麼一位最出色的顧問。他說他還是願意像以前一樣提供建議給我們，所以我以後要多多去奧馬哈找他，或者在電話上向他請益。

2011年

這裡要重提一段話：私立高等教育的聯邦法規現在幾乎毫無條理。大概每隔10年左右，國會調查或新聞報導就會導致採用一套新法規，藉此「懲罰不當業者」。問題是舊法規

也不廢除。大家都熱衷打擊弊端，卻欠缺同樣的熱誠去獎勵大學以低價提供優質的課程。

在這件事上，去年出現一個重要的新聲音。卡普蘭的執行長安迪・羅森（Andy Rosen）令人驚訝的花時間寫了一本書：《改變教育》（*Change.edu*）。這本書不是要為私校教育辯護，而是要全面解析美國高等教育的未來。

安迪理解私立大學所面臨的挑戰，並提供他的見解，他也抱持同理心去檢視社區大學的優點和局限。接著他描述私校教育哪裡做得好、哪裡又做得不好。

這本書真的很棒。紐約市前教育局長喬伊・克萊恩（Joel Klein）寫道：「關心我國高等教育問題要怎麼修正的人，這是必讀的書！」比爾・蓋茲也稱這本書「很有說服力」、「非常重要」、「讀起來非常精彩」。

安迪的主張（也是我的主張）重點是：現在美國的工作有60％都需要大學學歷（這個比例不會再增加嗎？），但只有40％的成年人擁有副學士以上的學位。*這個國家需要更多大學畢業生，特別是既有的大學沒有照顧到（或好好照顧到）的人口族群，應該要有更多大學畢業生。但要擴大傳統的大學教育來服務這些學生並不可行。

---

*　編注：副學士學位（associate's degree）是美國和加拿大提供的一種學位，學生讀完兩年制的社區大學或技職學校獲得的文憑。

2013年

《華盛頓郵報》已出售[16]

　　報紙產業一直出現問題，但我們始終找不到答案，於是凱瑟琳和我開始自問：我們這家小型上市公司還是這份報紙最好的歸宿嗎？從2006年以來，我們的營收年年下降。我們改革創新，而且從我挑剔的眼光來看，我們的創新在開發讀者與提升品質上已經相當成功，但是都無法彌補營收的下降。

　　我們的答案是一定要削減成本，我們也知道就算這樣做也有極限。我們肯定這份報紙在我們的管理下可以繼續生存，但我們希望可以做到更多。我們希望它能成功。所以，我們和董事會開始探詢有沒有買家可以帶來郵報公司無法提供的財務、科技或其他優勢。我們沒有要拍賣這份報紙；我們要尋找有責任感、帶著正當理由的人來擁有報社，並且能為郵報和我們其他的地區業務帶來很多收益（當然，很自然的，也要公平對待這個即將改名的華盛頓郵報公司的股東）。

　　因此，現在網路企業的其中一位偉大創辦人想要接受這個挑戰。他知道這是很困難的任務。我們為什麼會選擇傑夫〔貝佐斯〕呢？我認為答案很明顯。這麼多年以來，他以耐心投資來解決問題而聞名。而且他也以成功完成許多這樣的投資而聞名。我也聽郵報的好朋友華倫・巴菲特說過，傑夫是美國最有本事的企業執行長。傑夫認識全世界最好的科技

專家，而且他認識的專家真的很多。當然這不表示他會為新
聞業的問題帶來解決方案。他不會找到的。但我認為，這是
郵報取得長期成功的最好機會。郵報必須創新，而且要聰明
而有耐心去做。我們的價值觀不會改變，但我們的發展走向
會改變。郵報需要傑夫，不過傑夫需要你們。

2014年

公司動態

　　2014年發生很多事。我們將華盛頓郵報公司的剩餘資產
全都賣掉了。我們完成與波克夏海瑟威的交易，把邁阿密的
WPLG電視台加上一些現金和波克夏股票賣給波克夏，以換
取波克夏手中我們公司大部分的股權。我們宣布要在2015年
將第一有線電視分割出去。

　　所有這些交易（加上幾年前出售華盛頓郵報和新聞週
刊）的結果，讓我們公司發生很大的變化。我們的規模變小
了，在外流通股數也少了很多。我們的財務很穩健，眼前也
充滿機會。

接班

　　現年33歲的生活社會（LivingSocial）團購網站創辦人

提姆‧歐夏納西開始擔任本公司總裁。提姆和我有許多不同之處（討厭的是他比我年輕很多），但是葛蘭姆家族和歐夏納西家族有一點是相同的：我們的資產都高度集中在葛蘭姆控股公司的股票，以我來說，占了家族資產的九成以上。所以我們想要為自己、也為我們的股東兼夥伴的你去讓股票變得更有價值。我們的眼光是長期的；而且跟過去一樣，我們毫不關心單季業績。（如果你是股東，而且在乎我們的單季業績，或許應該考慮賣掉股票。）總而言之，我們只想提升長期價值。

薪資報酬

提姆的投資重點跟我不一樣。以華倫‧巴菲特所謂的「能力圈」來看，我和提姆的能力圈相當不同。但我們都是長期導向的經營者。提姆的薪資中有個重要部分是獨特的認股選擇權。他在2014年11月3日加入公司，當日股票收盤價為787美元。而提姆的認股權履約價格在1111美元，這是加入公司的當日股價加上每年成長3.5%累計10年後的數字。

加上我們的股利（那時大約1.3%），除非股東每年先有5%的報酬率，不然在選擇權存續期間，提姆都無法獲得任何獎勵。這跟一般的股票選擇權完全不同。一般的股票選擇權是以發行日的股價作為履約價格，正如華倫多年來指出

的：公司保留一些盈餘，而且藉著運用資金賺取正常、甚至有點不正常的報酬，即使股東得不到任何獎勵，高階主管10年後還是能大賺一票。而提姆擁有可轉換公司股票將近1％的選擇權，但是要股東得到獎賞之後才能得到。你和我當然應該都希望他能發大財吧。

歐夏納西時期：2015年至今
2015年

公司動態

　　一家公司的領導階層如果有變化，往往會引發疑慮。像葛蘭姆控股這樣的公司尤其如此，我們的領導階層一向特別穩定，而且長期遵循相同的指導原則來經營。你如果正在看這份年報，很可能你已經是股東，而且了解我們之前領導人的價值觀、道德操守和判斷力。所以可想而知，你會很想知道未來幾年會有什麼變化。我會試著預測你會提出的問題，並給出答案。但有件事可以先透露：葛蘭姆控股公司的運轉軸心並不會太過傾斜。

　　2015年，我們花大部分心力在改善母公司和各家子公司的成本結構。我們認為這樣的轉變與我們去中心化的經營模式一致，而且在某些情況下在營運上會得到改進。我們不認為這件事會一次就完成，這是一種經營思維的轉變。任何不

會增加營收的成本，或是不會因為提升產品品質而在長期增加營收的成本，都有必要經過嚴格檢討。我們認為，能夠將非策略性成本壓低到低於平均的企業，長期下來必定能比同業表現更好。

唐納・葛蘭姆的功績

在唐納・葛蘭姆領導期間持有股票的人都看過他的商業魔法：在他擔任執行長將近25年任期內，表現大幅領先同業，而且創造可觀的報酬。唐納帶領報社後有好幾年表現非常好，但最終面對產業被破壞，即使是最強的玩家都不得不低頭。但他還是在這種高壓環境下前行，留給我們一家資產負債表強健、成長前景明確的多角化企業。

同樣重要的是，唐納留下一家合作夥伴都熟悉其價值觀的企業：葛蘭姆控股公司在所有的交易中都讓人尊敬；將產品的品質和客戶的滿意度置於公司的短期利益之上；信守承諾；是堅定但公平的競爭者，也是值得信賴的合作夥伴；而且是重視員工的雇主，對員工表現出極大的忠誠，反過來也贏得員工的忠誠回報。

這是唐納的價值觀，也是凱瑟琳・葛蘭姆的價值觀，它們一脈相傳，並非偶然。如果你有幸從公司上市之初就成為股東，你就會知道這家公司在世界大事上曾經扮演的角

色,以及它所秉持的價值觀。你也會知道,這些價值觀並沒有阻礙公司的成功。相反的,這麼多年來它們做出重要貢獻,使公司有能力為股東帶來非常豐厚的報酬。

這也讓我產生自己的核心信念:各位股東就是我們的生意夥伴與老闆,而且我們是為你工作。我們的目標是成為你能找到最關注長期、對股東最友好的公司。我們會根據長期財務表現、客戶滿意度,以及幫助員工成長茁壯的企業文化來衡量自己是否成功。如果這聽起來像是要保留唐納多年來功績的決心,那麼你的理解一點也沒錯。但這不是我對唐納的承諾,而是對你們所有人的承諾。

資本配置

我們會怎麼配置資本呢?在將報社和有線電視公司分割出去以後,我們變成非常小的公司,未來發展方向也有所改變。首先最主要的是,我們會留意以現有領域為基礎,包括教育、媒體、醫療照護與工業。各個事業的財務狀況不一樣,投資機會也各不相同。但是我相信我們已經擁有的事業,隨著時間經過,我們能夠成長,並擁有非常可觀的報酬,同時擴大護城河。我們熟悉這些產業,也了解為我們經營事業的人才。所以我們認為,專注用這個方法會帶來最好的風險報酬。

在完美的世界裡，我們可以將資金分別投入在價格合理的併購案，以及有高度自信會自然成長的新事業計畫。但是不管我們多想這麼做，現實不會永遠如此。所以要是內部事業的報酬率沒有吸引力，我們會準備尋找新的事業。那麼我們的判斷標準是什麼呢？

- 我們熟悉的領域中經營良好、而且有獲利的企業。
- 具備穩健管理、願意繼續經營的管理團隊。
- 我們認為至少未來10年有穩定盈餘或盈餘持續成長的企業。
- 本業有顯而易見的再投資機會。

衡量指標

你應該怎麼衡量我們的表現呢？我們認為只要時間一拉長，企業的內在價值應該大致會與股價保持一致。若要衡量中期的表現，我建議採用每股盈餘成長率標準化後的4年移動平均值，來跟標準普爾1000指數的每股盈餘成長率相比較。為什麼要用4年移動平均值呢？因為現在葛蘭姆控股公司的主要收入來自5個電視台，因為奧運會和政治選舉的影響，他們的表現在偶數年會比奇數年好很多。

2016年

資本配置

我們偏好把資本配置在現有事業。我們了解經營團隊，也熟悉這些事業，因為這兩點，所以我們認為會在這裡有最好的報酬。如果要在現有事業之外尋找投資標的，我們有一個很高的判斷標準，來補償與我們沒有的事業有關的固有未知變數：

- 我們熟悉的領域中經營良好、而且有獲利的企業。
- 具備穩健管理、願意繼續經營的管理團隊。
- 我們認為至少未來10年有穩定盈餘或盈餘持續成長的企業。
- 本業有顯而易見的再投資機會。

如果你覺得這些標準似曾相識，那是因為我在2015年的股東信上分享過同樣的標準，它們也是我在2014年接掌公司以來判斷新事業的標準。我們認為這些標準非常有用，而且會持續這樣做。

2017年

　　我們有價證券投資組合的報酬率（包括股息在內）為27％，金額則是1億1400萬美元。我們很喜歡看到這麼高的報酬率，但我們知道這不是正常情況，不要夢想每年都這麼棒。我們把這些證券視為一個低周轉率、綜合的投資組合，每年我們只會做最小的調整。我們評估每一筆證券買賣都是想像我們買下一整個事業，而且認為自己是長期經營的老闆。透過這種方法，我們預期長期會有好的成果。

＊　　＊　　＊

買回庫藏股

　　以下摘錄是華盛頓郵報公司致股東信談論買回庫藏股的段落。

- **1997年**：葛蘭姆女士從1975年開始公司的買回庫藏股計畫。1997年，我們以平均每股435.51美元買回84萬6290股，總計占在外流通股數7.7％。這些股票沒有1975年那麼划算，但還算是明智的投資。
- **1999年**：我們從1975年以來買回的股票已經超過在外流通股數的一半，這表示各位股東擁有的報紙、雜

誌、廣播、有線電視和教育資產都因為凱瑟琳・葛蘭姆的買回庫藏股計畫而加倍。我們公司現在的股價雖然不像1970年代那麼便宜了，但對我們來說仍是物超所值。

- **2010年**：你如果擁有郵報公司的股票，那麼你現在的持股比例一定比一年前的還要高。2010年股價波動（大部分在下跌），年初的在外流通股數大約930萬股中，我們買回超過100萬股。

  我們在1971年上市的時候，公司全部的在外流通股數將近2000萬股，現在我們有大約820萬股。我們的目標是在可以為股東賺錢的條件下買回庫藏股（在股價低於資產價值時就是買進時機），我們不會不考慮價格的定期買進。因為我們35年來陸續買回庫藏股，所以從1970年代初就買下股票並持有到現在的老股東，現在擁有的持股比例大約是原來的兩倍半。

- **2015年**：如果我們認為股價大幅低於內在價值，機會就呈現在眼前，我們也能買回自家股票了。本公司長期以來已經買回大量股票，但不是在固定時間買進。這也是我們未來的運作方式。請不要預期我們會宣布在特定期間完成特定額度的買回庫藏股計畫。

  買回庫藏股的價格要是沒有比內在價值低，反而是在破壞股東價值，所以我們當然會避免這麼做。我

們相信這才是買回庫藏股最好的方法，希望你也這麼想。

● **2017年**：我們在2017年總共以5080萬美元的成本買回約1.5％的在外流通股票。我們持續找機會不定期買回股票，未來也會繼續這麼做。在這件事上，我想再多說明一下，因為我認為跟其他許多公司比起來，葛蘭姆控股公司買回庫藏股的情形比較特殊。

　　因為我們會找時機買回庫藏股，而且偏好準備好所有的投資費用，所以我們不願意根據證券交易法規10b5-1條款擬定買回庫藏股計畫。按照這條法規，在接近財報公布日，或手上有重大的未公開資訊，例如尚未宣布的高額交易案時，都不可以買回庫藏股（即所謂的「閉鎖期」）。以最近幾年來說，每年的閉鎖期大概是15週，剩下大約179個交易日才能不受限制的買股票。

　　跟大多數上市公司相比，我們股票每天的交易量很低；我們認為這是好事，表示大多數股東很願意繼續持有公司股票。2017年，每日交易量只占在外流通股數的0.35％。加上我們可以買股票的179個交易日，總交易量大約占在外流通股數的63％。因為我們以長期股東居多，所以大部分的交易量是同樣一批股票經過多次轉手。

　　而且還要再考慮一點，我們還要等到有利的價格。如果在市場上積極買進，很可能就會推高短期股價，所以我們通常無法在市場上大量買回庫藏股。不過多年來我們都在股價低估時買進，其他時間則是觀望，對股東而言實在太棒了。

＊　　＊　　＊

退休基金餘額

　　以下摘錄華盛頓郵報公司致股東信中有關退休基金餘額的段落。跟上一節的買回庫藏股一樣整理在一起，而非放在前面按年分排列，以便於讀者參照。

- **1998年：**〔我們的退休基金餘額〕是真實的，未來公司就不必花那麼多錢來支付退休金福利。不過這些盈餘並非現金，因此應該被視為較次等的盈餘。[17]
- **2001年：**華盛頓郵報公司的年報如果沒有提到退休基金是不算完整的。今年公布的獲利數字有很大一部分來自退休基金餘額。我們的退休基金餘額一向占獲利很大的比例，這是因為退休基金的投資操作實在非常出色。比爾・魯恩及他的公司魯恩卡尼夫負責操作大部分的基金，所以我們的報酬率傲視全美國的企

業，也讓在這裡工作的人對於他們的退休金感到特別
安心。但我們常常會請股東留意退休基金餘額，這是
因為它是非現金項目，因此比其他盈餘還要次等。

　　至於退休基金餘額有多少可以算是盈餘的一部
分，是由複雜的會計法規來決定，而退休基金的預期
報酬率也是一個決定因素（預期報酬愈高，退休基
金餘額就愈多，公司財報上的盈餘數字也愈大）。我
們已經將2002年之後各年的預期投資報酬率從9％降
到7.5％，我們也降低第二個假設，那就是折現率，
降低半個百分點。我們在1月時就公告，這些改變和
假設結合的效果，會使2002年的盈餘減少2000萬至
2500萬美元，雖然收到的現金不會減少。但1月公告
之後，我們的會計師說我們的投資報酬率遠遠高於預
期，所以2002年的退休基金餘額只會減少1000萬至
1500萬美元。

　　我們做出降低報酬率假設的決定並不尋常，而且
跟其他公司相比，等於是在讓我們的盈餘數字變不好
看。但是華倫・巴菲特2001年12月10日在《財星》
雜誌上的文章似乎對我和董事會提出很有力的證據，
證明預期未來有9％的報酬率並不明智。

● **2002年**：華倫・巴菲特在1976年推薦兩位退休基金
經理人給凱瑟琳・葛蘭姆之後，我們的績效就不比

別人差。我們的退休基金計畫有過多的資金，多虧魯恩卡尼夫公司的比爾‧魯恩管理我們大概86％的資金，以及第一曼哈頓公司（First Manhattan）的山迪‧高茲曼管理剩餘的14％資金。就像這封信提到的，去年我們將退休基金的預期報酬率從9％降為7.5％（我們也降低第二個假設，稱為折現率，降低半個百分點）。我們這麼做是因為我們相信股市未來的表現不會跟過去一樣。今年，我們再把折現率降低0.25個百分點。過去一年我們的投資績效比大盤好，但還是低於我們的預期報酬率。

為什麼要談到這點呢？在2002年時，退休基金餘額占營業利益的17％（扣掉提前退休計畫的費用），但這個餘額並非現金，比我們其他盈餘更沒有價值（雖然它確實讓郵報公司員工在得到退休金上很有安全感）。對我們而言重要的是，你要了解我們公告的盈餘裡包括數百萬美元的退休基金餘額；這是永遠不會放進錢櫃的。

● **2015年**：我們對獨角獸的定義跟最近流行的定義不一樣，而且我們認為我們的定義更為罕見：超額的退休基金計畫在2015年又貢獻6200萬美元的獲利。但如果你跟我們一樣，你就會忽略這個數字，因為這個盈餘並沒有跟營業活動有關，無法用於企業投資。我們

更關切的是退休基金的狀況。

到2015年底，超額的退休基金大約有10億美元，即使這一年退休基金的投資管理明顯不及平均水準，虧損了6.2%。我們認為超額的退休基金當然也是葛蘭姆控股公司的資源，但這筆錢的性質特殊，幾乎沒有實際操作的經驗或做法可以遵循。我們在2016年會做一些計畫來研究這些超額資金可以怎麼妥善運用。

6
史蒂夫‧馬克爾與湯姆‧蓋納
馬克爾公司致股東信

馬克爾公司的歷史可以追溯到1930年代。到了1986年股票上市的時候，已經是延續三代的家族企業。現在的馬克爾是一家大型跨國保險公司，擁有廣泛的證券投資組合，並經營多項事業，跟波克夏海瑟威公司非常相似，只是規模比較小。馬克爾公司也是波克夏最久遠的大股東，幾十年來都持有波克夏0.5％的股權。

馬克爾的股東信全是由幾位作者聯合撰寫，1986年到2004年很明顯主要是**史蒂夫‧馬克爾**發聲，2005年以後則是**湯姆‧蓋納**主導。雖然這些信件橫跨超過30年，公司在那段期間也有很大的變化，但信中有幾個主題非常值得注意。

史蒂夫‧馬克爾時期訂下馬克爾公司的發展基

調。股東信藉由描述公司的經營實務，明確傳達公司長期締造經濟成就的承諾。這段時期的前半，即1986年到1992年，股東信都很簡短，只有1至3頁，而且寫得很簡單，幾乎只談到營運成果而已。而且標題往往是簡單的描述性文字，之後撰寫者會在簽名的旁邊附上合照。

不過從1993年到2004年，股東信的內容變得更深入，尤其是1996年和1997年的信件會談到一些經典議題。另外也有更多主題的延伸討論，例如公司鮮明的保守理念；公司的價值觀、企業文化與風格；以及一般企業與馬克爾的公司治理差異，包括獎金分紅計畫和獎勵性的報酬。

這些股東信不斷強調經營團隊的長期思維並持續推廣，希望吸引意氣相投的股東。股東信的篇幅大致相同，約3000字左右，編排採雙行距，有相當多的留白，大概會印成8頁；1997年之前的股東信上也會附上照片或一些設計圖案作為裝飾。

從2005年開始，股東信在蓋納的主筆下埋入轉變的種子。雖然信件內容仍以馬克爾的業務和理念為重點，但卻使用更像散文的風格來深入討論。信

中回顧過去20年的經營狀況，附上一些數據和分析，來強調公司的長期觀點。主題包括紀律、持續學習、管理責任、投資理念，以及長期觀點的優勢，也談到馬克爾公司為了發展成跨國企業，不斷改變的組織結構。

從馬克爾股票上市20週年的2006年以後，股東信都在前兩頁底部公布過去20年重要的財報數字。在幾封信中還會特別解釋：這是為了提醒股東與經營者長期思維的重要性。

2010年開始，股東信又有更多明顯的改變，更自覺的介紹「新馬克爾公司」與成為偉大公司的雄心壯志。行文活潑而積極，甚至帶有急迫感。標題也很生動，每年都不同，整體編排按主題集中陳述，例如年度大事、價值驅動要素和20年資料清單的個別項目說明。

這些股東信仍控制在10頁以內，但字數變多，而且沒那麼多留白。2012年的股東信將近7000字，接下來兩年接近6000字，之後約是5000字。信上還向股東道歉說，寫太長會占用讀者太多時間，但在公司規模漸增、營運日趨複雜下，這樣做有其必要。

簡單來說，馬克爾公司的股東信傳統可以分成兩個時期。第一個是史蒂夫‧馬克爾時期，持續強調經營團隊的長期思維。接下來是蓋納時期，他重申長久以來相同的經營原則，但悄悄擴大定位：有意讓所有股東都能充分理解長期觀點和公司的經營方式。不過蓋納時期還可以進一步分成兩個階段：發展期和執行期。

馬克爾時期：1993 年至 2004 年
1993 年

尋找好股東

我們公司的歷史雖然可以遠溯至 1930 年，但是股票上市的時間還不長，首次公開發行是在 7 年前的 1986 年 12 月。上市後，我們一直很努力把股東當成平等的合作夥伴。

我們致力維持健全的經營，並對外公布完整的資訊，讓我們的夥伴都能充分了解公司的價值。我們投資人關係管理的目標，就是要吸引**和留住**跟我們一樣有長遠觀點的投資人。

如果可以成功達成我們的目標，我們會預期股價等於內在價值，而且跟公司價值無關的事不會影響到股價。

股息與股票分割

我們賺到的資本報酬非常高，也很有信心未來能達成這樣的績效。所以，我們不準備配發現金股息。

不論在外流通股數維持5400萬股，還是因為股票分割增加數量，公司的內在價值都不會改變。分割股票並不會讓股價貼近企業的內在價值，情況其實剛好相反。

衡量指標

在管理事業上，我們盡量注重合理的經濟判斷，不依靠往往無法反映經濟現實的會計慣例。這個觀念有時會做出讓會計盈餘減少的決策，但會增加我們的「實際現金」。

舉兩個我們事業中最好的例子。第一個例子是，我們的投資目標是讓總報酬達到最大。為了做到這點，我們會犧牲經常收益去投資普通股，希望有機會讓資金增值。這項政策的價值可以從過去5年的平均報酬中反映出來。

第二個例子跟無形資產的攤銷有關。由於之前的併購，我們擁有大量無形資產。這些資產有很大一部分可以抵稅，而且是以加速攤提為基礎來認列費用。會計慣例需要把攤銷列入營業費用，但這項費用跟我們的當期營運成本沒有什麼關係。

1994年

我們注重的是長期績效的衡量指標，因為已實現和未實現的投資報酬會變化。一個檢驗我們投資策略的好方法是評估幾年下來的總報酬。

1995年

薪資報酬

我們設計薪資報酬方案時，希望薪資和福利在市場上有競爭力，但不會太特別。另一方面，我們又希望能夠制定特殊的分紅獎勵和員工認股計畫，以吸引和鼓勵對我們組織有傑出貢獻的人才。

我們的分紅獎勵計畫分成三個等級。第一級，所有員工只要符合獎勵協議規定的高績效標準和個人目標，就可以獲得可觀的現金獎勵。第二級，對承保業績有直接功勞的員工，可以從該承保產品或承保單位的獲利中得到分紅。最後一級，高階經理人根據每股帳面價值的5年期年複合成長率發放分紅獎勵。我們的目標是帳面價值每年成長20％；除非5年期年複合成長率超過15％的最低門檻，不然高階經理人並無法得到紅利。

內部人持股

為了讓員工與股東的利益保持一致，現金獎勵是不錯的辦法，不過我們認為直接擁有公司股票更有效。我們公司在1986年股票上市時，主要的一項目標就是讓員工廣泛持有公司的股票。

那時我們還沒有制定分紅計畫，所以我們慷慨的配發股票選擇權當作獎勵，藉此也吸引員工持有公司股票。認股權雖然可以鼓勵員工在未來買進公司股票，但我們認為，把股票選擇權當成「禮物」，不像員工實際買進股票可以有效讓員工產生對公司長期忠誠的方法。個人投資公司股票的行為，是鼓勵員工開始像股東一樣思考和行動的重要一步。所以，後來我們就不再以認股權作為薪資獎勵的主要辦法。

我們提供員工許多成為股東的機會。參加我們退休基金計畫（401K計畫）的員工都會收到從公開市場買進的馬克爾股票，這是公司提撥給退休基金的一部分。另外，員工也可以把提撥給退休基金的全部或部分資金指定投資在公司股票上。

員工還可以透過薪水扣款來買進公司股票。他們可以設定每次的扣款金額，在個人財務允許的情況下盡可能累積最多的公司股票。公司會藉著幫忙支付行政費用和佣金來支持這項計畫，而且透過這個計畫，每買進10股，公司會多獎勵

1股。

　　最近，我們也為所有員工提供低利貸款買進公司股票的機會，這也是公司的補貼措施。參加這項計畫的員工超過200人，截至1995年12月31日為止，這個股票買進計畫持有的股數已經超過12萬5000股。

　　綜合起來，我們估計員工持股占公司股權大約32.5％。這對我們全體人員提供強大的誘因去追求長期的成功。身為股東，我們共同分享公司的業績成果。

1996年

安全邊際

　　簡單來說，葛拉漢的安全邊際是試圖在投資和商業決策上建立一道安全網。這個安全邊際可以為錯誤和不利的後果提供緩衝。它根據的是事實，而非情緒，它是要保守的預測結果，是要分散風險，是在面對選擇時寧可保有安全而犯錯。只要持續運用，這個概念會是強大的商業工具。在馬克爾公司，我們試圖在所有決策上應用葛拉漢的這個概念。

保守傾向

　　因為保險理賠費用與理賠調整費用的準備金金額最大，

也最難估算，所以是保險公司財報上最重要的項目。馬克爾公司的情況也不例外。這個會計項目正能代表我們保守的會計理念，而且提供一道安全邊際。我們以前多次說過，我們的目標是將賠款準備金建立在寧可過多、不可不足的水準，這個設置賠款準備金的標準跟其他保險業者不太一樣。

投資

我們認為，管理投資業務跟承保業務一樣，要有相同的想法、勤奮與安全邊際。優秀的投資績效加上承保獲利，即可讓帳面價值有出色的長期成長。我們的投資哲學是要以獲取最高稅後總報酬為目標，而且維持保險業務的健全。我們關注的是總報酬，而不是經常收益。我們追求的是創造價值。

在我們的股票投資組合中，我們會藉由盡可能了解買進的企業，以避免不必要的虧損風險。我們會對這些公司做全面性的調查，拜訪經營團隊，並與他們對談。因為我們對保險業比較熟悉和安心，所以我們往往會買進其他保險公司的股票。我們是長期持有者。

我們很喜歡建立大量未實現資本利得的構想。在資本利得未實現與稅收遞延的情況下，我們可以持續投資，而不用把錢拿去繳稅。這樣做還有其他的優點，那就是可以創造安全邊際，當未來的市場導致股價比今天還低的時候，可以因

為這種稅負準備（tax provision）來緩衝對帳面價值的影響。

1997年

股票上市

　　1997年6月我們在紐約證交所上市。以往我們對納斯達克市場很滿意，也確實得到納斯達克的造市商許多支持，但還是希望股票的買賣價差可以縮小一點。我們相信現在買賣價差已經縮小了，很高興成為紐約證交所的上市公司。我們仍然認為沒有正當的理由去分割股票。（事實上，紐約證交所的費用是根據在外流通股數來計算，所以股票不分割還比較省錢）。

　　但我們還是要請現在的股東和潛在的新股東在買賣我們的股票時慎重思考。如果你看到買價和賣價的價差是2美元，請記得這代表160美元股價只有1.3％的價差。其他股票大多數的交易很可能更貴。而且，我們公司的股東一向非常忠誠，股票周轉率很低，所以股價可能會因為非常小的成交量而波動，因此買賣時一定要有耐心，才不會吃虧。

內在價值

　　理想上，股價的上漲和內在價值的增加應該要一致。雖

然短期很少出現這種情況，但長期應該會發生。我們很願意跟你分享公司的重要資訊，這樣你就可以評估公司的內在價值。我們並不希望股價明顯比內在價值高或低。

不幸的是，沒有確切的科學去決定這個數字。與幾年前相較，今天的股票訂價與許多價值決定因素的相關性更高。但我們還是致力以帳面價值成長20％為目標，而且我們認為本公司一直會是長期投資人絕佳的投資標的。

企業文化

「馬克爾作風」是我們的價值體系，這是用來描述我們做生意的方式。我們相信的價值觀是：「在我們的所有交易中追求卓越、誠信和公平，（並且）尊重權威專家，但鄙棄官僚作風。」我們公司現在有830位員工，如此龐大的組織要建立堅定的企業文化並不容易；但龐大的組織一直是我們的成功關鍵，而且未來也會持續下去。我們成功的一個主要原因是有許多長期任職的員工。我們的員工有超過25％（227位）工作滿10年，有40幾位在公司裡工作20年以上。

另一個重要事實是，馬克爾的所有員工都擁有公司的股票，而且很多員工有非常多的投資。幾年前，我們基本上取消我們的認股權計畫，改提供員工低利貸款買進公司的股票。過去一年來，有超過250位員工參與這項計畫，總共買

進超過630萬美元的股票。

當然，我們的目標是要讓員工都成為公司股東，把自己當作老闆。我們相信這能推動「馬克爾作風」，鼓勵大家努力工作，也樂在工作，並致力創造長期價值。

1998年

企業文化

身為企業組織，我們的核心力量有一部分是來自堅定的價值觀，也就是「馬克爾作風」所傳達的價值觀。企業往往很難平衡客戶、員工和股東不同的需求。有人認為，每個決策都是在不同的利益之間權衡取捨，但我們不以為然。我們的目標就是要做出各方都支持的決策。比方說，藉由薪資買進股票計畫與貸款計畫來讓員工成為股東，這與會產生稀釋股本效果的認股權獎勵制度剛好相反。此外，我們的薪酬制度旨在獎勵個人績效。這種重視績效的企業文化建立起強大的財務力量，足以得到客戶充分的信賴。當公司業務持續成長與成功時，更容易營造讓員工發揮個人潛力的氛圍。

成功會造就成功，我們打造馬克爾公司就是要取得成功。但我們也知道，一旦驕傲自滿，只要我們很快開始自以為很不錯，就會馬上碰到麻煩。我們發誓絕不對過去的成就感到自滿。我們設下長期目標，每天朝著目標前進。我們已

有長足的進展，而且興奮的面對未來的旅途。

1999年

投資

我們相信，投入大筆資金買進普通股，長期下來可以大幅提升股東價值。我們擔心的風險不是股價的短期波動，而是資金永久虧損。所以我們買進的股票，都是我們認為可以賺到良好資本報酬，而且由誠實、有能力、又照顧股東的經理人所經營的企業，這樣的經理人會為企業創造價值。我們預期可以從這些企業長期價值的增加獲得好處（希望馬克爾的各位股東對自己的投資也有同樣的看法）。我們1999年的股票投資雖然令人失望，但我們對自己挑選的大多數股票還是很滿意，而且我們相信，儘管這些股票下跌，公司的基本面還是非常穩定。

我們的投資組合集中在少數幾檔股票。到今年年底，前5大投資部位總共占投資組合超過32％，前20大則占71％。分散投資也許能減少短期波動，但我們不認為這可以讓長期總報酬達到最大。我們相信集中焦點，而且把投資組合放在我們最了解、掌握最多資訊、前景也十分看好的領域，才會有最佳報酬。1999年，我們集中投資在其他保險公司的股票，可惜績效令人失望。我們沒有投資納斯達克的熱門股，

所以沒有從廣為人知、但範圍狹窄的多頭市場賺取報酬。

2002年

公司治理

〔多虧財報弊端促使國會通過「沙賓法案」（Sarbanes-Oxley Act），使公司治理議題在2000年代初期引來全國關注。〕由於最近的弊案，我們現在被迫遵守用來改進公司治理的新法規。但不幸的是，有些人只會依循新法規的文字，毫不理會背後的立法精神。然而，這些規定有很多會在沒有效益下增加成本，而且有時候甚至會讓公司治理變得更糟。

幸運的是，我們公司一向秉持健全公司治理的精神，不必改變我們的理念。我們一向認為股東理應獲取應得的利潤，不用承受經營團隊任何的「估值折扣」（haircut）*。我們在很多年前就決定不再發行會稀釋股權的認股權。我們的分紅計畫符合邏輯、合理，確實讓員工表現與股東價值保持一致，如此對員工、對股東才都公平。

我們的股票貸款方案讓員工取得合理的股票數量，而且以優惠利率在適當的期間還款。我們從未免除員工還款的義

---

* 編注：估值折扣原本是指擔保品或抵押品在資產市場的價值中扣除的比例，這裡指的是公司投資的價值不會先扣除一定比例才分給股東。

務，所以這個方案比認股權計畫對股東更有利。不過，高階主管和董事以後不能再參加這個方案，因為新的法規允許認股權獎勵，不准股票貸款方案。這實在是很矛盾，畢竟認股權計畫就相當於受益人不必償還本金的無息貸款啊。

2004年

投資

我們認為投資市場上有兩種完全不同的賺錢方法。「交易員」試圖從價格波動中受益，並以成功交易部位來賺錢；相反的，「投資人」尋求以合理價位擁有獲利的企業，並從擁有企業潛在的成長而受益。短期來說，成為一個熟練的交易員很重要。正如著名的投資人約翰・坦伯頓說道：「股票價格的波動比股票價值的波動大。」但是從長期來看，投資能力會變得更加重要。能辨識出賺錢企業合理價位的財務技巧，而且擁有在股價波動下堅持持有的性格，就會在長期創造豐厚的報酬。

我們是投資人，不是交易員。我們很滿意過去幾年買下的企業，因為我們增加對證券的配置，而且對他們的未來前景感到樂觀。雖然每一年的報酬受到股市情緒和公司特殊事件的影響而波動，但我們預期，身為投資人的長期報酬會與企業自己的報酬相似。看看我們擁有的企業，我們對前景很樂觀。

合夥精神

　　馬克爾的股東也致力讓我們長期成功。我們有很大一部分的股權是由員工持有，他們將馬克爾視為擁有未來財富的關鍵。我們的外部股東往往也都是長期股東，而且提供我們資金、想法和支持，幫助我們實現目標。

蓋納時期第一階段：2005年至2009年
2005年

　　最近讓投資市場感興趣的一大焦點是「另類投資」，包括避險基金、私募股權，以及其他各種被認為可以帶來不錯且不相關報酬的資產。波克夏海瑟威的巴菲特最近在演講中說過，投資市場通常會經過一系列的階段：一開始由創新者帶頭，然後模仿者跟進，最後是無知之徒蜂擁而上。我們不確定「另類投資」市場現在到哪個階段，但我們相信不是第三階段，也會是第二階段。而且我們也認為，這些投資要負擔高額的交易費用和持續的管理費用，最終擁有相關業務的人可以獲得的長期報酬會減少。

　　不過我們在這個市場上看到未來5到10年內可以發展的機會，為了對此做好準備，更重要的是能夠參與到前景可期的機會，我們在2005年進行兩次私募股權交易。雖然這時

的投資金額相對較小，但我們看好它們會帶來更多機會。這些機會也符合我們前述的四個投資標準：資本報酬率高的獲利事業；經營團隊正直、有才能；具備再投資機會和資本紀律；而且價格合理。

2006年

長期觀點

談起2006年，我們很高興，但我們也知道時機（好運）對業績的影響，至少跟我們基本的經營原則一樣大。不過從更長的時間來看，時機的影響力會轉弱，隨著時間經過，健全的經營原則與熟練的實務會取代時機而變得更有影響力。這些情況有部分有助於解釋為什麼我們這麼關注馬克爾的長期衡量指標。任何人，包括我們在內，都可能有短暫的好運。但是一家公司只有依靠技能與紀律，才能在10年、20年或更長時間，持續為股東創造價值。

〔過去〕20年來，我們除了起步那幾年表現平平，之後在每個重要業務的年複合成長率都超過20％。我們的衡量指標是承保獲利與每股帳面價值，這兩個衡量指標可以反映出我們的核心目標。這20年來，我們有6年沒有達到承保目標，原因是有幾家併購進來的公司需要調整，還有2001年的911事件與2005年的颶風災害。儘管有幾年沒有達標，我們

還是對長期的承保業績感到非常自豪。

我們的投資組合在2006年的表現也很亮眼。我們今年很幸運，股票投資賺了25.9％，固定收益投資賺了5.2％，稅後總報酬率則是11.2％。考量我們保險業務原先的投資槓桿水準，這種投資報酬水準更加支持我們提供高股東權益報酬率的長期目標。

比單一年的報酬更重要的是創造幾年或幾十年的報酬。長期下來，當時機和我們的投資紀律開始超越好運時，我們的表現就會非常好。過去5年來，我們的股票投資獲利13.9％，過去10年則是14.3％，相較之下，標準普爾500指數分別只上漲6.2％和8.4％。這段時間的表現真的非常耀眼。

你會注意到過去20年每股帳面價值的成長每年會有波動。由於我們擁有長期的視野，而且將精力專注在經濟利潤，有時會損害單季或單年的盈餘，不過我們一直願意承受帳面價值成長的短期波動。但是如果檢視更長期的時間，你就會發現波動減少，績效模式也出現了。這可以從過去5年和20年每股帳面價值的年複合成長率分別是16％和23％看出來。

*　　*　　*

1986年的時候，誰也無法預測到1990年代初期美國房地產會出現問題，以及儲貸機構的崩盤。沒有人能預見電腦

網路興起，美元疲軟，接著走強後又疲軟。沒有人能預見能源價格的波動。沒有人能預見我們在中東看到的地緣政治鬥爭。沒有人能預見2001年911恐怖攻擊。這些事情都短暫影響世界經濟，但沒有人預測得到它們會發生，或是它們會有什麼影響。

在馬克爾公司，我們沒有預測到這些事，而且為了為股東創造長期報酬，也沒有必要去預測這些事。我們只是遵循穩健、成熟的經營紀律，在保險和投資領域盡己所能的運用手上的資金。我們每年都在學習，持續發展保險、投資與併購的知識，長期下來自然就會展現出成果。同樣重要的是，這個方法也顯示，我們的企業文化、制度、學習、技能和決策在未來仍會有效讓我們努力賺到豐厚的資本報酬。

紀律

不論是我們的承保業務還是投資操作，我們相信長期紀律正是我們和競爭對手不同之處。我們有許多員工在馬克爾公司待了很久。截至2006年12月31日，公司1897名員工中有四分之一為我們工作超過10年。這些員工經歷保險市場的緊縮和寬鬆、投資市場的多頭與空頭。

公司動態

　　我們也相信，我們經過時間考驗證實有效的投資理念，會增加我們在未來學習和複製良好成果的勝算。過去20年來最成功的基金經理人比爾‧米勒（Bill Miller）也證明這點。他說，研究個股、分析價值的投資方法，跟以預測事件或經濟情勢為主的投資方法會有很大的不同。

　　這兩者的重要差別在於，今日預測準確並不代表日後也會預測準確。相較之下，運用價值分析來研究企業的基本面，例如影響資本報酬率的因素、管理技能與誠信、再投資機會與價值評估等等，長期下來就會有更好的技能與績效。

　　我們的承保和投資紀律，讓我們從不可避免的錯誤中學習，而且變得愈來愈好。

投資

　　謹在此回顧我們的四大股票投資理念，我們要找的投資對象是：（1）資本報酬率高的獲利事業的普通股；（3）正直、有才能的經營團隊；（3）具備再投資機會與資本紀律；（4）價格合理。這套理念久經考驗，能夠正確指引我們不斷學習和改進。

　　重要的是，這套紀律要在多頭時期札根，因為我們必須

牢記，到空頭時期才能堅守不移。在未來某個時候，我們可能不會對某一年的投資活動報告什麼好消息，所有優秀的投資人都會出現多年表現不好的時候。在那種時候很容易迷失方向，不知不覺陷入不同的投資風格與方法，因為你使用的紀律或方法在最近12個月已經無效。

如果你的基本紀律很健全，那麼偏離紀律就會犯下大錯。這樣的錯誤在業餘投資人和專業投資人都很常見。大多數人無法忍受長期表現不佳的心理痛苦，投資和思考將來未知的事本來就有不確定性，導致人們去擁抱其他人目前正在做的實務做法。待在群眾裡尋求安心感，而不願在思想與行動上特立獨行，這就是人性。

隨著時間經過，我們的投資紀律往往也會創造出色的稅務效益。我們特別關注的項目，例如基本獲利能力和優秀的再投資特質，通常都是企業的長期特質。所以我們往往比大多數基金經理人買進並持有股票更久的時間。事實上我們覺得最理想的投資就是永遠持有。結果是我們可以把稅負延到未來，而不是像短線投資人一樣每次交易和每年都要繳稅。

2007年

薪資報酬

最近幾年來，很多公司高階經理人的薪資調升速度快到

似乎不合情理。我們不認為這會發生在馬克爾公司裡。我們希望並預期自己得到公平合理的薪酬，而董事會使用常識與良好的判斷，來建立經營團隊的薪資水準。我們不用薪資顧問，也不追蹤每個競爭對手的計畫。我們只想確保馬克爾公司的股東認為高階經理人的薪資是公平的交易。

經營團隊的紅利計畫非常簡單，根據的是每股帳面價值5年的平均年複合成長率。這個數字多年來一直是評估我們表現的主要財務指標。這是很有意義的指標，因為每股帳面價值的成長包含承保業務和投資操作的成長，而且採用5年移動平均值則是放眼長期。我們認為這個方法遵循我們長期建立財務價值的目標。

員工認股計畫也是我們薪資理念中非常重要的一環。許多公司以為實行認股權計畫就可以達到員工變股東的目的，我們不同意這個想法。我們不會將認股權納入我們員工認股計畫的一部分。我們認為，實際花錢買進公司股票並承擔下跌風險，才是真正完整擁有股權。所以我們希望所有高階經理人都要投資馬克爾公司，而且擁有價值比年薪多幾倍的馬克爾股票。為了做到這一點，我們已經為這種情況創造很多機會。

所有參加我們馬克爾退休計畫的美國員工，都會獲得公司贈送的一部分股票。我們還有薪資扣款和低利貸款計畫，有助於鼓勵員工買進股票。而且最後，很多高階經理人的年

度獎金有很大一部分是限制型股票。這種種方案其實也是一種員工教育，讓大家了解公司與員工持股的經濟關係。到年底，所有員工持股已經超過我們在外流通股數的10％，總市值也超過我們年度基本薪資支出的3倍。

股價

我們通常不討論公司的股價。不過，我們跟波克夏海瑟威有一樣的原則，將各位股東視為密切相關的企業合夥人，這包括我們對公司股價、業務和長期目標的看法。我們的目標是長期建立公司的財務價值，而且希望股價盡可能與公司的價值達成一致。

我們也希望大家都能理解，股價在短期內不容易跟公司內在價值保持一致，有時甚至連相同方向的漲跌都辦不到。對於公司和長期股東來說，脫離基本面的股價過高或過低都不符合最大利益。所以我們會嘗試公開和不斷的溝通，以幫助市場合理判斷我們的內在價值。長期而言，我們認為有確實做到這件事。

為了讓股價和內在價值密切相關，我們有一部分的工作是要吸引優質的股東，他們既了解我們公司的營運，也跟我們一樣以長期為導向。理想上，他們也會認為自己是公司的合夥人，關注公司的長期績效和未來前景，不會只注意股價

每天的波動。我們認為擁有這樣的股東是我們的一大優勢。

2008年

我們在一年前曾說：「我們列出20年的績效表是要提醒你、也提醒自己維持長期觀點的重要性。」去年是豐收年，今年則不是。過去幾十年來，我們的基本理念和長期願景一直維持不變，我們認為今年是事情不如我們期望順利的一年，記住這一點也同樣重要。關於2008年，我們只能說它總算過去了。這一年真的讓我們學到很多，例如市場波動、恢復力、靈活度與安全邊際。我們希望在2009年以後能夠應用這些教訓。

2009年

長期觀點

在馬克爾，我們因為擁抱長期的視野，因此享有巨大的優勢。我們是以數年、甚至數十年的視野來經營企業，而非以單季或年度來比較。我們認為在當今商業世界中，這已經成為獨特的優勢，我們也會充分運用它。我們利用這種自由做出長期決策，為公司和股東創造長期價值。我們非常感謝各位股東夥伴，讓我們在短視近利的大環境中仍能維持長期

卓越經營的企業文化。

　　沒有單一指標可以完全反映馬克爾公司為股東創造的所有價值，不過我們認為每股帳面價值是最好的替代指標。在更長和更有意義的時間裡，例如5年和10年，我們的每股帳面價值分別成長11％和15％。在投資人普遍獲利不佳或虧損的年代，我們創造出這些佳績。

　　我們的目標是確保馬克爾公司永續經營，儘管誰也沒辦法長生不老。因此為了公司的長期健康和發展，經營團隊必須不斷更新與再生，有些更新方法是讓現任經理人承擔新的角色和職責，有些方法則是在我們的組織中增加新的成員。

蓋納時期第二階段：2010年至2017年
2010年

接班

　　2010年，我們正式制定經營團隊的接班計畫，以延續馬克爾公司的長期成就。我們設立董事長辦公室，艾倫・科斯納（Alan Kirshner）擔任董事長，史蒂夫・馬克爾與湯尼・馬克爾擔任副董事長。我們也設立總裁辦公室，由麥克・克羅利（Mike Crowley）、湯姆・蓋納與李奇・惠特（Richie Whitt）共同負責。

　　艾倫、史蒂夫與湯尼為現代馬克爾公司設立願景，並在

1986年讓股票公開上市。他們的夢想是把馬克爾從小小的地方保險公司發展為全球的保險與金融公司。他們展現「馬克爾作風」，清楚傳達我們共享的價值觀，進行一系列大膽的併購，以及每日執行的大小事務，他們的領導能力寫下極為成功的故事。現在他們也準備無限期承擔制定策略和監督的角色。

公司動態

我們很高興在這份年報裡向你更新今年的財務表現、業務活動，以及我們對未來的看法。我們非常感謝馬克爾公司的各位股東跟我們一樣，期盼創造公司的長期價值。我們也體認到，在現今這個專注短期的世界中，馬克爾公司的經營團隊與股東的關係有多不尋常。我們珍惜這段關係，因為這讓我們有獨特的機會去建立能夠永續獲利的公司。

衡量指標

沒有單一指標能真正反映公司的整體財務狀況，我們過去一向是以每股帳面價值作為衡量我們表現的合理替代指標。我們以後會繼續以每股帳面價值當作最重要的指標，藉此衡量公司整體的進展。

不過，馬克爾創投集團（Markel Ventures group）下的非保險事業持續成長，以及買回庫藏股等資金管理活動，顯示我們可能還需要增加其他相關的統計指標。我們以後會跟你完整分享我們在做出經營決策時所注意的重要指標。

公司動態

在整體環境變化導致一切事物都高速轉變之際，我們在最近幾年實施一系列大幅變革。我們改變行銷與銷售保單的基本商業模式。我們改變資深領導團隊，確保未來可以持續經營。我們改變資訊科技系統與管理公司的方法。我們做出改變，到更多國家和市場經營事業。我們還另外創立馬克爾創投來改變經營的事業領域。

在我們致力做出這些改變的過程中，有一件事沒有改變、也不會改變，那就是「馬克爾作風」，它是描述我們經營公司的價值觀。馬克爾公司以誠信立業，珍視員工和客戶。我們一直以長期觀點來經營事業，而且我們不貪便宜或抄捷徑來粉飾一時的業績。

尋找優秀企業[18]

我們在投資公開上市股票時，仍然遵循四大條件。長期

閱讀這份報告的讀者會知道，我們尋找有良好資本報酬率的獲利事業，由誠信、有才能的管理團隊經營，擁有再投資機會和資本紀律，而且價格要合理。

我們能為這些企業的潛在賣家提供巨大優勢。我們為優秀企業提供長期歸宿。如果賣方想要確保事業交到耐心持有的買家手上，幫助現在和未來的經營者建立出色事業，那麼我們會是獨一無二的買家。我們不會過度運用財務槓桿，也不會尋找想要接手的買家；光是這句話就讓我們跟世界上九成的買家做出區隔。

附帶一提：假如你或你認識的人擁有符合這些條件的公司，而且正在尋找永久的歸宿，請告訴我們。

2011 年

成長

1986 年，我們的年報總共用 38 頁囊括所有資訊，而股東信只有一頁。雖然我們對外溝通的目標仍舊相同，但財報揭露的法規已經有很大的變化，而且事業也大幅成長，因此今年的年報來到 138 頁，股東信也寫得更長一點。

很抱歉今年的年報那麼厚重，不過這些年來馬克爾公司發生太多變化，所以有很多事情要在年報中告訴你。和 1986 年相比，我們在 2012 年有更多方法替你創造報酬。我們相

信，馬克爾作為多角化的金融控股公司，正處於重要新時代的關口。

信任

　　馬克爾公司長期以來經營順利，有個重要原因就是公司存在著信任的環境。我們感謝身為股東的你將資金委託給我們，讓我們長時間為你的投資建立價值。你給了我們極大的自由，在不受人為限制下追求目標，而我們也不負所託，長時間創造出色的成果。

　　我們每天努力維護和建立大家對馬克爾公司的信任，因為我們認為這會讓我們的事業變得更好。能夠待在這樣的環境，享有公司員工對彼此與對公司的承諾，這一切真是太神奇了。

2012年

錯誤

　　最近有個球隊總教練在比賽前說了一句似乎違反直覺的話：「我想啊，犯下最多錯誤的球隊才會贏。」這聽起來很奇怪，但他接著說，他的球隊必須積極進取、願意犯錯，才能在比賽中獲勝。過度害怕犯錯會導致太過消極或恐懼，於

是反應僵化、成績當然不會很理想。重要的是我願意積極行動，接受合理的錯誤，整個組織才能從中學習和成長，應對這個瞬息萬變的世界。

我們在馬克爾就有做到這一點，我們認為這種願意承擔個人責任，承認錯誤、學習、持續進步，正是這家公司獨特的競爭優勢。

投資

投資個別公司和股票時，我們會先考慮四個基本問題，才有足夠的信心來做決定。

我們的第一個問題是：「這是不是一家在不使用太多負債下擁有良好資本報酬率的獲利企業？」第二，我們會問：「經營團隊是否同樣都有足夠的才能和誠信？」第三，我們會問：「這家企業的再投資機會怎麼樣？他們如何管理資金？」最後，我們會問：「這家企業估計的價值是多少？我們必須付多少錢才能買下？」

雖然這是四個簡單的問題，但深入思考這些問題的過程，長期下來往往就會產生可靠的結果，我們的投資紀錄已經證明這點。這些問題往往也隱含一些總體經濟因素的考量，這些總體經濟因素往往會讓很多投資人擔心和憂慮。[19]

2013年

這是一封長信。每年報告公司的進展都要占用你一點時間，如果你想看不超過140個字元的推特版本，那就請看以下的文字：**2013年的表現非常好。收購亞特拉（Alterra）以後保險業務加倍。馬克爾公司其餘事業的成長率達兩位數。時間愈久，賺得愈多。**

長期觀點

我們在馬克爾致力創造長期價值，因此我們專注在多年期間的獲利能力，而不是短期的總營收增加。我們資深經理人的薪酬，以及公司股東所擁有的股票資產，都是取決於可獲利的營收，而不只是一般營收。至於可獲利的營收，當然是愈多愈好。

「紅色」莫特利（"Red" Motley）*在1930年說過：「在賣出東西之前，什麼都不會發生。馬克爾公司的員工個個都是推銷員，以不同的形式或方法在推銷。我們極為讚賞員工的表現，也向員工的努力致敬。

---

* 　編注：莫特利是美國20世紀著名的銷售員，前美國商會（U.S. Chamber of Commerce）會長，推銷的產品廣泛，從止痛藥到企業構想都有。

　　我們2013年的營收是43億美元，這創下馬克爾公司營收新高紀錄。10年前和20年前的營收分別是21億美元、2億3500萬美元，今昔對比非常明顯。我們雖然專注在獲利能力，而非營收，但如果沒有開門營業，就不可能有機會創造獲利。

衡量指標

　　我們認為長期的每股綜合所得成長率（comprehensive income per share）是馬克爾最重要的財務指標。由於外部的市場波動和經濟周期影響，這個指標會年年不同，我們認為這個多年期的衡量指標是衡量我們業務進展最好的方法。

　　過去我們會先報告每股帳面價值，然後才談到5年期的帳面價值年複合成長率。不過從今年開始，我們會把重點放在更加強調5年期的年複合成長率，而不是靜態的帳面價值數字。

　　會做這種細微改變的原因是，雖然馬克爾的保險事業必須遵循一般公認會計原則的精準定義去計算每股帳面價值，但合併損益表與現金流量表才會顯示馬克爾創投產生多少現金，讓我們更清楚看到馬克爾創投不斷成長的現狀。此外，買回庫藏股和併購案的新股發行等資本管理活動，也會影響原始帳面價值的計算。

我們認為在思考公司價值時，每股帳面價值的5年變化已經和帳面價值本身一樣是重要的衡量指標。

財報波動

〔淨利〕是20年績效表上波動最大的項目。我們了解這種波動的成因，希望你也能理解。在很多企業組織裡，波動會讓人發狂，經驗顯示他們會想要抑制它，然後假裝世事太平，但我們沒有這種幻想。

如果我們不理性的害怕波動，大可以賣掉股票投資組合，因為股票往往會比債券有更大幅的漲跌起伏。但我們認為，不理性的把財報波動降到最低，會損害公司的長期獲利能力，相較於短線交易者，對長期股東更為不利。

我們隨時可以拿淨利的一點波動來換取5億美元。10多年前，我們的遞延所得稅負債大概是5000萬美元。確切的說，10年來，我們的投資操作讓這個數字後面多加了一個零。沒錯！就是多加一個零。請大家為我們加油，祝福我們可以再次做到。

2014年

就算短期的年度財務表現很好，股價也上漲了，單獨一

年的表現仍不足以描述公司的實際成就和進步，要花更長的時間才能做出有效判斷。

　　為了開始修正這種短期的扭曲，我們資深主管是以5年期移動平均值來作為薪酬獎勵措施等制度的衡量依據。這麼做是為了得到更準確的替代指標，來衡量我們完成更重要的長期目標的進展。我們認為這種時間跨度比大多數公司使用的時間跨度更長一點，我們也認為，這種使我們朝向長期思考的引導會帶給我們巨大的優勢。採用長期觀點，困難的決策通常就會變得很容易，答案也更明顯。

　　要衡量「我們做得如何？」最有力的證據，就在年報附上的21年績效表。我們鼓勵你花點時間去看表上的數字和趨勢，就跟閱讀這封股東信一樣。兩者緊密相關。我們在信中描述的企業文化、夢想、願景與各種工作事項，產生出你在表格上看到的數字。

　　如果沒有「馬克爾作風」描述的願景，我們就無法成功創造這些成果，而且要是沒有達到如表格呈現的這般績效，我們說的企業文化、價值觀和夢想都會是空話。他們是一體兩面。

2015年

公司動態

雖然變化率的問題似乎一直都有，而且很即時，但在這種變化的中間有個看似矛盾的因素也在發揮作用，那就是長期觀點的價值。

採用長期觀點來做決策往往會更容易，而且更有效。我們是在為馬克爾公司的長期利益尋求最佳決策的背景下做出選擇。我們擁有這種心態，所以不會試著刻意去做出短期看起來很好、但長期有害的決策。我們會盡力從適當的長期範圍內衡量各種選項，藉此促進當責制與責任感，同時，要認可好的決策通常需要時間才能達到期望的效果。

2016年

長期觀點

雖然按照正常做法，我們要按年分揭露財務數字，但我們不認為馬克爾是按照年分在經營。你投資的公司處於兩個不同、但完全相關的時間跨度，那就是**永久**與**當下**。

這兩種時間框架指引我們行動。我們相信馬克爾在大多數上市企業中一直與眾不同，和我們一樣強調永久經營。對我們而言，這是巨大的競爭優勢，讓我們繼續在變化速度愈

來愈快、永遠不確定的未來前行。

現在的商業（還有生活）就像是全力以赴的衝刺賽跑，勝者全拿，要努力適應科技帶來的變化。我們必須不斷學習、適應新條件、採用全新的技術工具，捨棄老舊過時的經營方法和制度，找到新市場、開發新產品、併購新事業，成功克服你可以想到的任何挑戰，藉此持續打造馬克爾公司。

出乎意料的是，我們的雙重時間思考在這項任務中提供我們很大的幫助。強調當下，意味著我們當下就需要做出適當的改變，來適應這種經營事業的方法。沒有時間去懷舊，回味甜美的過往（其實過往從不甜美，只是我們熬過來了才錯誤的美化記憶）。以前有個笑話說，在更快、更好和更便宜上，你只能選擇其中兩個。但時代不同了，我們三件事都要做到。

在這種緊急情況下，我們仍然擁有巨大的競爭優勢。那是因為，我們會以永久的背景來考量當下的每個決策。我們做出的決定絕對不是只為了今天而已。我們思考著，為了建立馬克爾公司永續經營和獲利的能力，今天能做出的最佳決策是什麼。

我們認為，只有很少數的組織擁有這種深刻明確的使命與經營自由度來達成這個目標。我們可以這樣自由的行動，就是因為有各位股東給予我們極大的信任。我們幾十年來都在為你的最大利益而行動，而且我們財報數字的成功紀錄，

就證明你允許我們這樣做的智慧。

資訊技術

　　山姆・馬克爾（Sam Markel）在1930年代創立這家公司的時候，沒有電腦、傳真機、噴射引擎、入口網站、智慧手機、網路等種種事物。我們隨著新工具陸續出現並跟著調適，而且隨著新工具的獲得，我們會持續以同樣的方式行事。那時的目標跟現在一樣，都是努力成為更好的保險公司，以及更有效率的管理者，為我們的客戶提供服務。

　　在整個2016年，我們更加努力提升業務知識和經營效率。不過這封信是寫給外行人看的，如果談論資訊科技，可能會馬上看到一堆術語和難以理解的縮寫。你只需要知道，我們全力以赴的成為一個可擴張的數位組織，我們是透過持續開發內部資源，以及從外部找來已有成效的世界級供應商來協助我們做到這件事。

　　這個重要的任務會持續增加成本、而且更加複雜。所以說，只許成功，不許失敗。我們會反覆改善、持續取得更好的成果。就像麥可・喬丹（Michael Jordan）說的：「我這輩子經歷一次又一次的失敗，這就是我成功的原因。」

投資

2016年我們公告公開交易證券的報酬率是4.4％，其中股票投資的報酬率是13.5％，固定收益證券的報酬率則為2.4％。而過去5年的股票組合賺到15.9％，固定收益證券則賺到3.1％。

我們特別用「公告」這個詞來說明單一年的數字，用「賺到」這個詞來說明5年期的數字。這兩個詞描述兩件不同、卻相關的事情，而且我們認為藉由使用這兩個不同的詞來從概念上討論其中的細微差異很重要。

首先，2016年「公告」的報酬率很精確。公開交易證券是在穩健的市場進行，所以對這些投資組合的市值提供很容易衡量的指標。

「公告」數字的計算非常簡單。先算出2016年初的市值，再計算投資組合一整年的現金流入與流出，然後將期末的現金餘額除以年初的市值，這個很簡單的公式就可以算出我們「公告」的投資報酬率。

接下來情況變得比較複雜。這也是很重要的地方，繼續從公告的數字開始，更重要的是了解這一年的實際投資狀況。

在我們看來，今年享有的股票投資報酬率是13.5％，我們認為投資組合裡的企業基本面表現其實比這個公告的報酬

率差一些。有些個別公司的表現的確比股價變化顯示的還要好，但有些公司卻不如你乍看之下的表現那麼好。

此外，在我們看來，個別公司的基本面表現差異，以及不同產業的表現差異，似乎都在擴大。整體來說，以股票投資報酬率13.5％在描述被投資企業的基本面表現是個方向正確的做法，但這個數字無法精確描述這些企業整體的經濟進展，而且我們認為這個數字也許有些高估。

至於5年期的報酬率，情況已經開始改變，而且變得更好。我們「公告」的5年期股票投資組合報酬率為15.9％，這個數字應該很接近我們描述「賺到」多少錢。我們要徹底了解的重點是，這個「公告」數字現在更正確反映報酬變化的方向與程度，能讓人準確理解我們股票投資操作的表現。

隨著時間過去，我們「賺到」和「公告」數字之間的差異會逐漸消失。每年「公告」數字的起伏波動會慢慢減少，最後趨近我們實際「賺到」的數字。雖然5年不是消除「公告」與「賺到」數字差異的完美期間，但還是比單一年度好多了。對你而言，好消息是，我們經理人以超過5年的期間來思考，而且據此採取行動。

我們做出**現在**能做到的最佳決策，來創造最好的**長期**成果。（那是雙重的時間思考發揮作用。）請原諒我們習慣離題談到會計，但我們認為，為了了解我們如何思考，以及我們如何在馬克爾公司的相關事物上做決策，知道這些議題非

常重要。**我們更關心的是經濟現實，而不是會計分錄。** 甚至可以說，我們認為這樣的強調有些獨特，而且是促使公司持續保有競爭優勢的部分原因。

2017年

隨信附上2017年的財務報表，我們朝著「建立世界一流企業」的目標而努力，這些財報數字就是反映今年的進展。不過跟過去任何一年一樣，這些數字只能說明我們一部分的現狀。隨著時間經過，財報數字才會變得更可靠、更有意義，揭開更多真相。它們就像精美掛毯上緊密交織的縱橫經緯，描繪出「建立世界一流企業」的偉大故事。我們持續不斷編織這面大掛毯幾十年，很高興跟大家報告，2017年我們也還在勤奮的編織著。但2017年的進展並非一帆風順，過去也從未如此。

2018年

正確的股東

為了建立世界一流的企業，我們需要有人說過的「正確的股東、正確的員工和正確的策略」。第一個構想就是「正確的股東」。作為你投資的經營團隊，我們想要並需要跟所

有股東建立夥伴關係。我們希望這份關係長長久久，不受市場短期混亂影響，或者受短視近利誤以為可以馬上發大財所影響。我們希望合夥人想要跟我們做一樣的事，也就是長期建立世界一流的企業。這個概念涵蓋永續性、多元性、彈性、持久性與適應性等概念，自從馬克爾成立以來，這一直是公司的標誌。

我們因為擁有眼光長遠的正確股東，才具備龐大的競爭優勢。在當今世界，短期和人為的時間壓力已經滲入太多決策中。我們採用**永久與當下**的雙重時間觀點，讓我們能在**長期**思維的架構下，每天都做出**現在**必要的決定。這就是今日世界罕見的優勢。沒有你們這些忠誠的長期股東，這一切都不可能發生。我們在此深表謝意。感謝你。

* * *

馬克爾公司：重要財報數字

（除了每股資料，單位均為百萬）	2018	2017	2016	2015	2014	2013	2012	2011	2010
總營業收入 ($)	6,841	6,062	5,612	5,370	5,134	4,323	3,000	2,630	2,225
總保費 ($)	7,864	5,507	4,797	4,633	4,806	3,920	2,514	2,291	1,982
綜合比率	98%	105%	92%	89%	95%	97%	97%	102%	97%
投資組合 ($)	19,238	20,570	19,059	18,181	18,638	17,612	9,333	8,728	8,224
每股投資組合 ($)	1,385.24	1,479.45	1,365.72	1,302.48	1,334.89	1,259.26	969.23	907.20	846.24
股東淨利（虧損）($)	(128)	395	456	583	321	281	253	142	267
股東綜合淨利（虧損）($)	(376)	1,175	667	233	936	459	504	252	431
股東權益 ($)	9,081	9,504	8,461	7,834	7,595	6,674	3,889	3,172	
每股帳面價值 ($)	653.85	683.55	606.30	561.23	543.96	477.16	403.85	352.10	326.36
每股帳面價值 5 年期 CAGR (1)	11%	11%	11%	14%	17%	9%	9%	13%	7%
收盤股價 ($)	1,038.05	1,139.13	904.50	883.35	682.84	580.35	433.42	414.67	378.13

(1) CAGR：年複合成長率

（除了每股資料，單位均為百萬）($)	2009	2008	2007	2006	2005	2004	2003	2002	2001	2000	1999	1998	20年期 CAGR(1)
總營業收入 ($)	2,069	1,977	2,551	2,576	2,200	2,262	2,092	1,770	1,397	1,094	524	426	15%
總保費 ($)	1,906	2,213	2,359	2,356	2,401	2,518	2,572	2,218	1,774	1,132	595	437	16%
綜合比率	95%	99%	88%	87%	101%	96%	99%	103%	124%	114%	101%	98%	
投資組合 ($)	7,849	6,893	7,775	7,524	6,588	6,317	5,350	4,314	3,591	3,136	1,625	1,483	14%
每股投資組合 ($)	799.34	702.34	780.84	752.80	672.34	641.49	543.31	438.79	365.70	427.79	290.69	268.49	9%
股東淨利（虧損）($)	202	(59)	406	393	148	165	123	75	(126)	(28)	41	57	
股東綜合淨利（虧損）($)	591	(403)	337	551	64	273	222	73	(77)	82	(40)	68	
股東權益 ($)	2,774	2,181	2,641	2,296	1,705	1,657	1,382	1,159	1,085	752	383	425	17%
每股帳面價值 ($)	282.55	222.20	265.26	229.78	174.04	168.22	140.38	117.89	110.50	102.63	68.59	77.01	11%
每股帳面價值5年期 CAGR (1) 7%	11%	10%	18%	16%	11%	20%	13%	13%	18%	21%	22%	23%	
收盤股價 ($)	340.00	299.00	491.10	480.10	317.05	364.00	253.51	205.50	179.65	181.00	155.00	181.00	9%

(1) CAGR：年複合成長率

7

傑夫・貝佐斯

亞馬遜公司致股東信

亞馬遜如今在很多商業中樞都是顯眼的強權，它是龐大的網路零售商，以及Kindle電子書、雲端運算等創新產品的開發者。不過它在1997年剛創立時，只專注在網路賣書這個新利基市場。早期股東在10多年之後還是無法獲得可觀的報酬，然而在毫不鬆懈的專注和擴張之後，耐心的股東終於有了豐厚回報。創辦人**傑夫・貝佐斯**從1997年開始就在每年的股東信上提供許多建議。

1997年的股東信宣布這是網際網路和亞馬遜的第一天。從那之後，貝佐斯一再強調每一天都是第一天。1997年股東信的關鍵段落是強調長期觀點。隨後每年的股東信，貝佐斯都會附上1997年的信，就像波克夏的股東手冊一樣。

2006年以前（還有2008年）的股東信都強調股東與吸引擁有長期觀點股東的明確期望，商業模式則是以顧客為中心，這樣股東就會得到成果，不過需要時間累積。這些信也包含經營理念的說明，不過總是一再提起以顧客為中心與股東長期價值的關係。這些信比較簡短，通常只有兩、三頁，字數如傳統的報紙專欄，大約1000字左右。

但是從2009年開始（還有2007年），股東信就變得比較少對股東喊話，而是花許多力氣檢視產品創新、亞馬遜的內部流程，以及貝佐斯對業務、創新與策略的理念。跟過去一樣，這些信不分析公司的任何財務數字或業績，而是分析企業願景、文化、創新和最新的產品，字裡行間彷彿一直在說，這些事情都需要股東有耐心和長期思維才能開花結果，但不再像以前明確講出來。而且從2013年開始，這些信件的篇幅更長，有五、六頁，字數多達4000到6000字。

也許是亞馬遜已經有好成績，讓貝佐斯覺得不必再勸誡股東；不過他還是反覆強調創新的急迫性，以及要無止境滿足客戶的需求，不然就等著滅亡。別的企業執行長會注意到持續提醒股東抱持長期觀點帶

給股東的好處，貝佐斯在這個時期也的確有一封信談到這一點，但並未深入探討。執行長們可能會強調，貝佐斯早期的股東信比後來的股東信更具典範。

1997年

長期觀點

我們相信，要衡量我們是否成功有一個基本方法，就是去看我們長期創造多少股東價值。這項價值來自我們擴展和鞏固現有市場領導地位的能力所直接產生的成果。我們的市場領導力愈強，我們的經濟模式就愈強大。市場領導力能夠直接轉化成更高的營收、更高的獲利能力、更快的資本流動速度，於是投資的資本報酬率也更高。

我們的決策始終反映這點。我們首先以最能顯示市場領導地位的幾個指標來衡量自己，包括客戶與營收成長，客戶重複向我們購買產品的頻率，以及我們的品牌實力。我們已經投資並繼續加強投資來擴大並利用客戶群、品牌與基本設施，建立永續的企業。

因為我們強調長期，所以我們的決策與權衡跟一些公司不同。因此，我們想要跟你分享我們管理與決策的基本想法，這樣的話，身為股東的你也許可以確認是不是和我們有一致的投資理念：

- 我們會持續重視客戶，毫不鬆懈。
- 我們會持續根據長期的市場領導地位考量做出投資決策，而不是根據短期的獲利考量或華爾街的短期反應。
- 我們會持續分析、衡量我們投資的計畫與效率，無法提供可接受報酬的計畫即捨棄，表現好的計畫則加碼投資。我們會繼續從成功和失敗中學習。
- 要是我們發現有足夠機會可以獲得市場領導優勢的地方，就會勇於做出投資決策，不會膽怯。這些投資有的成功、有的失敗，但不論如何都能學到寶貴的經驗。
- 要是被迫在「做出漂亮的一般公認會計原則財報」和「讓未來現金流量的現值達到最大」之間做選擇，我們會選擇現金流量。
- 當我們做出大膽的選擇（在競爭壓力允許的情況下），我們會跟你分享我們的策略思考過程，讓你可以自行評估我們是否做了能建立長期領導優勢的合理投資。
- 我們會努力精明花費，而且保持精實的企業文化。我們了解不斷強化成本意識文化的重要性，尤其是還在虧損的企業。
- 我們會在「關注成長」和「強調長期獲利能力與資本管理」之間保持平衡。在現階段，我們優先考慮成長，因為要實現我們商業模式的潛力，規模至關重要。

- 我們會繼續專注於聘用和留住擁有多樣才能的員工，
並繼續以認股權、而非現金，來當作他們的薪酬。我
們知道公司的成功有一大部分在於能否吸引和留住積
極進取的員工，而且每位員工都要像股東那樣思考，
所以員工必須先成為股東才行。

我們不會武斷的宣稱以上就是「正確」的投資理念，但
這是我們的理念。如果我們不清楚自己已經採取並將繼續採
取的方法，那就是失職了。

1998年

我在這封信要說到最重要的事，其實去年就說了，詳細
來說，就是我們的長期投資理念。但因為我們有如此多的新
股東（今年我們印了20萬份股東信，去年才1萬3000份），
所以我們在今年股東信之後附上去年的信。我想請你閱讀
〈都跟長期有關〉那一節。你可能想要讀兩次，來確認我們
是不是你想要投資的公司。正如信中所言，我們不會說自己
的看法才是正確的理念，但它的確是我們的做法！

1999年

我最近到史丹福大學參加一個活動，有個年輕女孩到麥克風前問我一個很棒的問題，她說：「我有100股的亞馬遜股票，請問我擁有了什麼？」我很驚訝，因為之前沒有人問過這個問題，至少沒這麼直接了當。那麼你擁有什麼呢？你擁有的是頂尖的電子商務平台。

2000年

知名投資人班傑明·葛拉漢說過：「短期而言，股票市場像是一台投票機，但長期來看則是一台體重計。」的確，1999年股市多頭的時候，大家很像在搶著投票，沒有什麼人去秤秤企業的斤兩。我們就是想成為有分量的公司，而且隨著時間經過，我們也會成為這樣的公司。長期下來，所有的公司都要秤秤斤兩。在此同時，我們會埋頭鍛鍊，讓自己愈來愈有分量。

2001年

長期觀點

　　我以前談過很多次，我們堅定認為股東的長期利益與客戶利益密切相關：我們把工作做好，今天的客戶到了明天就會買得更多，我們就會有更多客戶上門，而且會帶來更多現金流量，並為我們的股東創造更多長期價值。為此，我們致力擴大在電子商務的領導優勢，使客戶受益，那麼投資人自然也會受益，這兩者缺一不可。

2003年

長期觀點

　　長期思考是真正股東的必要條件，也是最佳結果。股東跟租房子的房客不同。我知道有一對夫婦出租房子，住進來的一家人直接把聖誕樹釘在木頭地板上，而不是使用木架。這種房客為了自己方便就亂搞，實在很糟糕；如果是自己的房子，誰也不會這麼短視。有很多投資人其實也像短期房客，頻繁替換投資組合，買進的股票只是短暫「擁有」，就像租來的一樣。

2005年

決策

正如各位股東都知道，因為我們的效率和規模都有提升，所以我們能夠對客戶逐年大幅降價。這是重要決策無法用數學加加減減算出來的一個例子。事實上我們降低價格是違背數學運算，因為大家總是會說要提高價格才是聰明的做法。我們蒐集很多跟價格彈性有關的資料，以相當準確的方式，我們能夠預測降價多少比例可以提升多少比例的銷售額。

除了極少數例外，銷售額的短期增加根本無法彌補降價的損失。不過，我們對價格彈性的理解是短期的。我們能夠估計降價對本週和本季的影響，但我們無法估算降價在5年、10年，甚至更久的時間會對我們的業務產生什麼影響。我們的判斷是，不斷將效率提升和經濟規模的增加，以更低廉的價格回報客戶，就會創造一個良性循環，導致長期帶來更大的自由現金流量，因此成為更有價值的亞馬遜公司。

2006年

企業文化

以亞馬遜目前的規模，要播下種子長成有意義的新事業，需要一些紀律、一點耐心，以及一個利於培育的企業文

化。在一些大企業裡，因為欠缺必要的耐心和培育文化，很難從小種子來發展成新事業。而在我看來，亞馬遜的文化特別支持那些擁有巨大潛力的小事業，我也相信這正是競爭優勢的來源。

我們跟其他公司一樣，企業文化不只是由我們刻意塑造，也是由我們發展歷程中形成。亞馬遜的發展歷程並不久，不過我們很幸運已經能看到一些小種子長成大樹的例子。公司裡有很多人親眼目睹好幾個千萬美元的種子計畫後來成長茁壯成幾十億美元的大事業。我認為，像這樣的親身經歷，以及這些成功所形成的企業文化，正是我們能夠從無到有創業的重要原因。這樣的企業文化要求新事業必須具備極大的潛力，要有創新，能夠與眾不同，但不會要求這些小種子一發芽就變成大樹。

2008年

專注

在這個動盪的全球經濟中，我們的基本方針依然不變。一樣埋頭努力，專心長期經營，全心服務客戶。長期思維讓我們發揮現有的能力，做到原本想不到的事。它能支持創新所需要的失敗和反覆修正，而且讓我們開拓未知的領域。如果只是尋求立即的成就感，或者做出模擬兩可的承諾，你很

可能會發現有一群人已經走在前方。

長期導向與客戶至上會相互正向影響。如果我們能夠發現客戶的需求，而且我們可以進一步發展出堅定的信念，認為這種需求有意義，而且一直都會存在，我們就會耐心研究好幾年來提供解決方案。這就是我們的經營理念。

2009年

衡量指標

2009年的財報結果反映出過去15年來客戶體驗持續改善的成果。剛加入亞馬遜的高階經理人常常很驚訝我們只花很少的時間來討論實際的財報結果或爭辯預估的財報數字。說真的，我們還是很認真的看待這些財務數字，但我們認為，把精力集中在可以控制的業務事項上，才能最有效的在長期得到最大的財務成果。我們的年度目標都是在秋季開始設定，經過年底假期高峰，最後在新年之初做出結論。雖然這個目標設定的過程時間很長，卻充滿活力，而且非常注重細節。

我們許多年來一直採用相同的年度流程。2010年我們針對股東、要完成的事項與目標完成日期，設定452個詳細目標。但我們團隊為自己設定的目標其實不止這些，它們只不過是我們認為最重要、要去監控的目標。這些目標都不容易

達成，也有很多目標沒有創新就無法達成。我們經營高層每年都會做好幾次檢視，看看每個目標的進展，並在過程中添加、刪除或修正目標。

我們在看當前的目標時，發現一些有趣的統計數字：

- 在452個目標中，有360會對客戶體驗直接產生影響。
- 「營收」使用8次，「自由現金流量」只使用4次。
- 在452個目標中，「淨利」、「毛利」、「營業利潤」這些詞一次都沒出現過。

綜合而言，這一連串的目標正可以顯示出我們的基本方針，那就是從客戶出發，然後倒推出該做什麼工作。我們堅信這套方法長期下來對股東和客戶都一樣有利。

2010年

現在，如果忠實閱讀這封信件的一些股東看到這裡已經兩眼呆滯，那麼我會藉由這點喚醒你，在我看來，這些技術都不是徒勞無益，它們會直接帶來自由現金流量。

2012年

股價

　　有些人認為，我們在客戶體驗上的大量投資過於慷慨，對股東沒有好處，甚至與營利組織的性質不一致。有個外部觀察家就說：「據我所知，亞馬遜是由幾個投資社團組成的慈善組織，專門為消費者謀福利。」但我不以為然。對我來說，試圖即時做出改進顯得聰明過頭了。在我們生活這個瞬息萬變的世界裡會有風險。更根本來說，我認為長期思維才能達成不可能的任務。我們主動為客戶設想，就可以贏取信任，然後在現有的事業或甚至新的事業，都能從他們身上獲得更多生意。所以要採用長期觀點，客戶和股東的利益就會達成一致。

　　寫到這裡的時候，我們的股價表現一直很不錯，但是我們不斷提醒自己一個重點，那是我在全體員工大會上常常引用的著名投資人班傑明・葛拉漢的名言：「短期而言，股票市場像是一台投票機，但長期來看則是一台體重計。」我們不會像慶祝公司達到優秀的客戶體驗那樣慶祝股價上漲10%。股價上漲10%不會讓我們的智慧提高10%，股價下跌10%也不會讓我們變笨10%。我們想要成為有分量的公司，我們也一直努力成為一家更有分量的企業。

2015年

企業文化

　　來說一下企業文化：不管它是好是壞，都會持續、穩定的存在，很難改變。它們可以是企業優勢或劣勢的源頭。你可以把企業文化寫下來，但這麼做只會發現它、揭露它，而不會創造它。企業文化會隨著時間慢慢累積，由許多人與事情所形成，由過去的成功與失敗故事形成公司傳說重要的組成部分。如果這是一套獨特的文化，它就會像訂製手套一樣只適合某些人。文化之所以長久穩定，是因為這是人自己選擇的。熱愛競爭的人會樂於選擇某一種文化，而熱愛開拓與創新的人可能會選擇另一種文化。值得慶幸的是，世界上充滿許多表現出色、非常獨特的企業文化。我們從沒有說過我們的方法才正確，但這是我們的企業文化，而且已經發展20年，我們聚集一大群志同道合的人才，這些人都覺得我們的文化充滿活力、很有意義。

PART III

當代期

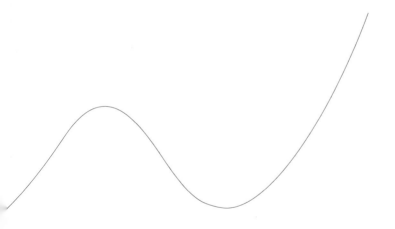

8

查爾斯・法比康
海科公司致股東信

很多人也許一直以為海科公司屬於船舶設備產業，其實這只答對一半。公司執行長查爾斯・法比康在股東信上一再強調，他和公司做的主要是投資和資本配置。

現在的海科是多角化控股公司，跨足美國國內和國際運輸、物流和風險管理顧問產業，股票在紐約證交所公開上市交易。它併購並創立幾家公司，在幾次公開發行、股權分拆和證券配售後公開上市交易，包括時代集團（Era Group）、海科航運和多力安公司（Dorian）。

這家公司屬於資本密集產業，而且會受到景氣循環的影響，但商業策略橫跨整個產業進行多角化經營，並將重點擺在資本配置。不管是人為或自然的

災難，對保險公司來說都是不利的經濟事件（雖然支付理賠是它的本業）。但是對其他業者，像是海科公司，卻是有利的經濟事件。自然災害發生後，航運需求通常會大增，價格就會上漲，要是發生海上漏油等不幸事件，環境應變的生意就會蓬勃發展！

法比康的股東信主題都會大幅引用過去信上的內容，運用許多圖表來呈現業務和財務資訊，偶爾還有運輸或服務路線的地圖，並附上公司各種船隊的資料，包括輪船、鑽油平台和駁船等等。信上還有許多公司資產精彩的活動照片，包括小船、鑽油平台、直升機，以及海洋與內陸水道的其他設備，這些公司資產確實是放個照片就能讓人一目瞭然。

法比康提供有用的公司歷史，不是每年一次，也沒必要那麼密集，大概只是10年做一次總結，尤其是在特定轉型事件發生之後（例如重要的併購或重大的資產分割）。在2014年的股東信即對公司狀況做了很好的說明：

> 海科公司在去年12月慶祝成立25週年，現代的海科公司是從美國墨西哥灣經營補給船的小企業，以及在奈及利亞的幾條小

型交通船，後來把握機會利用「融資併購」演變而來。

從1989年到1996年，海科最好的機會是零星買進二手的近海船隻，以及透過企業併購整批買進。後者是透過提升營運效率來增加價值。海科公司可以說是航運業整合的「先行者」。有5筆交易是強化北海地區的備用安全部門，以及西非和墨西哥灣近海船舶市場的關鍵。這些交易也讓海科轉型為多元船隊的跨國企業。

1990年代後期，黎明到來，油田產業加溫。到了1998年，低價整併與買進二手資產的機會變得稀少。近海輪船開始賺錢，投資人注意到，這時候企業「壯大」（Bulking up）變成流行，二手資產的價格也顯著抬高。於是海科公司改變策略，不再收購二手資產，而是把資源集中在設計和打造下一代的設備，以滿足適應深海水域及更遙遠地區的發展需求。

我們也使用部分銷售收益和獲利來朝向多

角化發展，把資金轉移到常規近海船舶以
外的資產類別，比等待船價下跌到有吸引
力的價位更能發揮資本效益。

我們第一次離開本業是參與建造升降式鑽
油平台，接著很快投資乾貨船和直升機，
全都是價格被壓低的資產。過去16年
來，除了直升機、駁船和鑽油平台，海科
公司還投資遠洋乾貨船、航空公司、酒精
工廠、儲油站、穀倉、最早讓船舶和近海
船隻收發電子郵件的科技構想（但不是大
贏家！）、專業化緊急救援服務，以及作
為資產替代品的公開上市股票和債券。

我們也經營專業租賃事業，提供不同資產
的融資，例如洗煤廠、醫療用氧氣筒，以
及不在我權限之內的特殊任務空中偵察
機。我當然希望可以說這些投資都很成
功，可惜不行。有些投資只是表現平平，
有些甚至虧損。不過很幸運的是還有一些
投資的報酬豐厚。也有幾個勝負未卜，等
到狀況明朗再決定出售或報廢。

法比康的股東信頗具個人風格，他是一位聰明、睿智、機智又風趣的商人兼投資人，也是出色的作家。法比康是受過專業訓練的律師，曾經是美國最高法院法官約翰・哈蘭（John Harlan）的部屬，而且還創立律師事務所。他把這些信件的寫作歸功於在法律界的經驗，這也可以解釋他為什麼比較偏愛一般標準，而不是嚴厲的規則。

2001年

衡量指標

稅前息前折舊攤銷前獲利（EBITDA）經常受到過多的重視，我不認為這是判斷財務表現最好的指標。EBITDA可以「建立公平競爭的環境」，提供一個架構幫助比較不同公司的財務表現。它可以排除相同等級與年限的設備因為使用壽命的不同所導致的差異。

但不幸的是，很多人忽視資產基礎的品質，以及折舊實際上是真正的成本，即使不是現金支出。利息和稅款必須付清，不然催債的信件和電話馬上就會找上門。值得注意的是，像我們這樣的公司，EBITDA的穩定性很大程度上還是受到產生營收的設備的品質、相關性和使用壽命所影響。

我認為判斷我們財務表現最有用的衡量指標是股東權益

報酬率。從1992年12月上市以來，海科公司最近5年的平均成長率是12.9％和15.4％。這是個會受到景氣影響的產業，所以會有「高低起伏」並不讓人意外。不過到目前為止也還沒有出現負成長。這個結果與其他同業相比還算不錯，而且是控制在有限槓桿下產生的。我們這門生意可以藉由槓桿操作來提升收益，但也會因此增加風險要素，就好像保證金交易可以立刻在承擔全部賠光的風險下，讓投資組合的績效更好。

2002年

長期觀點

〔這些信中，我要〕說明我們對公司營運的想法。我們專注在資產（每天都要「按市值計價」）、股東權益報酬率、流動性和股東價值的建立，同時維持一種保守運用槓桿的方法。不過我對別人往往全神關注公司每一季的表現相當敏感，就我來看這有點過分了。不過我們還是會努力做到最好，提供各位一些更新的航海圖去避開這些險灘。

不幸的是，對於那些希望「擦亮」業績，比較不同會計期間的業績和毛利的人來說，海科公司有很多「活動零件」。我們往往把〔旗下公司〕投資部位的營運成果，按我們持有的股權比例併入公司的損益表，因為我們認為，使用有限責任公司來持有我們的權益是有效益的，因為這可以讓

我們在繳稅時抵免虧損。我們還擁有一家環境應變企業，我們經營駁船業務，還有一小部分散裝乾貨航運業務的股權。最近我們也併購直升機事業：德州航空直升機公司（Tex-Air Helicopters, Inc）。

我們管理業務的方式，與以擁有和經營設備為「宗旨」的公司有些不同。我們確實擁有與經營設備，但我們認為買賣船隻同樣是例行事務。我們經常包下（租借）設備，有時時間很短，有時則會延長時間。當我們出售設備後回租，就會出現包租設備的情況，而且這還會涉及第三方擁有的船隻。我們發現執行某些決策時，運用衍生性金融商品很有用處。

我們的業務範圍是高度多樣化的近海船隊設備，而且我們活躍的管理方式也讓海科公司比只有三、四種設備，以及營收按日出租計酬的企業更難讓人了解。

股票選擇權費用

雖然有些投資人堅持主張要把股票選擇權當做費用，不過海科公司還是決定不要這麼做。主張這種會計處理的人不是沒有道理，但我們認為給予員工的股票選擇權很難評估價值，而且有點主觀。如果把員工選擇權當作是費用，我們2002年的收益會減少大概200萬美元。平均每股帳面價值會減少0.09美元。

不做財務預測

雖然我們不預測盈餘或「提供財務預測」，不過我對我們的業務前景還是有些看法。我在這方面的發言只代表我自己，不一定是董事會或整個管理團隊的意見。

2005年

〔海科在前一年沒有致股東信，因此在這一年解釋如下：〕有些人可能想知道去年為什麼沒有致股東信。因為當時正要跟散裝航運國際公司（Seabulk International, Inc）進行一筆10億美元的交易，可能會大幅改變公司的形象（更別說合併代理聲明就有幾百頁），多那一封信也說明不了什麼。

投資

海科公司現在是擁有多種設備的多角化企業，在近海船舶、海上運輸（國內油輪及船舶）、駁船、直升機和拖船等都有投資。我們也擁有蓬勃發展的環境應變服務業務。這五大事業部門（以及在年報上目前歸類在「其他」項目下的拖船）藉由加入增值服務與伺機投入資金，建構事業的廣泛基礎。他們在營運和行銷方面也發揮綜效。

　　至少在我們看來，和專注在一個市場或只投資一種船舶相比，要了解長期累積下來的價值成長，營運區域的擴大和船隊多樣化正是其中的關鍵。當然，時代會改變，我們以後可能會有不同的看法。

　　我們也認為，主動積極的投資組合管理，長期會比買進後持有擁有更高的報酬。過去一年來我們總共出售29艘船，買進9艘船。要更進一步說明我們做法的是，過去5年來，我們總共出售大約6億6500萬美元的近海船舶，而新建船隻大約增加3億2000萬美元。截至目前〔年底〕，我們已經訂購19艘船。

　　我們在2002年底開始從事航空業。2004年底〔收購經營直升機航運的時代集團〕，我們的直升機隊已經擴增為兩倍以上，共增加81架直升機，大多數用於鑽油平台人員的換班。現在我們總共有108架直升機在營運，總部設在路易斯安那州的查爾斯湖（Lake Charles），在美國墨西哥灣沿岸還有十幾個運輸基地。我們在阿拉斯加州的安克拉治（Anchorage）和四個地方也設有基地，可以飛到整個州的任何地方。

衡量指標

　　海科公司以5億2700萬美元收購散裝航運國際公司，包

括9700萬美元的現金和4億3000萬美元的股票（包括認股選擇權）。另外也一併承受散裝航運國際公司5億100萬美元的債務。整個交易價值是根據海科公司2005年3月16日宣布與散裝航運國際公司合併前一日與後一日的股價平均值。

但是我認為，根據短暫的股票收盤價來評估整筆交易的價值有點不太實際。我覺得比較好的方法是把這次的併購看作：海科公司的股東把近海船舶、直升機、駁船和環境應變業務的三成權益，用來交換散裝航運國際公司在油輪、近海船舶和拖船的七成權益。這筆交易是否明智，要看未來怎麼發展。我們認為國內油輪和拖船業務會是收益更加穩定的基礎，也是創造商機的平台。

我發現最近大家很喜歡把上市公司的單季業績放在顯微鏡下仔細觀察。我們的河運和直升機業務通常會受到冬季的天候影響。直升機費用在冬季的月分往往也會比較高，因為我們會把握機會維護設備，以便在夏季提供服務。我們環境應變服務的營收和營業利益也受到各種活動的影響。我們的海運資產要依法定期檢驗，費用可能非常高昂，而且暫停服務的時間一拖長，就會導致營收波動。因此，就算業務條件沒有改變，這些因素都會導致盈餘在會計期間出現變化。隨著公司成長和多角化經營，這些因素對業績的影響應該會降低，但還是無法完全排除。

投資

　　海科公司擁有、經營、銷售與投資機器設備，並提供機器設備的融資。我們是用投資人、經營者和商人的眼光來評估前景；我們併購的資產或發展的業務是要可以強化產品線、平衡投資組合或提供非凡價值的東西。當然，我們專做循環性資產的策略肯定並非每個投資人的「愛好」。當下最受歡迎的也許是單一產品線的生意，但是在我們看來，如果把自己局限在某一類的資產，必然會限制報酬和成長，也減少從資金中攫取的價值。謹慎追求一些多角化的事業是我們偏好的投資模式。景氣循環事業會有起伏是必然的道理。但我們的各個事業單位很可能不會在同個時間往同個方向走，雖然偶爾會發生這種情況，但大多數時候，一個產業充滿機會時，其他產業可能不太吸引人。

2007年

衡量指標

　　投資人常常問我要怎麼判斷我們的業務表現。股東權益報酬率可以反映財務和營運風險，以及我們資產的長期成長性，是最合適的衡量指標。盈餘成長雖然重要，不過報酬率更重要。只要多花點錢，就可以使產生的現金與盈餘增加，

尤其是在銀行定存利率2%、國庫券殖利率大概只有1%的時候。而股東當然希望從我們併購的資產中帶來更多現金和盈餘。但關鍵問題在於，我們併購的資產或事業能否長期保有價值，並在保守融資下產生持續的股東權益報酬率。

我們雖然認為折舊攤銷前營業利益（operating income before depreciation and amortization, OIBDA）在一般公認會計原則下比稅前息前折舊攤銷前獲利（EBITDA）更能反映真實的結果，但我們還有許多業務並未涵蓋其中，例如股票收益，在財報上通常列為「非經常專案」（below the line）。但是「非經常專案」的盈餘也是真正的錢（只有「非經常專案」的虧損會不公平的列為虧損）。股本收益是扣除折舊與攤銷的稅後淨利，無法完全反映我們在合資企業按股權比例計算的OIBDA數字。

長期觀點

我們的目標是在維持保守資產負債表的條件下，讓長期報酬可以達到優質中期免稅債券（10年期）收益的2至3倍。在我們的事業中，如果要持續創造比目前利率高幾倍的報酬，就很難不去承擔顯著和潛在的財務槓桿風險。我們過去會在適當的狀況下採用槓桿（也就是「保證金交易」），未來也會這麼做，但只保留給併購價格很有吸引力的資產。

我們這套策略在「日子好過」的時候不會比別人差，但在大環境不好的時候也會有出色的表現。

投資

我們認為，擁有多個事業體，可以為資本投資提供更多選擇機會，長期下來會提高報酬率。多條事業線會提供運用資金的好機會，雖然這點並不是完全肯定。我知道有些投資人可能不喜歡公司的事業經營太過龐雜，但是這種多角化的理念正是我們公司業務的核心策略。

衡量指標

我們的事業全都沒有太複雜。我認為其實相當透明（尤其是跟金融服務業相比）。我也知道我們的多角化比簡單說個「故事」更需要努力和耐心。我也了解我們這種企業策略比較不容易做年度或單季的比較，也不容易創造「模式」。比方說，把資產轉移到合資企業會減少營業利益，但會增加股權收益。

售後回租設備會影響營業毛利和OIBDA。而人員調動或乾船塢等例行工作則是列為實報實銷的費用，所以不同期間可能會有明顯的波動，特別要考慮暫停營運的時候。有些

重大工程，例如深海區域鑽油平台的移動，或是在呼救時提供緊急救援等等，也都可能導致收益波動。我個人雖然不認為單季獲利的變化能夠顯示出我們事業的價值，但股市本質上就是短期導向。

不做財務預測

我們的一貫作風是不刻意修飾財報數字，而且不預測盈餘數字。我希望我們只是強調哪些變數可能會影響結果，並清楚說明我們的業務狀況。不過要在提供足夠資訊來教育股東，以及對營運機密必須保持緘默之間，很難取得平衡。

投資

我們有很多事業都是針對能源與農業相關資產和商業活動進行營運、投資和融資，主要集中在運輸、物流和基礎設施上。而且我們相信，這些商業活動還有許多分支也能提供很好的投資機會。正是這種想法，讓我們在很多年前投入環境應變業務。

海科公司的所有高階主管都敏銳察覺到公司有很多流動資金，資產負債表也非常穩健（不過到目前為止，債信評等機構給我們的投資評等還沒有達到我認為應該得到的水

準）。我們有很多現金，也有能力去投資。顯然未來的報酬（和成功）都要仰賴明智的運用這些流動資金。我們會不斷檢視各種選項。

創立SCF公司（海科1990年代併購的駁船船隊即掛名在這家公司底下，而且有很多年是其核心業務）的其中一個股東曾經對年輕的合夥人說，我們原來的計畫就是要買駁船，但公司要是去買IBM股票其實會更好，即使買股票不是SCF公司的「使命宣言」。他是對的，那時投資IBM比投資駁船好。但是後來IBM股價急劇下跌，駁船價格則是節節高升。

但各位請放心，只有在我們認為長期報酬比其他可投資標的更有競爭力、而且衡量過風險，我們才會把資金投入駁船、大船、直升機或小船上。（很難不注意到殖利率比政府公債高出20％或30％的優質免稅債券。）我可以向各位保證，我們絕對不會因為稅率優惠就買進設備。

2008年

投資

海科不只是船舶公司，也是能源服務公司。我們的資產基礎多元，而且我們的視野比單純擁有及經營設備更加寬闊。我們幫大家保管資金，而且我們的使命是運用專業知識和技術來賺錢。要是經過風險調整後發現最有吸引力的獲利

機會是資產替代品，例如債權工具或股票，我們就會進行那樣的投資。我們的主要業務雖然一直是投資實質資產與經營企業，但我們在很多情況下也會購買設備、仲介設備的租賃服務和持有股票部位。

看到資本市場的暴漲和破滅，真是一場金融版的「震攝行動」（shock and awe）。在冷戰衝突最緊張的時候，普林斯頓大學有位教授〔赫曼・康恩（Herman Kahn）〕在一本書中探討該如何面對美國與俄國在核武協議上達成難以想像的結果〔《思考不可思議的事》（*Thinking About the Unthinkable*）〕。幸運的是，這本書最終主要成為研究生和幾個早熟大學生的動腦練習。期盼當前經濟形勢可能產生的一連串慘烈後果，後來都證明同樣只是動腦練習而已。

但是為什麼這個循環跟之前所有的循環不一樣？在以前的循環中，信貸成本雖然會增加，擁有穩健資產負債表且經營良好的企業還是可以得到融資，而且相對於資金的批發價格來看，利差也相當合理。但是在這個循環中，不確定會有合理價格的融資機會。所以現在不管企業的財務狀況多穩健，流動性和資金成本都成為頭等大事。

海科公司多年來一直在累積資金，以便在物美價廉的機會出現時做好準備。我相信我們已經看到曙光，但是腦海浮現起「小心許願，才能如願以償」的格言。在「我們的領域」中不乏誘人的投資機會，包括能源服務資產、物流用的

設備與房地產、航空資產和服務，還有支持大宗商品儲存、加工及運輸的資產。船舶、鐵路車輛和很多類型的資產價格最近都開始下跌（有些甚至是暴跌）。金融資產、債權工具和股票價格所反映出的價值都比從擁有者那裡買進的價格便宜，就算是從陷入困境的擁有者買進也一樣，至少在那時是如此。事實上，資本市場正在使下跌的資產價值已經進一步壓低價格。

但不幸的是，現在這個時刻，信用緊縮很嚴重，所以我更關注口袋裡還有多少錢，而不是把錢花掉。我的首要任務是確保海科公司即使碰上「不可思議的大事」也能存活下來。在運用資金之前，我要先知道補充資金的成本有多高。挑戰在於確保以合理的成本取得長期資本。以目前來說，信用評等跟海科公司同級的企業，在資本市場上舉債7至10年的貸款需要支付9％、甚至更高的利息。但短期銀行存款幾乎收不到任何利息。我可不想承受700、800個基點的利差壓力，為了讓資金調度更靈活的負擔實在是太大了！

我們正在努力擴大銀行的信用額度。當我們發現有前景的專案或投資標的時，我們也會積極尋找共同投資人加入。我們的目標是藉由分享我們的專業知識來擴展自己的資本。

我們的股價比帳面價值低很多，所以這也是我們衡量其他投資的參考基準。不用說，運用現金或發行股票都要克服很大的障礙。不過我也學到：「別說不可能！」我們找到機

會就會出手，不會空口說白話。現在這個世界也許還是有值得運用我們股票的好交易，或是跟買回庫藏股相比，值得我們運用現金去買下來的資產。

投資

海科公司是資金的管理者，也是投資人，不只是經營一些設備而已。在投資界追蹤我們公司的分析師通常會把它歸類為「船舶」業者，或者更廣泛的說是能源服務公司。在目前的經濟形勢下，我們所有的事業也許都會有虧損，但我認為值得注意的是，決定美國沿海石油產品運輸，以及內陸商品水運、特別是買賣糖、酒精和稻米等農業品等近海支援船舶業的獲利因素非常不同。在這種經濟困難時期，混合這些事業的公司可能比「把所有雞蛋都放在同一個籃子」的公司更穩定。我們也會看到，這種多角化經營可以增強資金的運用，而且在當前環境重演通貨膨脹、美元疲軟和利率上漲的情況時得到保護。

不做財務預測

對首次閱讀海科公司年報的投資人，我要重申我們資訊揭露的理念和採用一般公認會計原則的方法。在變成熱門股

以前，我們很早就避免提供「財務預測」。不過油輪或近海船舶的修理與停靠、深海鑽油平台的集結活動，或者對於漏油或颶風災難的應變救援，都可能造成不同期間的收益出現大幅波動。就算不是上述的狀況，我也不會試圖去預測盈餘數字。

資本

海科公司的每個人都意識到穩健的資產負債表所帶來的潛力與責任。一方面，這樣的資產負債表需要維護，另一方面也是機會的來源。未來幾個月的資金成本和資金取得就會變得更加清晰。這些都是非常重要的數據。資金跟資產一樣，都需要謹慎部署，以「重置成本」來訂價。

我知道當前全球經濟形勢對股東的壓力很大。不管在業內，還是在業外，很少有人對未來會往哪個方向發展有清晰的了解或信心。不管如何，都需要一些可行的假設，即使以後有必要修正。我們設法提高長期帳面價值，而不是每年的盈餘。我們的目標是讓長期平均報酬率達到中期優質免稅債券殖利率的2到3倍，同時維持有限的槓桿操作，並保持債務期限的平衡。如果這看起來是適當的目標，那麼從1992年以來每股帳面價值複合成長率16％就是這樣的成果。

我在航運、能源與相關事業已經工作37年，這也不是我第一次碰上極端波動和不確定。過去40年來，匯率、股

價、油價、運價和利率好幾次出現劇烈的來回震盪。

多年後我發現，重新閱讀貨幣與金融週期的經濟史文章大有幫助。高伯瑞教授（John Kenneth Galbraith）在《金錢：從何而來、去向何處》（*Money: Whence It Came, Where It Went*）中評論在1960年代後期爆發、並在1970年代中期達到巔峰的通貨膨脹流行情況說道：「最終的前景……深深根植於（經濟）歷史。沒有什麼東西……會永遠持續。通貨膨脹的確是如此（而且）……經濟衰退〔1930年代大蕭條以來的客氣用語〕也是如此。每個都擾動情緒，〔並〕產生最後會結束一切的行動，而且最終會如此。」就讓我們期望現在就進入快轉模式吧！

2009年

我們幾個事業體的報酬常常「起伏不定」，很難保持一致。

衡量指標

我以前比較喜歡用折舊攤銷前營業利益作為我們事業現金表現的代表變數。不過經過反思之後，我認為稅前折舊攤銷前盈餘要扣掉已用現金支付的稅款淨額，才會更能反映

出我們事業的現金表現（我不會把這種算法變成縮寫字，
EBTDAMNCTP比較適合用在手機密碼或軍事代碼）。這種
算法考慮到稅後的現金淨額，也考慮到從利息、投資、衍生
性金融商品活動與合資企業導致的非經常性項目損益。合資
企業的盈餘是我們事業單位的核心。

會計處理

現金表現和獲利不盡相同。假設有兩家紐約的計程車公
司，兩家都有特許營業執照，各有20輛計程車。每張特許營
業執照的成本是5萬美元，兩家公司都付出相同的錢。但一
家公司的計程車在2010年買進，另一家公司則是在2005年
購買。兩家公司的稅前折舊攤銷前盈餘都是30萬美元。車子
比較舊的公司稅前獲利是22萬8000美元，另一家公司的稅
前獲利則是21萬美元，而且以每輛4萬5000美元的價格買進
新計程車。請問哪家公司比較值錢？請容我改寫1992年總統
大選的口號：「笨蛋！重點在資產！」

接班

投資人常常問我「接班」的問題。但是因為現在大家
都說65歲其實只是過去的50歲（至少我們這一輩都這麼認

為），所以我也不太去想這個問題。我還不打算退休，至少
身體還很健康。不過就算我退休，大家的資金還是會交給優
秀的管理者。海科公司所有高階主管和經理人對資本報酬率
和風險都很敏感，而且擅長管理工作。我們的營業單位負責
人和財務、業務開發團隊密切合作。這個管理團隊集結充滿
活力、年輕（以我的標準來看），而且都是像股東一樣思考
的成熟、經驗豐富的企業家。海科有好幾個董事對我們事業
單位的一個或多個不同領域都有「實務經驗」，包括大宗商
品、物流、航運、近海船舶、鑽油平台、直升機和駁船等業
務。一旦出現緊急狀況都會很快介入處理。

2010年

　　2010年的決定性事件就是油井爆炸導致人員死亡與環境
災難的不幸悲劇。從災難或另一家公司的不幸中賺錢，心裡
實在是五味雜陳。不過我們的環境應變團隊就是針對漏油和
緊急狀況提供服務，就是保留給像馬康多油井（Macondo）
出現的情況。[20]

　　我們的環境應變部門今年獲利2億4220萬美元。墨西
哥灣的〔馬康多油井〕漏油當然是個過失事件，不過幸運
的是，這種性質的事件一個世代大概只會發生一次。埃克森
石油公司（Exxon）的瓦迪茲號油輪（Valdez）漏油發生在

1989年。

可以理解投資人對環境應變業務的未來前景感到好奇。有些諷刺的是，在馬康多油井出事以前，我們考慮過各種讓這項事業成長、而且不那麼依賴意外事件來創造盈餘和獲利來源的選項。但在馬康多事件之後，我們又再次評估那些策略選擇。

資本配置

我們的任務是取得或創造出能夠長期維持價值，而且能在通貨膨脹下增加盈餘的資產。在這個過程中我們必須做出選擇，資產的價格不會只因為重製成本隨通膨上漲就保證會水漲船高。如果你需要這種說法的證據，只要追蹤1973年到1986年的船舶價格就會了解。

要是我們真的找到好機會，我們期望與外部資金建立合夥關係來募資去投資這些資產。這種方式有兩個好處：（1）節稅效率比較高，而且所得會直接流向投資人；（2）可以利用海科公司的資本。未來我們也計畫使用比過去更多的貸款。我們還是想維持保守，但是在目前全球的政策下，不多借點錢就太不負責任了。

評估公司結構和財務選擇等策略替代方案，是海科公司正在進行的工作，我們認為這也是良好管理的例行任務。

我們決定配發特別股息，顯然不只是讓大多數投資人感到驚訝，有些人甚至覺得很擔憂。雖然我們還有一些賺錢的構想，不過董事會和我都覺得保持流動資產超過10億美元實在沒必要。

要是我們的構想都用光了，或者預見適合海科投資條件的機會可能長期枯竭，我個人覺得，我可能會要求董事會思考再發放一次特別股息。我並不認為「當音樂響起，你就要跟著起舞」的看法，我和其他經理人或董事會可都不是「派對動物」。

2011年

信用等級

2011年除了創造的盈餘很少之外，讓人失望的還有標準普爾公司把海科公司的優質債券評等從BBB⁻降級為BB⁺。惠譽（Fitch）給予的投資評等還是一樣，但可悲的現實是，大多數債券基金還是依賴穆迪（Moody's）和標準普爾給予的評等做決策，儘管他們有糟糕的紀錄。評等降級會使海科公司在發行10年期債券時多付出50到75個基點的利息。

過去10年來，海科公司購買設備、併購新事業和買回庫藏股大部分都是靠資產出售的收益和折舊攤銷前的營業所得所帶來的現金（不包括設備銷售收益）。不過在那幾年

裡，大部分時間海科公司也維持著跟債務相當的現金和證券資產。到今年年底，我們的財產、廠房和設備淨額，加上我們的現金和等同現金的資產，大概維持在債務總額的3倍。（過去這幾年一直都是這樣。）

自從標準普爾和穆迪在1996年至1997年給予債信投資評等以來，海科的業務變得更為多元。因為有油輪的長期租賃和加勒比海區域的駁船和拖船業務，我們未來的營收更為「透明」。我們的近海船隊也更加多元，而且也都擁有最新的現代化設備。我們航空資產服務在石油和天然氣產業內外都有需求。我們的內陸乾貨設備與農業活動有關，而不是與能源業有關。船舶停靠服務是相對穩定的業務。緊急救援和危機處理服務跟經濟周期無關。我們還是有很多信用管道來維持流動性很高的資產負債表。

上述因素應該是我們的實力來源，債主應該可以安心。我個人認為，我們的業務和資產，再加上我們的流動性，比很多債信評等更高的公司（例如一些擁有鑽油平台的企業）風險低很多，我們的評等降級讓人沮喪（而且很傷腦筋），要是山姆大叔印的鈔票都不能獲得AAA評等，我還有什麼辦法？

子公司股票上市

2011年8月1日海科公司發布新聞稿,宣布時代集團打算首度公開上市。之後時代集團向證券交易委員會提交修訂的申請上市登記報告(registration statement)。可以想見投資人會問海科公司為什麼想讓時代集團成為股票上市公司。

這有幾個原因。第一,石油公司的空運部門與航運部門的關係不像大家以為的那麼密切。第二,時代集團的直升機雖然大多數是在近海油井和天然氣市場工作,但這些直升機還會支援法令執行,以及許多公共和產業服務,例如伐木、搜救、醫療轉運和輸油管與傳輸線路探勘服務。第三,我們認為直升機這種資產的融資方式應該跟航運資產不一樣。更進一步的考量是,我們認為航空公司股票帶來的「貨幣」,對規模較小的地區性營運商參與全球業務可能比較有利。這一行裡真正的跨國公司只有兩家。

資本配置

投資人除了試圖誘使我們預測每天的費率,或是盤問大宗商品業務,最常問我們都在拓展什麼業務。我想再次強調:海科公司抱持的心態是資本管理者。我們主要專注在資本報酬率、考量風險,以及從長期觀點來思考。

我們期望資產和企業的獲利能力都可以超越通貨膨脹，或是至少可以跟上通貨膨脹，並克服我所說的「通膨矛盾」，這是說在貨幣貶值、物價上漲的同時，央行為了打壓通膨而調升利率，結果資產價值因此承受壓力而下跌。因為我們專注在報酬率和維持價值，所以我們並不會為了下一季或明年的盈餘「成長」去投資。

我們不會把今天的邊際資金成本（marginal cost of capital, ROCE）當作是投資的判斷標準。我更重視的是明天的資金成本，因為它和未來的獲利能力才會決定今天買進設備的剩餘價值。我們追求的也不是盈餘增加。之前的股東信提過，在現金賺不到什麼錢的時候，很容易花錢「買進」盈餘，而新設備的融資成本並不會比設備折舊前創造的邊際收益高。今天的現金可能賺不了多少報酬，但我們還是給予尊重。

我們只投資像股東和企業家一樣思考、對自家事業事必躬親，而且了解「具體細節」的經理人。多年來有許多資深經理人透過特別股和選擇權拿到公司股票，相對於他們擁有的資源，這些資產代表著不同意義的利益。

要經營仰賴資產（可以想成庫存）的服務業，必要的一個關鍵就是資產組合一定要定期升級。為了這個目的，我們建造或買進資產，但我們不只是把這些資產納入投資組合，等待資產完全貶值。我們會出售資產來維持資本紀律。這樣的銷售（調整我們的「庫存」）是我們營運上的例行作業。

從過去紀錄來看，我們銷售資產可以創造收益，雖然多年來在特定資產上偶爾會出現虧損，或者更罕見的情況是提列資產減損。我強烈反對有些人把這樣的收益視為「特例」，它們對營業利益的貢獻並非次要。在創造股東權益報酬率上，資產銷售賺到的每一塊錢，都跟定期租用或定時租用船舶賺來的錢一樣是真金白銀：一樣都可以用來再投資、買回庫藏股或配發股息。

我們很願意去實驗，而且我們會把握機會。比方說，大概是7年前，我們雇用一位租賃專家。雖然我們進行的交易非常少，很少交易可以滿足我們的標準，但我們每年總會發現一、兩個機會，可以提高原本微薄的現金盈餘。我們現在也出租飛機、醫療系統儲存的氧氣瓶、提供「政府特殊任務」使用的飛機，以及商用噴射機的零件拆解。

我們願意跟合夥人創立合資企業。這往往會讓我們很難跟同業比較，尤其是要計算「稅前息前折舊攤銷前獲利。

我們雖然準備好瞄準大型獵物，但不會故意去獵捕大象。海科公司不大，所以就算勝算很高，也只會挑選比較小的投資。過去12個月以來，我們陸續併購路易克拉克航運（Lewis & Clark Marine, Inc.）、G&G船運（G&G Shipping）、超級能源公司（Superior Energy）的救生船和威凱特航運控股公司（Windcat Workboats Holdings Ltd）。我們增加穀倉產業的股權，也參與建造聖路易的新穀倉。我們在五大湖區增加

一艘礦砂船，也為近海、內陸、航空和拖船隊選擇性的添購許多新設備。

不過這些都不算什麼「脫胎換骨」的變化，沒有能見度，或是成為頭條新聞。但是整體來說，效果會加乘，我們相信它們是優秀的長期投資標的。最後要說的是，我們也買進不少自家股票。（每次我們減少在外流通股數，海科公司的股東就會在公司多角化的資產中占有更大的份額。）

2012年

自去年公布股東信以來，最特別的幾個事件是出售國家應變公司（National Response Corporation）和幾家附屬企業；出售海科能源公司（SEACOR Energy Inc.）；幫助子公司歐布萊恩應變公司（O'Brien's Response Management Inc.；ORM）合資創辦威特歐布萊恩公司（Witt O'Brien's）；預定在2013年1月31日將我們的航空事業時代集團以免稅的方式分拆給股東；配發每股5美元的特別現金股息；而且發行3億5000萬美元的可轉換公司債。如果這樣可以領取奧斯卡金像獎的話，我要對所有演員和劇組表示感謝。謝謝大家熬夜努力！

海科公司的投資組合現在主要是各種航運服務和運輸事業、大宗散貨轉運處理裝卸中心、船隊碼頭、穀倉、小型油

庫和接收的油罐場。這些設施大部分都在聖路易附近。海科公司的改頭換面，對股東帶來的明顯好處就是提供一封更簡短的股東信，明年我會試著減少注解說明。

2013年

衡量指標

過去幾年的股東信都會試著為各個事業單位的業績提供背景脈絡，並提供折舊前營業收益占設備原始成本的比例，以及部門獲利占部門資產的比例。今年的股東信納入不同的「指標」：OBIDA占我們擁有的設備保險價值比例。我認為，相較於OIBDA占原始成本或帳面價值（考量我們今天船隊的年齡）的比例，OIBDA占資產保險價值的比例可以提供較為有用的見解。當然，跟大多數分析工具一樣，OIBDA占保險價值的比例也有它的限制，要判斷資金配置和營運評估的效率還有其他替代辦法。我們管理團隊會檢查航運資產投資的內部資本報酬率，但這樣的計算需要很多主觀判斷。OIBDA占重置成本的比例也是另一種判斷營運結果的有趣方式。

政治因素

　　對於非美國航運業「行家」的讀者，在此先做個大概的說明。在美國從一個港口運送貨物到另一個港口所要求使用的船舶與經營時要遵守的法規，通常稱為「瓊斯法」（Jones Act）。參與近沿海運輸的船舶，除了少數例外，都必須是在美國的造船廠建造，而且造船廠的所有權至少有75％是由美國公民持有。擁有這艘船和船員的船公司，執行長也必須由美國公民擔任。

　　多年來，沿海航運主要是運送石油產品，尤其是從美國墨西哥灣煉油廠運送汽油、柴油和噴射燃料到佛羅里達州和大西洋沿岸南部各州，以及從加州的煉油廠運到阿拉斯加、華盛頓和奧勒岡等州。重要的路線還包括：從阿拉斯加運送原油到西岸煉油廠，以及用貨櫃和一般貨運從本土48州運送到阿拉斯加、夏威夷和波多黎各等地。至於沿海運輸的化學品和少量煤炭與肥料貨運就沒那麼重要。

　　很多年前有位投資人問我：「有什麼事情會讓你胃痛嗎？」通常都只是因為暴飲暴食。不過我每天睡覺前覺得最煩躁的就是「瓊斯法」和國產原油出口帶來的政治「噪音」！

　　政治上對「瓊斯法」的利弊爭論已經持續至少40年。批評的人說它是保護主義法規限制。擁護者當然指出「瓊斯法」帶來很多建造船舶和造船廠的工作，並且引述它對國內航運

業的戰略價值。現在如果要廢止，就需要國會另立新法案。

所以我想「瓊斯法」不太可能會消失。要是沒有保護現有投資就貿然取消，那會是美國籍貨輪的核子冬天，而且會造成很多工作流失。另一個對沿海航運美好前景投下政治陰影的是允許國產原油出口外銷的威脅。除了少數例外，美國生產的原油是禁止出口外銷的。

長期觀點

在流動性充斥的世界，找到吸引人的投資標的實在很不容易。2013年是美國聯準會連續第5年實施「量化寬鬆」，在短期利率微薄的環境下，幾乎任何資產的投資報酬都會比現金還好。買下任何船舶，不管是新船、舊船，或併購取得的船舶，都能「增加」海科公司的盈餘。但我們不是為了當前的「現金流量」或盈餘在投資。除非我們嚴守投資紀律，不然為了增加幾季的現金流量而貿然投入資本，很容易在未來幾年就因為資產減損而虧光。我們每天都在評估各種機會，但只有我們認為會帶來長期價值的機會，我們才會採取行動。

2014年

資本配置

我們各個事業單位帶來一次性的報酬。一直到最近景氣低迷之前，要找到好機會簡直像是大海撈針。碰上低迷還叫好是不太正常，但這樣子生活才會變得更有趣。我們在找尋部署資金的地方，但很遺憾的要向各位股東報告，我們認為最吸引人的投資就是自家股票。不過我們如果只曉得建造新船、購買二手設備或併購其他事業，卻忽略買回自家股票可以更有效率的利用資本，至少可以產生同等收益，我們就太失職了。

2015年

資本配置

過去幾個月來，財經媒體有不少文章討論買回庫藏股的利弊，不過它們是否會讓股東價值增加，還是減少，最好還是要逐一判斷。很少有規則可以一體適用。我們對買回庫藏股的標準是根據我們認定的資產價值。我們沒有預設什麼買回庫藏股的「計畫」。我們也不會買回庫藏股來增加「每股盈餘」。在考慮買回庫藏股的決定時，考量我有能力預測油價會下跌與近海船運供給過剩，我應該會更了解股價會往哪

個方向走才是。

　　不過2015年，我們以7530萬美元買回120萬股庫藏股，平均每股62.56美元，比年終帳面價值低15.5％，跟今天的股價54.61美元相比可是貴了12.7％。有個朋友問我，以明顯比目前股價還高的價格買進庫藏股的感覺如何？簡單一句話：感覺很糟！不過2014年以更高價買回股票讓我感覺更糟！我以後絕對不會去做交易員！但是當時的股價已經比資產淨值低很多，沒想到現在跌得更多。不過我們以前用現金買進來的便宜資產，現在的價格可是非常不錯。

長期觀點

　　去年美國有位大人物過世，那是尤吉‧貝拉（Yogi Berra）。我在股東信中多處引用他的一些名言妙語向他致敬，最後就用他最常被引用的一句話作結：「比賽還沒結束，就不是定局！」海科公司在2015年度過糟糕的一年，而且到今天來看2016年好像也沒有很好，不過我們還是拎著強棒（穩定的資產負債表）走向本壘板，等待一個「超級好球」。為了保護資產負債表，必要時，我們也會隨時退出打擊區。

2017年

科技發展

　　大約18年前，有個股東問我說什麼事會「讓我晚上睡不著」？現在我們這種七十幾歲的老人除了半夜去廚房找吃的東西的和上廁所之外，我其實對一些新科技還頗為著迷。（雖然我確實對年報裡風險因素項目上列出的「恐怖遊行」* 感到一定程度的憂慮，而且很多都是大多數企業也要面對的「已知的未知事件」）。

　　科技發展和伴隨而來的變化與破壞，很可能是機會和威脅的來源。對我們航運服務集團的油輪生意來說，燃油車的未來顯然就是個議題。但另一方面也很容易就會想到，有些新科技也能在航運上運用，也許最後就能發展出自動導航駕駛的方法（像自動駕駛汽車）。我其實蠻贊成比爾・蓋茲的觀察：「我們總會高估未來2年發生的變化，卻低估未來10年的發展。」這句話對我們思考事業真是至理名言！

長期觀點

　　2017年12月是海科公司股票上市25週年。總結這段期

---

*　編注：指一系列可能造成可怕後果的事件。

間，以股息再投資的方法計算，我們的股票給全體股東的總報酬率高達1124.8％，即每年10.5％的複合成長率，每股帳面價值的年複合報酬率也有11.0％。我們的目標是增加盈餘來提升每股帳面價值，包括對公司事業體進行組織上的強化，並且明智的配置資金。我們幾乎無法控制股價，只希望它們會跟著公司業績走。

* * *

買回庫藏股

以下收錄海科公司股東信中談到買回庫藏股的段落。

- **2008年（期中報告）**：我們以9730萬美元買回116萬6000股，平均每股83.43美元。考慮到市場目前的折扣價後，如果我們覺得股價低於資產價值，我們就會買回股票，不過後來10月股市大跌，也許先等等再買回庫藏股會更好。

- **2008年（年終報告）**：我們這一年總共買回282萬4717股。現在看來，這2億4010萬美元花得並不是很高明（幸運的是，報升規則〔uptick rule〕*和交易

---

* 編注：指放空的價格必須高於目前的成交價。

量限制都發揮緩衝效果）。儘管我們認為我們買到價值，但在股價暴跌下買回庫藏股當然時機更好。

- **2009年：**我們在2009年以4590萬美元買回庫藏股60萬6576股。截至2009年12月31日，海科公司的在外流通普通股總共有2261萬2826股，完全稀釋後的在外流通股數為2250萬4441股（基數為2227萬4820股，外加增發22萬9621股）。

- **2014年。**過去一年來，海科公司以每股77.16美元的平均價格買回250萬股，占在外流通股數12.4％。我們年底的帳面價值是77.15美元。當時要是拿去擴編船隊或進行併購，當然都比買回自家股票有益，不過這有時候也是購買價格合理設備的權宜之計。幾年前就有個近海航運的同業開玩笑說，買這種股票實在很無聊。

* * *

年度	股東權益報酬率	總負債資本比	淨負債資本比	每股帳面價值	股價	最高股價	最低股價	每股帳面價值（計入股息）	股價（計入股息）	標準普爾500指數（計入股息）
								年度變化率		
1992				$7.84	$9.50	$9.67	$9.50			
1993	11.0%	51.6%	31.9%	8.72	15.33	18.50	8.67	11.2%	61.4%	10.1%
1994	10.4%	47.3%	22.4%	9.81	13.00	15.83	11.83	12.5%	(15.2)%	1.3%
1995	11.9%	40.9%	31.6%	12.27	18.00	18.17	12.08	25.1%	38.5%	37.5%
1996	21.8%	38.5%	12.4%	16.92	42.00	43.50	17.58	37.9%	133.3%	22.9%
1997	33.9%	41.5%	(2.6)%	22.74	40.17	47.25	26.67	34.4%	(4.4)%	33.3%
1998	26.6%	45.2%	3.4%	28.55	32.96	41.29	21.50	25.5%	(17.9)%	28.5%
1999	5.7%	46.2%	19.2%	29.97	34.50	37.71	26.25	5.0%	4.7%	21.0%
2000	6.7%	40.7%	3.6%	32.28	52.63	44.71	37.75	7.7%	52.5%	(9.1)%
2001	12.8%	28.0%	3.1%	37.03	46.40	54.00	35.10	14.7%	(11.8)%	(11.9)%
2002	6.3%	33.3%	(10.2)%	40.41	44.50	50.80	37.11	9.1%	(4.1)%	(22.1)%
2003	1.5%	30.1%	(9.6)%	41.46	42.03	44.20	33.95	2.6%	(5.6)%	28.7%
2004	2.6%	39.4%	3.4%	45.20	53.40	55.75	37.35	9.0%	27.1%	10.9%
2005	20.1%	40.3%	11.4%	56.04	68.10	73.90	52.90	24.0%	27.5%	4.9%
2006	16.5%	37.0%	0.3%	64.52	99.14	101.48	68.11	15.1%	45.6%	15.8%
2007	15.0%	35.7%	(3.4)%	72.73	92.74	102.81	81.60	12.7%	(6.5)%	5.6%
2008	13.3%	36.4%	10.9%	81.44	66.65	97.35	53.40	12.0%	(28.1)%	(37.0)%
2009	8.8%	28.7%	(2.4)%	86.56	76.25	91.09	53.72	6.3%	14.4%	26.4%

年度	股東權益報酬率	總負債資本比	淨負債資本比	每股帳面價值	股價	最高股價	最低股價	每股帳面價值（計入股息）	股價（計入股息）	標準普爾 500 指數（計入股息）
年度變化率										
2010	12.5%	28.6%	(5.4)%	83.52	101.09	114.80	67.59	13.8%	52.5%	15.1%
2011	2.3%	36.6%	7.9%	85.49	88.96	112.43	78.31	2.0%	(12.0)%	2.1%
2012	3.4%	35.5%	16.8%	86.17	83.80	99.31	82.11	5.7%	(0.1)%	16.0%
2013	2.2%	38.2%	2.3%	68.73	91.20	98.45	68.17	3.2%	40.3%	32.4%
2014	7.1%	36.8%	4.0%	77.15	73.81	90.05	68.56	7.7%	(19.1)%	13.5%
2015	(4.9)%	43.5%	6.0%	74.08	52.56	77.65	50.40	(2.6)%	(28.8)%	1.4%
2016	(17.0)%	46.3%	16.1%	60.97	71.28	72.97	42.35	(11.4)%	35.6%	11.8%
2017	5.8%	43.5%	18.2%	34.77	46.22	75.47	32.06	5.1%	3.8%	21.9%
2018	9.3%	29.3%	14.3%	38.41	37.00	58.75	35.07	3.4%	(19.9)%	(4.4)%
總報酬率（1992–2018）								1,412.4%	880.5%	863.7%
年複合報酬率（1992–2018）								10.7%	9.2%	9.1%

9
布雷特・羅伯茲
信貸承兌公司致股東信

信貸承兌公司是對次級貸款人發放車貸。這個生意
可能有點難做，但商業模式很簡單。因此公司每年
給股東的訊息從2002年以來都是由布雷特・羅伯
茲以清楚而一致的用語撰寫。不過2009年之後，
羅伯茲在每封信中都會附上下面這段話，簡單概述
公司歷史：

> 信貸承兌公司是由現任董事長兼大股東
> 唐・福斯（Don Foss）在1972年設立。
> 唐在職業生涯早期就學到，許多人因為信
> 用狀況不佳，需要開車又買不起車子。更
> 重要的是，他知道在這種情況下的大多數
> 人都被傳統貸款業者誤判，這些貸款業者
> 認為申請人過往的信用紀錄不佳，因此不

> 配再次獲得借貸機會。於是唐創辦信貸承
> 兌公司，讓這些客戶可以買車，並建立或
> 重新建立良好的信用紀錄，進而使他們的
> 財務生活朝向正面的方向發展。

羅伯茲的表現讓人印象深刻：一般公認會計原則下的每股淨利以26.3％的年複合成長率增加。

從某些方面來說，採用一種精煉的方式來呈現信貸承兌公司的股東信可能最容易，這些信的內容每年幾乎都一樣。其中以2017年的股東信最重要，內文大概是1萬2000字，還附上十幾個表格數據，大部分的資料都會遠溯到2001年。但這一封信跟2007年的股東信相比其實也沒有相差多少。

除了增加每年的財報數字以外，主要區別在於10年來每隔幾年會新增加一些小章節，以及每年會反覆出現的幾個主題，特別是關於資本報酬率和資本配置方面（以「經濟利潤」和「股東配息」為標題）。

除了略作修改之外，每年的內容和順序基本上都一樣。開頭都是重點提要當年度的財務表現，接著進入背景介紹和公司歷史、景氣週期對公司的影響、調整後的財務數字、經濟利潤、貸款組合績效及特

殊融資計畫、股東配息、重要成功因素（原本只提8點，後來10年又增加1點），以及最後的注解。

信中談論的主題一向穩定且延續，甚至相當簡單。從以下這段2017年股東信重要成功因素的開頭幾乎完全一樣就顯得很清楚。從2007年到2017年的唯一變化是累積的時間不同（之前是35年，後來是45年），以及改變多少人的生活（原本是數千人，現在是數百萬人）：

> 我們的核心產品45年來基本上都一樣沒變。我們向消費者提供汽車貸款，不管他們過去的信用紀錄。我們的客戶包括一些被其他放款機構拒之門外的人。傳統放款機構有許多理由會拒絕提供貸款。但我們一向認為，要是給他們機會來建立或重新建立良好的信用紀錄，很多人會善用這個機會。秉持著這個理念，我們已經改變幾百萬人的生活。

一致而簡要的風格很容易讓人理解，也容易讓人信任。透過機械式的複誦業務的固定特徵，以及記錄個別年度的背景，這封信以冷靜的筆法解釋業務狀

況，為持續穩定的經營提供了保證。因此以下大部
分都是2017年的股東信。

2017年

資本配置

1999年出現重要的里程碑，湯姆・崔福樂斯（Tom
Tryforos）加入我們的董事會。我跟湯姆的關係可以追溯到
1990年代初期。湯姆在信貸承兌公司上市後不久就投資我
們，並且在我們經營的市場競爭變得激烈後又精明的賣掉這
筆投資，他能夠在很好的獲利下出場。我那段期間在投資人
關係上花了不少時間，雖然談不上經驗老到，但我很敏銳的
發現湯姆跟我碰到的其他投資人很不一樣。他有一套讓人惱
火的詢問技巧，我意識到這些問題很重要，但我從沒有想過
要問自己。在他賣掉投資部位之後，我跟他有好幾年失去聯
繫，不過等我們的股價跌下來以後，他在1997年又出現了。

他決定再投資我們公司，我也開始定期和他談話。我藉
著這個機會盡可能跟著湯姆學習，而且他不只對我的職業生
涯產生重大影響，也影響公司隨後幾年的成功。1999年7月
湯姆加入董事會，公司和他正式建立關係。湯姆現在不只是
詢問正確的問題，還幫我們找出答案。他成為董事會成員的
第一個改變就是設定最低資本報酬率的要求。這項訊息很明

確：我們賺的錢如果沒有比資金成本多，就必須把錢還給股東。這項訊息引起我們注意，因為我們當時並沒有滿足他的最低要求。

在湯姆的幫助下，我們找到另一種運用資金的重要方法：我們開始買回庫藏股。從1999年8月開始買回庫藏股計畫到2000年底，我們以每股平均5.24美元買回超過380萬股。以今天的股價來看，那段期間以稍稍超過2000萬美元買回的股票，現在價值超過12億美元。那時候我們付給湯姆的董事費用一季才1500美元。

衡量指標

我們用來評估財務表現和決定薪資獎勵的財務指標稱為經濟利潤（Economic Profit）。經濟利潤和一般公認會計原則下的淨利不同之處在於（要扣掉）權益股本的成本。〔原信附表顯示2001年以來每年扣除的金額和結果。〕經濟利潤是三個變數的函數：調整後的平均投資資本額、調整後的資本報酬率和調整後的加權平均資金成本。〔原信附表顯示2001年以來這三個變數的個別數字。〕。*

---

*　原書注：〔此注釋說明股權成本的估算方法。〕我們運用同時考量企業風險與舉債風險的公式來估算股權成本。公式如下：平均股本×{（平均30年期公債利率＋5％）＋[(1－稅率)×（平均30年期公債利率＋5％－稅前平均債務成本率)×平均債務/(平均股本＋平均債務×稅率)]}。

我們在2001、2002和2003年的營收比資金成本少。雖然我們在這段期間每筆貸款的獲利能力穩步提升，但因為資金有限，我們被迫在2002年減少放款，而且我們在2003年也因為清算英國業務而提列720萬美元（稅後）資產減損費用。這些行動都對財報表現產生負面影響。

2004年到2017年，每年的經濟利潤都是正數，而且除了2006年之外，年年都在增加。2006年經濟利潤減少是因為兩個因素：十幾年前一樁訴訟案的和解金提列稅後費用700萬美元；以及2005年停業單位認列的440萬美元稅後收益。如果不是這兩筆意外項目，2006年的經濟利潤還會成長。

自2004年以來，第一年的經濟利潤就是正數，而且經濟利潤每年以21.7％的複合成長率增加。不過成長率會逐漸放緩。2004年到2011年，經濟利潤以32.6％的複合成長率成長；2011年到2017年則只有10.3％。調整後的平均資本繼續加快成長，2011年到2017年的年複合成長率是20.9％，2004年到2011年則是16.0％。此外，我們的業績也因為加權平均資金成本降低有所助益，加權平均資金成本從2011年到2017年降低120個基點。不過資本報酬率也在穩定降低，從2011年的16.8％降至去年的11.2％。2017年第四季的資本報酬率甚至降低到10.6％，這是2003年以來最低的單季水準。

我們現在的挑戰還是在面對艱難競爭環境的同時，繼續快速擴增自有資本。我們雖然成功使調整後的平均資本增

加，卻必須因此接受較低的資本報酬率。憑心而論，上述比較的起始點是 2011 年，當時我們的資本報酬率高到無法持續，就是因為有個對我們異常有利的競爭環境。現在值得注意的是，對消費金融公司來說，我們目前的稅後資本報酬率還是非常不錯。但如果我們未來要達到更高的經濟利潤水準，顯然必須找到其他方法來提升調整後的平均資本。

採用經濟利潤作為我們財務表現的主要指標，我們就不能讓資本報酬率繼續減少。隨著資本報酬率與加權平均資金成本的利差縮小，損益兩平的成長率必須要抵銷這種縮小加劇。例如 2011 年的資本報酬率和加權平均資金成本的利差是 10.4％，那麼為了達到相同的經濟利潤，這個利差如果減少 100 個基點，平均資本就必須成長 10.6％（10.4％／（10.4％－1.0％）－1）。現在同樣利差減少 100 個基點，就必須成長 20.0％才行（6.0％／（6.0％－1.0％）－1）。

股息政策與買回庫藏股

跟任何獲利事業一樣，我們會創造現金。從過去的紀錄來看，我們運用這些現金來資助組織成長、償還債務或買回庫藏股。

股價要是達到或低於我們估算的內在價值（未來現金流量的折現值），我們就會運用多餘的資金買回庫藏股。只要

股價等於或低於內在價值，出於幾個原因我們偏好買回庫藏股，而不是配發股息。第一點是，買回低於內在價值的股票會增加剩餘股票的價值。[21]

第二點，透過買回庫藏股發給股東資金，等於是讓股東選擇在不賣出任何持股下延後繳稅。股息不會像這個方法可以讓股東延後繳稅。

最後一點是，買回庫藏股可以讓股東增加股票的持有比例、獲得現金，或是根據個人狀況與對信貸承兌公司的看法同時做這兩件事。（如果賣掉股份的比重比他們從買回庫藏股增加的持股比重少的話，他們就會同時做這兩件事。）股息無法提供類似的彈性。

從1999年中期開始實施買回庫藏股計畫以來，我們已經以總計16億美元的成本買回大約3340萬股。2017年，我們又以總計1億2350萬美元的成本買回大約61萬股。

不過有時候，我們有多餘資金也不會積極買回庫藏股。這種情況可能有幾個原因。第一點是，評估資金部位牽涉到很多判斷，我們必須考量未來預期的資金需求，以及這些資金取得的可能性。簡單的說，負債權益比低於正常趨勢線以下時，並不必然就意味著我們可以做結論說我們有過多的資金。我們的首要任務一直是確保有足夠的資金來資助我們的事業，而且一直是用保守的假設來做出這樣的評估。

第二點是，我們也許有過多的資金，但結論是股價相對

於內在價格顯得太高，或者我們認為在未來某個時點可以低價買進。內在價值的評估也有高度判斷性。對於股東而言，很幸運的是，我們董事會有兩個成員，湯姆・崔福樂斯和史考特・維薩魯佐（Scott Vassalluzzo），他們在股票投資方面有長久而豐富的經驗，完全可以勝任評估我們企業價值的工作。我的成績就沒那麼厲害。不知道怎麼搞的，我老是想要等待更低的價格。但是在多年犯錯之後，我已經學會聽從湯姆和史考特對這個議題的看法。

不積極買回庫藏股的最後一個原因，也是最近幾年來最常出現的原因：我們往往會發現在股價很有吸引力時，自己有過多的資金，不過我們正好有重要訊息還沒有發布。在這段期間，我們會暫停買回庫藏股，直到資訊披露為止。

除非我們透露不同的意圖，不然各位股東可以假定我們會遵照上面提到的辦法。我們的首要任務是為企業提供資金。如果結論是有過多的資金，我們就會透過買回庫藏股把資金還給股東。不過我們一時過於消極，股東也不應該假定我們認為股價太高。

* * *

買回庫藏股

以下收錄信貸承兌公司股東信提到買回庫藏股的段落。

- **2007 年**：自從 1999 年中期開始買回庫藏股計畫以來，我們已經買回 2040 萬股，總成本 3 億 9920 萬美元。雖然 2007 年的股價很吸引人，但因為業務量快速增加，把可用資金投入核心業務才是更好的選擇，所以買回庫藏股的速度大幅減緩。雖然從 1999 年到現在買回大量股票，我們的負債權益比就產業標準來說仍然維持在非常保守的水準。我們的負債權益比到年底是 2.0：1。

- **2008 年**：我們在 2008 年沒有買回庫藏股。就像前面提到，資本市場的變化導致資金供給短缺，因此我們把所有可用資金都拿來承做新放款。不過現在平均股價已經比我們估算的內在價值低很多，事後來看很容易做出結論認為，保留一部分資金來買回庫藏股對各位股東會更有利吧。

我們雖然認為買回庫藏股有〔相當可觀的〕效益〔就像下面提到的〕，但要是在信貸危機時認定我們有過多的資金的話，運用我們的政策就會犯下大錯。我們在某個時點會再次買回庫藏股，因為我們的獲利最終還是要分配給股東。但是我們對未來資金需求的評估必定會更加謹慎。短期內，獲利會用來降低我們的未清償債務水準。

信貸承兌公司：一般公認會計原則下的財報數字
（1992 年－ 2017 年）

	一般公認會計原則下的 每股淨利（稀釋後）		一般公認會計原則下的 每股淨利年度變化率	股東權益報酬率
1992	$	0.20		24.1%
1993	$	0.29	45.0%	25.6%
1994	$	0.49	69.0%	31.5%
1995	$	0.68	38.8%	21.5%
1996	$	0.89	30.9%	18.7%
1997	$	0.03	-96.6%	0.6%
1998	$	0.53	1,666.7%	9.5%
1999	$	(0.27)	-150.9%	-3.9%
2000	$	0.51	—	9.1%
2001	$	0.57	11.8%	9.1%
2002	$	0.69	21.1%	10.1%
2003	$	0.57	-17.4%	7.5%
2004	$	1.40	145.6%	18.4%
2005	$	1.85	32.1%	21.8%
2006	$	1.66	-10.3%	20.2%
2007	$	1.76	6.0%	23.1%
2008	$	2.16	22.7%	22.2%
2009	$	4.62	113.9%	35.6%
2010	$	5.67	22.7%	34.8%
2011	$	7.07	24.7%	40.0%
2012	$	8.58	21.4%	37.8%
2013	$	10.54	22.8%	38.0%
2014	$	11.92	13.1%	37.0%
2015	$	14.28	19.8%	35.4%
2016	$	16.31	14.2%	31.1%
2017	$	24.04	47.4%	36.9%
1992－2017 年複合成長率			21.1%	

注：股東權益報酬率即一般公認會計原則下每股淨利除以該期之平均股東權益。

10
賴利・佩吉與謝爾蓋・布林
Google（Alphabet）致股東信

很少有公司可以成功到讓公司名字變成英語裡的動詞，但Google就是一家這麼不平凡的公司。這個隨處可見到數十億人用來「Google」資訊的搜尋引擎，是由賴利・佩吉和謝爾蓋・布林兩位企業家所成立。

佩吉和布林因為有很好的商業感而聞名，不過除此之外，他們兩位也很注重要怎麼跟股東溝通。尤其重要的是，他們稱讚在這點上，沒有比華倫・巴菲特更好的榜樣了。在2004年股票申請上市登記報告中，他們的首次致大眾股東文件裡就包括給股東的「股東手冊」（An Owner's Manual）。

這份文件包含以下的重要聲明：「很大程度上是受到巴菲特在年報的股東信，以及他給波克夏海瑟威

股東的『股東手冊』所得到的啟發。」（這裡說的
股東信顯然就是那本《巴菲特寫給股東的信》，這
是記錄巴菲特股東信原文的主要來源。）

以下是這份股東手冊的摘錄，強調盈餘數字的不平
穩；長期計畫的優先順序；不提供單季重點或盈餘
預測；雙層股權結構，包括創辦人以外的重要管理
權限；以及股票的上市流程是設計來讓股價合理反
映企業價值。

Google 股東手冊

Google不是傳統的公司，一般上市公司的標準結構可能
會損害獨立性及注重客觀，這是Google過去會成功最重要的
兩項特質，而且我們認為這對公司的未來也最為重要。所以
我們制訂一套公司架構，設計來保護Google創新與維持最鮮
明特徵的能力。我們相信長期來看，這會讓Google和新舊股
東都受益。

長期觀點

作為未上市公司，我們一向專注在長期發展，而且這對

我們有利。未來作為股票上市公司，我們也會做相同的事。我們認為外部壓力常常誘使公司只為了滿足每一季的市場預測，犧牲長期機會。這種壓力有時候甚至會讓公司操縱財報表現，而去「粉飾季報」。用華倫・巴菲特的話來說就是：「我們不會讓單季或年度業績『變得平穩』：如果總部拿到的盈餘數字出現起伏震盪，那麼各位看到的數字就會起伏震盪。」

如果出現符合股東最佳長期利益、卻可能需要犧牲短期業績的機會，我們會抓住這種機會，而且一定會堅決做到這點。因此，我們請求股東採取長期觀點。

你可能會問長期到底要多久？通常我們預期一項計畫要在一、兩年內產生利益或有所進展，不過，我們還是會盡可能向前看。儘管商業環境和科技發展瞬息萬變，我們還是希望把握未來3到5年的狀況，再來去決定現在要做的事。我們努力讓這些多年方案的總收益達到最大。雖然我們強力擁護這個策略，要很好的預測科技多年後的發展還是非常困難。

許多公司有壓力要讓盈餘達到股票分析師的預測，因此，它們往往會接受較少而可預見的盈餘，不敢追求較大而充滿不確定性的盈餘。（我們）認為這是有害的，所以我們打算反其道而行。

我們採用長期觀點當然有風險。市場也許會因為很難評

估長期價值，因而很可能會低估我們公司的價值。另外，我們採用長期觀點可能只是錯誤的商業策略，競爭對手可能因為短期策略受益，結果變得更為強大。想要投資本公司的各位，應該要考量我們採用長期觀點的風險。

我們在做商業決策時，根據的是公司和股東的長期福祉，而非根據會計考量。

雖然我們會討論業務的長期趨勢，但我們不準備提供傳統的盈餘預測。我們無法把每季業績表現精確預測到某個很小的區間內。我們認為我們的職責是促進股東利益，而且我們相信人為操控短期目標數字其實對股東不利。我們希望大家不會要求我們做出這種預測，如果還是有人要求，我們會鄭重拒絕。管理團隊因為一系列短期目標而分心，就像減肥的人每半小時就去量體重一樣沒有意義。

在我們尋求長期價值最大化的同時，我們的單季業績會因為認列一些新專案的虧損與其他專案的獲利而出現起伏波動。我們很樂意在今後提供更能量化的風險與報酬數字，但這非常困難。雖然我們對一些高風險的專案很感興趣，但預期還是會把絕大部分的資源用來改善主要業務（目前是搜尋引擎和廣告）。大多數員工都在核心領域逐漸改善各項工作，因此這也是很自然的發展趨勢。

雙層資本結構

我們正在創立一個用來保持長期穩定的公司結構。我們希望Google成為重要的大企業，那需要時間、穩定並保持獨立性。我們是媒體與科技產業的橋梁，而這兩個產業裡的企業都經歷過激烈併購和試圖惡意收購。

這次轉為股票上市公司，我們建立一套公司結構，讓外部人士難以接管或影響公司決策。這個結構也會讓管理團隊更容易依循前面提到的長期與創新做法。這種雙層投票結構包括我們提供一股一票的A股普通股，以及很多現有股東持有一股十票的B股普通股。

這個結構的主要功用是隨著Google股票的換手，〔讓創辦人和管理團隊〕更能增加對公司決策和命運的控制權。在首次公開上市後，（內部人會掌控超過60％的選票，）新投資人可以完全享有Google的長期經濟前途，但幾乎沒有能力透過使用投票權來影響策略決策。

這種雙層結構在科技公司雖然不常見，但相同的結構在媒體產業卻很常見，也有深遠意義。包括紐約時報公司（New York Times Company）、華盛頓郵報公司和《華爾街日報》的發行商道瓊公司（Dow Jones）也都採用類似的雙層股權結構。媒體分析師也特別指出，雙層結構讓這些公司專注在重大新聞報導的長期核心利益上，不受到單季業績波動

所影響。波克夏海瑟威公司也因為相似的理由而採用雙層資本結構。從提升公司核心價值來取得長期成功的角度來看，我們認為這種結構有明顯的優勢。

有些學術研究指出，純粹從經濟學的角度來看，雙層資本結構也不會妨害公司的股價表現。不過也有些研究做出雙層資本結構會對股價造成負面影響的結論，而且我們無法向你保證Google公司不會那樣。但是這兩種股票的差異只在於投票權不相等，至於經濟權利方面則是完全一樣。

Google公司在未上市時已經很成功。我們認為採用雙層投票結構會讓Google成為上市公司後還能保留未上市時的許多優點。我們知道有些投資人不贊同這種雙層結構。有些人也許以為我們採用雙層結構只是為了讓我們有能力採取行動來維護私利，但不會讓Google的全體股東受益。這些看法我們都已經審慎考慮清楚，而且我們和董事會也不是輕率做出這個決定。我們確信每個與Google公司相關的人都會從這個結構中受益，包括新投資人。不過你應該要意識到，Google和各位股東也有可能無法實現預期的好處。

新股拍賣

我們認為在公司首度公開上市的過程中，對大小投資人都有個公平的程序極為重要，而且為Google公司和現有股東

達到一個好結果也非常重要。這使我們採用新股拍賣的方式來上市。我們的目標是要讓股價能夠反映Google在效率市場的估價，並根據我們的業務狀況與股市變化進行合理調整。

許多公司才剛上市就遭受不理性的投機、在外流通股數較少，以及股價波動影響，長期傷害公司與投資人。我們認為採用新股拍賣的方式上市可以把這些問題降到最低，雖然不敢保證最後是否會成功。

新股上市採拍賣程序在美國並不多見，我們因為廣告業務系統累積一些拍賣經驗，對新股拍賣的流程設計提供不少幫助。其實就跟在股票市場一樣，如果大家想要買的股票數量超過供給，就會用更高的價格來競標，那麼新股上市價格就會抬高。當然要是沒有足夠的競標者或大家想要低價競標，那麼新股上市價格就會走低。這是一種簡化的說法，但已經抓住基本要點。

我們的目標是讓股票上市時和上市後都能反映出效率市場的價格，換句話說，就是由理性和資訊充足的買賣雙方決定價格。我們希望新股上市幾天後就能維持穩定的價格，而且買賣雙方都在新股上市時得到效率市場的價格。我們會盡最大努力來實現這個結果，當然也有可能不會成功。為了達到市場價格相對穩定的目標，Google公司和承銷券商可能會把新股上市價格設定在拍賣清算價格之下。

我們正在努力創造足夠的股票供應，以滿足首度上市和

之後的投資需求。我們也鼓勵現有股東考慮出售部分持股，提供部分公開發行的股票。這些持股釋出，再加上公司出售的股票，可以為投資大眾提供更多的供給，希望市場價格可以更加穩定。

我們希望你能長期投資，不要預期在 Google 公司上市後很快就賣掉股票獲利。我們奉勸投資大眾，要是各位認為上市價格難以維持長久，最好不要在上市時或上市後不久貿然投入。甚至長期來看，Google 股票的交易價格也有可能會下跌。

11

喬・曼蘇托與康納・卡布
晨星公司致股東信

提供資源給投資大眾的晨星公司，由像投資人一樣思考的經理人來領導是再適合不過了。晨星公司於1984年成立，這個名字來自美國大作家梭羅的《湖濱散記》（*Walden*）。從2005年首度公開上市到2016年，**喬・曼蘇托**撰寫出色的股東信，然後把公司和寫信的傳統交給接班人**康納・卡布**（Kunal Kapoor）。

曼蘇托的股東信包含年度財報摘要，還有各個事業部門的年度分析[22]，包含各種數據、研究、投資管理，以及投資顧問、法人機構、個別投資人和投資軟體等部門。信中還提供重大併購或資產出售的概要、重要管理資訊和董事會變動的最新訊息，以及讚揚公司員工和工作場所。大多數會談到資本配

置、護城河和公司策略等主題。

2013年的股東信提供遍及全球的客戶類型與規模訊息，包括26萬名財務顧問；1500家資產管理公司；2400萬人參加由26家業者提供、23萬7000位從業人員接洽的退休金計畫；還有930萬個散戶。

每封股東信的結論都是邀請大家5月去芝加哥的辦公室參加股東會，偶爾會加注說明，例如預定出席人數：2006年邀請50人參加；2009年75人；2010年則是100人。

2010年股東會的邀請提到：「我們會提供幾個管理階層的簡報，以及一個開放問答的時段。」2011年則是提到：「我和公司財務長會做個簡短的簡報，然後我們的高階主管會安排一個問答時段。」2012年說：「股東會通常會持續三個小時，而且我們會努力提供充足的資訊。」2015年則註明說：「這次資訊豐富的活動會有簡單的管理階層簡報，以及充分的問答討論時間。」

2005年

公司歷史

這是我們成為上市公司後第一份年報，我很高興歡迎你成為晨星的新股東。感謝大家決定成為公司的企業主，展現出對我們事業的樂觀期待。我們希望能跟投資人建立長期的合作夥伴關係，期望你多年來都是晨星的股東。

在這封股東信中，我要檢視2005年的公司表現，還要特別說明2006年的一些重點工作，並為大家提供一些與公司管理有關的想法和見解。我也會盡可能坦誠與大家交流。我們的態度是把你當成企業主，並對公司業務提供務實的評估。為此，我寫這封年度股東信的方式和過去寫給員工和董事會的報告大致相同。

護城河與商業模式

要評估任何事業，重要的是必須先了解它的商業模式，看它是怎麼賺錢與成長。〔晨星公司提供大量的投資資料庫，關注在個股、共同基金和各種可變年金，然後用在〕研究、科技與設計的核心技術，為數據資料提升價值。這兩個部分就是我們的固定投資。

我們有很高的固定成本，但變動成本很低。這表示營運

規模很重要，資訊產業是愈大愈好。這就好像蓋一座發電廠要花很多錢，但發電廠完成以後要多連接到一間房屋的成本很少。我們已經蓋好發電廠，現在只要專注於簽下新客戶，就能擴大規模。

我們盡可能以固定投資來融資，藉此提升公司規模。我們會以三種方式做到這點：（1）藉由媒體：出版印刷品、開發桌面軟體和其他網路產品；（2）透過閱聽大眾：銷售給個人、財務顧問和法人機構；（3）按地理區域畫分：在全球銷售我們的產品和服務。

我們的規模擴張愈大，就能對我們的資料庫和核心技術進行更多投資。我們的產品也會更有價值，吸引更多客戶，然後又能做更多投資，如此會形成強化的效果，這就是過去20年來我們的運作方式。

這個結果會為我們帶來競爭優勢，也會為客戶帶來更多價值。比方說，如果我們只在散戶市場經營，我們就無法提供現在已有的共同基金和各種股票的深入服務。正因為我們同時服務投資顧問和法人，我們才有能力提供更豐富的內容來滿足三大類型投資人的需求。實際上，我們為某個族群準備的資料，也能幫助另外兩種投資人。

護城河與策略

除了先了解公司的商業模式之外，重要的是也要掌握公司的「經濟護城河」。這是我們從華倫·巴菲特那裡借來的詞，用來描述公司可持續保有的競爭優勢，就像是防衛這座公司的城堡。這是用來分析任何企業的有用架構，是我們研究股票的核心原則，也是我們經營晨星的思考指引。

我們相信我們有個護城河很寬廣的事業，也就是說，我們認為我們持續擁有優勢，讓其他公司很難跟我們競爭。構成護城河的關鍵要素是我們的品牌和聲譽、很難複製的強大資料庫、由公司署名的投資研究工具（例如星級評鑑、晨星九宮格），還有龐大而忠誠的客戶群。我們會繼續尋找好機會來投資，擴大我們的護城河，並賺取可觀的報酬。

最近辦理股票上市時，我們描述四種成長策略：建構主要的網路平台、擴展服務範圍以滿足更多投資需求、跨足國際市場，以及透過策略性併購來尋求成長。但公開上市後，策略性併購已經不再是核心的成長策略，因為我們預期併購只會用來支援其他目標。

尋找好股東

截至2005年底，我們的分析師關注超過1700檔個股，

在2004年底只關注大約1500檔股票，2003年底則是500
檔。我們關注個股的名單現在已經包括標準普爾500指數超
過99％的股票。標準普爾500指數是根據市值選擇成分股。
為了支援這些研究工作，我們大力投資在分析人員上，目前
我們在美國有將近90位股票分析師，2004年底只有大概70
位。各位要是沒看過我們的股票研究，歡迎大家前來一試，
我相信各位都會留下深刻印象。

　　我們要找的是股價低於內在價值估計值的股票，而且也
具備跟我們一樣試圖在自己事業建立的經濟護城河。我們所
有的分析師都採用相同的方法，結合一貫的價值分析方法和
廣泛涵蓋的研究範圍，創造出引人矚目的股票研究產品。現
在我們對股票分析人才進行高額投資，對我們而言，最大的
挑戰是要把研究成果賣給美國和國外的新客戶。

企業併購

　　我們希望未來進行更多企業併購。我們知道怎麼建構投
資資料庫和軟體應用，所以大多數併購案對我們來說，只是
在決定要自己創立公司還是要買下公司而已。要是我們透過
併購可以更快達到目標，我們就會考慮這麼做。如果要把錢
擺在銀行賺取很低的報酬，我寧可拿來做一次有吸引力的企
業併購。

　　我們要找擁有適合而良好的企業文化、產品優異，而且價格合理的併購對象。我們會看時機進行併購，因此我們什麼都不用做。但如果我們發現合適的併購目標，可能就是擴展業務的明智方法。我們的事業會帶來大量現金流，所以決定未來收益的關鍵因素是能否充分運用這筆資金。併購的機會加上內部擴張的機會，會增加運用現金流的投資機會。我們有興趣的併購領域包括國際股票數據、固定收益投資數據和風險分析。

內部人持股

　　我們從2006年開始發行限制性股票作為獎勵性報酬。限制性股票只發給符合特定資歷條件的員工（現在設定為在職4年）。採用限制性股票有幾個優點。第一，我們採用價值分析法來作為股票獎勵，這表示我們的目標是在提供股票獎勵時，股票擁有特定的價值。跟股票選擇權相比，限制性股票的價值可以直接衡量。

　　限制性股票的另一個好處是，在所有情境下都能保有價值。就算我們的股價應該下跌，我們給予的限制性股票還是有價值。如果是股票選擇權，一旦股價低於履約價格，選擇權就會失去獎勵作用，甚至可能會讓員工覺得沮喪。這就是為什麼我們看到有些企業取消股價低於履約價的選擇權，並

以目前的股價提供新選擇權（我們不贊同這種作法，所以沒有這樣做）。

　　晨星公司幾乎每個員工都有公司的股權，不論是透過選擇權擁有，還是透過股票擁有。這可以幫助我們雇用和留下最好的人才，而且能夠提供強烈的誘因。最重要的是，這也會讓員工像企業主一樣思考，因為他們就是企業主。

　　就我來說，我準備在今年稍晚賣掉一小部分持股，這是我分散投資的例行操作。從我創立公司到現在的22年來，我從沒賣過晨星公司的股票。所以我做這個決定的心情五味雜陳。我當然不想要發出對公司失去信心的訊號，但是同時我的個人資產裡有超過95％都是晨星的股票。我們公司有一位董事就特別提醒我，在美國市值超過10億美元的上市公司中，我是少數持有一家超過70％股票的股東。這是很極端的狀況，因此資產分散是明智的做法，我們也一直這樣告訴投資人。

　　我計畫定期賣掉一些持股（所謂的「10b5-1計畫」），每一季賣掉1％持股，一年大概賣出4％的股票。以這種速度賣出股票，如果晨星的股價每年可以上漲超過4％，我的持股價值還是會繼續增加。所以我每年都會檢視這個計畫，看看這種做法是否適合我。不過我對晨星公司的投資還是維持很大的部位，而且我絕對有充分理由持續關注公司的營運。但我想要提前告知我的想法。

　　各位也許偶爾會看到公司的其他經理人出售持股。由於過去20年來我們是非上市公司，員工幾乎都沒有機會出售持股。因此他們的個人資產淨值中，有很多都有比重非常高的股票，因此也有分散投資的需求。

　　內部人出售持股的好處是，應該可以增加晨星股票的流動性。我們股票的「流通量」（在市場上自由交易的股數占比）大概只有20％。我們雖然不鼓勵大家頻繁買賣，不過增加一點流通量確實可以讓股東更方便買賣。另外，在新股公開上市期間，有幾家大型法人告訴我們，除非他們能夠建立一定比例的部位，不然不會考慮投資我們公司的股票。在市場上有更多股票對他們會有幫助。

新股拍賣

　　我們去年以拍賣的方式來讓新股上市。只有少數幾家公司採用這個方法（最有名的就是Google）。不過新股拍賣的確有很多好處，例如公平而透明的訂價、較低的成本，而且所有參與者都可以公平取得股票。我很高興跟大家報告，實際狀況就跟理論一樣，這次的上市非常成功。經過這次上市作業，我們也成為新股拍賣的熱情支持者。

　　傳統的股票上市是由承銷商掌控訂價決策。但是，承銷商一開始就處於利益衝突的位置，它必須平衡股票發行企

業的需求與大型法人券商的要求，而大型法人券商是新股上市的主要買家。這種平衡操作會導致股價在上市第一天「暴漲」，因為承銷券商的大客戶擁有取得價格稍低的新股而獲利。

在拍賣的過程中，訂價非常簡單。承銷商根據報價對所有訂單進行排序，畫出需求曲線，買單數量與公司出售股數相同時的價格就是「清算價格」（clearing price），也就是得標者要支付的價格。我們的訂價會議只花了10分鐘，然後大家就一起去吃晚餐。

這樣成本也比較低。在典型的新股發行中，承銷商會向發行股票的企業收取上市募集資金總額的7%。但我們只付2%。在發行1億4000萬美元的新股中省下700萬美元的上市費用。讓所有參與者都有公平的機會買到公司股票也對我們很重要。採用新股拍賣不會偏袒任何客戶，每個人都可以根據總需求和總供給的關係得到平等分配的機會。

韓布萊希公司（WR Hambrecht + Co）負責我們的上市作業，處理得非常成功。如果你考慮要讓公司上市，我勸你考慮新股拍賣，並打電話請教韓布萊希先生。現在全世界都喜歡採用拍賣的方式，因為有較低的成本、透明度更高，而且提供公平的機會。要是上市拍賣愈來愈多，整個過程也會變得更加順暢，也會有更多投資人和發行股票的企業受益。

尋找好股東

在開始新股上市流程之前，我們認真考慮過我們想要經營上市公司的方法。最重要的是，我們也希望保留非上市時讓公司得以成功的特質。這表示要繼續專注在為投資人提供正確的產品、做正確的事，才能為公司股東創造長期價值。我們要避開上市公司碰到的陷阱，例如太過執著於短期業績，花太多時間迎合華爾街。為股東設定正確的期望很重要，所以我們在上市前的「法人說明會」上就跟大家溝通這種非傳統的方法。

不做財務預測

你也許已經注意到我們有些事情不是按照上市公司的慣例。我們不提供盈餘預測，不會舉辦法說會或跟投資人與潛在投資人一對一會談。提供盈餘預測似乎不必要，因為等到我們公布實際的業績，市場自然會調整對公司的價值評估。事實上，盈餘預測反而可能對企業經營產生可疑的誘因。我們不想鼓勵管理團隊只是去「捏造數字」，並做出不利長期提升股東價值的決策。

對於股東提出的問題，我們管理團隊花時間在建立事業上，應該是比一對一回答問題更有效率。我寧可把要回答的

問題寫下來，同時可以讓所有股東都能看到。這也能讓我們
花更多時間去考量我們的答覆，而不是即時回覆有疏漏的答
案。我們理解有些潛在投資人很希望跟管理團隊見面。但是
長遠來看，最後讓股東高興的不是跟管理團隊見面的時光，
而是看到他們的股票更有價值。

　　這才是我們關注的焦點，但我們也會坦誠跟大家溝通，
讓各位股東都能充分了解我們的業務狀況。各位如果有什麼
疑問也儘管提出，只要寄電子郵件或信件給我們。我們會在
每個月第一個星期五收盤後回答所有問題。最後要邀請大家
來參加股東會，歡迎各位親自來提問。我們很高興看到大
家。

2006年

　　我們提供獨特的產品。不管是投資散戶或有名的基金經
理人，大家試用之後都會很喜歡。我最近收到約翰‧坦伯頓
爵士的來信，他是當代最厲害的投資人，他說他發現我們的
股票研究做得「最優秀」。這樣的回饋意見讓我們知道我們
正在做正確的事。

投資

　　我們監測（資產）流量來緊跟業界變化，並提供新資訊給投資決策資料庫。有幾點要特別注意：（1）共同基金雖然成長減緩，現在還是在投資界稱王。美國去年的共同基金資產超過10兆美元，遠遠超過其他資金管理產品；（2）避險基金是第二大資產類別，而且還在繼續成長；（3）交易所上市基金（ETF）雖然規模相對較小，但享有最高的成長率。

　　為什麼資金管理產品會有這麼多資產而且持續成長，原因有很多。對很多人來說，這是最好的替代選擇。如果你喜歡研究投資，而且時間很多，也許自己可以做得很好（而且我們很樂意提供工具來幫助你）。不過就像很多人會找人處理稅務或為車子換機油一樣，他們也會找人幫忙管理投資。

　　而且這非常合理。你可以投資被動式的指數基金，每100美元的資產只要付出不到10美分的年費。或者，也可以花更多錢在主動式基金，聘請最厲害的基金經理人，例如美盛集團（Legg Mason）的比爾・米勒、奧克馬（Oakmark）的比爾・尼格倫（Bill Nygren）或長葉合夥人公司（Longleaf Partners）的投資團隊。每100美元的資產只要付給這些厲害的基金經理人1美元的費用。你也可以聘請類似人才來管理國際投資或固定收益投資組合。良好的投資管理產品會讓投資人覺得很有價值。

企業併購

我們會繼續進行併購，但沒什麼好著急的。只有找到適合我們目標的事業單位，我們喜歡那些人，也覺得價格合理的時候，我們才會採取行動。我們去中心化的組織結構有一個好處是，我們遍布全球的業務部門經理也能篩選各種構想。我們也要求他們與在地的主要企業發展關係。這能產生一些合作機會，在某些情況下帶來併購的機會。

公司聲譽

任何事業都有風險，我們當然也不例外。各位可以在我們的年報讀到詳盡的清單，不過主要的風險包括：聲譽風險（公司被認為不是超然獨立）；事業永續的風險（有些因素會使經營中斷）；品管（因為錯誤而產生品質不好的數據或糟糕的投資建議）；整合（如果在併購上遇到問題）；以及市場風險（長期股市下跌會損害我們的業務）。

雖然我不想嚇大家，但我想要讓你知道我們有意識到這些風險（我們的競爭對手一樣也要面對），而且我們會試著把這些風險降到最低。我們的義務不只是讓各位在晨星公司的資產可以擴大，同時也要保護這些資產。

不過我認為聲譽風險最重要。我們的聲譽和晨星公司

的品牌是最寶貴的資產。在創新的投資服務和新科技的世界裡，我們都要設法避免這種風險，甚至被人認定有利益衝突，都會影響我們的工作。我們已經有許多政策和程序可以有助於確保我們的分析師獨立執業，而且幸運的是我們擁有的企業文化中，獨立性就深嵌在我們的DNA裡頭。各位只要花幾分鐘閱讀我們的研究報告，就會明白我的意思。

此外，我們也一直在問自己，我們的所做所為是不是符合投資人的最大利益。這個簡單的問題可以排除眼前的混亂和含糊。如果我們認為一個計畫或顧客不適合我們，我們就會拒絕。研究誠信（research integrity）是我們企業文化的核心部分，而且我們也希望繼續保持這種文化。

2007年

內部人持股

我們認為股票是珍貴的商品，要盡量減少使用。不過運用股票來獎勵員工是很關鍵的例外。這會鼓勵他們像長期股東一樣思考，並讓員工利益和股東利益保持一致。我相信這是很好的投資。從2006年開始，我們的獎勵措施從選擇權改為限制性股票。這樣有助於減少未來的股權稀釋，同時還能提供股票獎勵給員工。

2007年，我們提供1300萬美元的股票獎勵給員工，這

意味著我們總共發行大約25萬股的限制性股票，占平均在外流通股數0.5％。假設股價穩定，而且沒有運用公司股票來進行併購（我們會避免這樣做），長期下來我們發行的股票數量成長應該會有減緩的趨勢。現在的占比較高，主要是因為我們的員工在履行過去幾年的認股選擇權。

個人投資業務

雖然我把個人業務留到最後才討論，不過絕不是表示這方面最不重要。我們的使命是服務投資人，而且雖然我們的大客戶都是法人和財務顧問，但我們最終會幫助到個別投資人做出更好的決策。晨星的優良傳統，即我們企業文化的核心，是幫助個人投資人成功。

我們為個人投資人提供的產品，對於建立我們的品牌扮演很重要的角色。有很多記者會定期查閱我們研究分析師的評論，這有助於提高和擴展我們的聲譽。我們的分析所爭取到的信任和讚譽，就是其他產品得以成功的重要原因，所以我們不會預期這個事業部門提供最高的毛利。

我們的個人業務還包括發行電子報和出版書籍，主要是提供給美國和澳洲的客戶。在美國，這些業務在2007年有微幅的成長。雖然印刷品已經不是快速成長的傳播媒介，但是這些出版品還是有獲利，而且可以幫助我們接觸到新投

資人。2008年初，我們出版喬許・彼得斯（Josh Peters）的《終極股息手冊》（*The Ultimate Dividend Playbook*），他也是電子報〈股息投資人〉（DividendInvestor）的主編，我們還出版股票研究部主管派特・多爾西（Pat Dorsey）撰寫的《護城河投資優勢》（*The Little Book That Builds Wealth*）。

2008年

財務槓桿

2008年的關鍵教訓就是了解財務結構健全的重要性。就像經歷過1930年代大蕭條的人後來不敢借錢舉債一樣，經歷這場金融危機的經理人大概對債務的需求也會減少，尤其是在債台高築的時候。有些公司雖然擁有很好的資產，但要是資產負債表狀況太差，一樣會碰上麻煩。去年有些時候，包括銀行融資、債券和商業票據市場等信用市場基本上都停止了。

企業經理人一直以為債信市場應該是隨時開放的，根本沒有人會想過一種不真實的場景：「黑天鵝」（罕見而不可預測的）事件可能會讓公司破產。這也是對葛拉漢「安全邊際」這個原則的重要性一個很好的提醒。你可以聰明的估計未來的情況。但是預測也很容易就會破滅，而且會有一些不可知的事件會讓事情比你在模型設想的情況更糟。如果你想

要企業存活下來，就需要對「黑天鵝」做好準備。

雖然沒有債務的感覺很好，但我不會說我們永遠不會借錢。如果我們會借錢，借的錢也不會多，而且我們會運用這些資金來把握絕佳的機會。我們已經很成功，不需要再把資本結構逼到極限。所以我更喜歡用老式風格來經營晨星公司，量入為出，並運用我們的現金流量來收購企業，讓業務自然擴張，不然最後就是配發股息或買回庫藏股。

我們一定要確保晨星公司的長期生存與繁榮。我跟很多人一樣，很震驚去年有幾家有名的大企業突然倒閉。這是維持保守作法、堅持基本原則，避免太複雜的狀況等價值最好的一課，就算外界都接受這些看法。

2009年

衡量指標

我們的目標是長期提升晨星的內在價值，這跟我們幫助投資人的使命一致。我們要特別介紹三個應該可以幫助大家估算公司內在價值的重要指標：營收、營業利益和自由現金流量。內在價值很重要，因為就像投資大師葛拉漢說道：「短期而言，股票市場像是一台投票機，但長期來看則是一台體重計。」內在價值就是最後決定股價的體重計。

護城河與策略

我相信晨星公司仍然有寬廣的護城河，這有幾個原因。最重要的是我們的品牌。這建立在超然獨立與信任上，也代表創新和品質。這種品牌資產為我們做的每件事帶來正面效果。

比方說我們的基金和股票分析師都有獨立自主的觀點。（花幾分鐘閱讀我們的研究報告就會明白我的意思。）他們有話直說，而且盡全力為投資人提供清楚客觀的財務預測。坦率的看法就會在投資人之間建立獨特的信任，特別在面對法人機構，有很多分析師會因為害怕失去客戶而不敢說真話。

我們護城河的另一面是客戶有很高的轉換成本。晨星公司就像是傳統的刮鬍刀和刀片生意。一旦安裝我們的軟體，就需要我們的數據和研究。這些數據和研究「刀片」都有時效，需要隨時更新才有價值。沒錯，客戶是可以換把新的刮鬍刀，但對大型企業來說，這個轉換過程可能浪費時間又很花錢。

我們進行併購和成長策略的重點是要建立品牌，改進刮鬍刀（軟體），而且提供更多刀片（資料庫和研究報告）。我們的內部投資專注在開發更好的投資軟體，並擴展顧問業務。我們進行併購，例如買進即時數據和監管文件，就像是擴增新刀片。這些目標都是要擴大護城河，確保我們可以賺取超過資金成本的報酬，為股東創造財富。

2010年

內部人持股

在2005年的年報中，我提到要發起一個賣出股票的計畫，賣掉我擁有的一些晨星股票。一直到那時為止，22年來我從沒有賣掉任何股票。但是我想要分散資產，才執行賣出股票計畫，每年賣出大概4%的持股。這個計畫持續操作大概4年，在去年結束。

這讓我的持股從3000萬股降低到2500萬股，減少約16%。我不喜歡出售晨星的股票，所以老實說，我很高興這個計畫已經結束了。我還是會繼續定期檢視我的資產，而且總有可能開始另一次的股票銷售計畫，雖然我不希望不久後就看到這種情況。不過，我還是會繼續捐贈晨星股票當作慈善。

2011年

策略

過去幾年來我們已經有長足進步，成為跨國經營的組織。我們在跨部門和跨區域都變得更為協調與集中。不管是在芝加哥、雪梨、香港、倫敦還是孟買，客戶都可以很容易了解我們，我們也提供更為一致的服務體驗。貝文・戴斯蒙

（Bevin Desmond）在監督我們的國際業務方面做得非常出色，而且一直是推動計畫的領導者。

我們發現許多提升經營效率的機會。我們長期以來一直是把晨星公司視為相當去中心化的公司來經營，但是這種去中心化會帶來冗餘。我們相信未來幾年還是有許多機會來整合平台、共享生產力和運用資產。

我們也在努力簡化業務。這表示有些比較小的邊緣產品會被淘汰，以便我們集中資源去做少數較大的產品。這也意味著各種併購已經完成整合，把這些資源併入晨星的主要品牌之下。我們希望專注在自己擅長的領域，至於沒有明顯可持續競爭優勢的領域則少花點時間。這些努力必定可以創造價值，讓我們處於持續成長的地位。

2012年

護城河與策略

我們的股票分析師會評估每間公司的經濟「護城河」，這是可持續競爭優勢的另一種說法。就像我們很喜歡擁有護城河的企業，所以我們也會試著打造晨星公司的護城河。我們投資在強化護城河上有三大方向：

- 品牌是我們最大的資產，而且是29年來依據誠信、

可靠而獨立投資研究的聲譽建立起來的。這雖然是無形資產，卻非常寶貴。

- 我們的軟體、數據和設計深受客戶歡迎，他們仰賴我們的獨特界面與專用數據庫。一旦他們採用我們的解決方案，想要移除就會產生轉換成本。

- 我們提供給個人、財務顧問和法人機構的產品擁有網絡效應，把所有客戶聯繫在一起，並創造更多價值。比方說，由於我們的研究和投資評等受到散戶喜愛，法人機構就能從我們的工具中獲得更多價值。在三大類客戶都接受我們的產品之下，我們就可以運用我們在研究方面的投資，提供高品質解決方案給每個人。

2013 年

護城河與策略

我們的主要策略目標是擴大晨星的「經濟護城河」，或是說可持續的競爭優勢，長期下來這應該會轉化為更高的股東價值。我們已經找出晨星護城河主要的三個來源：

- 我們獨立的投資評等、研究和設計，推動分析架構的發展，讓晨星公司與眾不同，並強化我們的品牌，為我們的無形資產增加價值；

- 我們的軟體、數據、設計和分析架構有助於建立客戶忠誠度，讓他們更樂意長期使用我們的解決方案；以及
- 我們專注於先服務投資人，因為客戶對晨星公司的信賴，在財務顧問、資產管理公司與退休基金操盤手與供應者之間產生網絡效應。

我們專注在三個重要目標來擴大經濟護城河：

- 為我們的投資研究平台開發新一代軟體，以及為我們的客戶提供直觀而精緻的用戶體驗；
- 提供最有效的投資數據、研究和評等，幫助投資人實現財務目標；以及
- 憑藉我們專業的研究，成為世界級的投資管理組織。

我們在財務顧問、資產管理公司、退休基金和散戶等四大客戶群上應用這些目標，從中看到晨星公司最大的機會。

2014年

護城河與策略

過去幾年來，我們一直在努力微調策略方向。經濟護城河的概念，或是說可持續的競爭優勢，如今已深植在我們

的股票研究方法中，而且我們也用來作為經營公司的核心原則。我們的目標是要擴大我們的經濟護城河，並建立長期的股東價值。

2014年我們修訂針對重要策略目標的描述，以更好的方式說明我們的主要目標。我們的投資數據、研究和評等是我們的策略核心，並且推動我們去做一切的事情。我們透過軟體和投資管理來讓這些投資變現。對於自己研究的投資人，Morningstar Direct是我們的旗艦軟體產品，而且我們預期它會成為愈來愈重要的獨立技術平台，針對不同類型的客戶量身訂作多項工作流程。對於想把投資管理委外的人，我們正專注在利用我們專門的研究成果去建立一些解決方案。

2016年

接班

在經過大概一年的深思熟慮，我決定辭去公司執行長的職務，轉而擔任執行董事長。我仍然像1984年創辦公司時一樣深愛這間公司，對我們的未來前景也一如既往的感到振奮。不過我想要更有彈性的時間安排，騰出更多時間來思考投資和科技。接任新職務以後，我會退出公司的日常經營，相反的，我會專注在思考公司策略、資本配置，對資深團隊提供意見，並領導董事會的工作。

　　康納・卡布自1月1日接任公司執行長，立即掌管公司日常事務。康納具備召集人才的獨特能力，幫助投資人解決問題，我相信他的精力與管理才能可以幫助我們推動卓越經營與未來成長。他是晨星公司的資深員工，把我們「創造出色產品來幫助投資人實現財務目標」的使命視為跟生命一樣重要。他在晨星公司的資歷幾乎遍及各個部門領域，包括研究、數據、軟體產品和投資管理。

　　接班過程非常平順。在第四季的時候，我和康納一起去拜訪許多客戶。他們有許多人都跟康納合作過，也告訴我們他們很佩服新任執行長可以無縫接棒。

　　康納的背後有強大的團隊在支持他。〔這封信特別談到團隊的六位主管。〕

「精彩事業」

　　數據是我們最重要、也最關注的核心，也是最經典的「精彩事業」。數據事業可以高度擴張，因為這種商業模式是一次建構完成後就可以多次銷售。晨星公司從1984年成立以來，就一直穩定的投資在擴大資料庫的深度和廣度，現在我們用很多不同的方式來銷售數據，包括數據供應、軟體、研究和投資管理。

　　我們不但擅長蒐集數據，也能幫助投資人解讀數據的意

義。現在我們也愈來愈關注投資組合分析，涵蓋多種資產類型。因為很多投資人都明智的分散投資組合，同時涉及多種投資類型（包括股票、基金、固定收益證券和另類投資），所以我們希望為投資人提供投資組合的全貌。

2017年

接班

　　我在去年有兩個職業生涯的里程碑，那就是在晨星公司工作滿20年，而且成為執行長。我在1997年加入公司，擔任數據分析師。2006年春季，董事長喬‧曼蘇托寫下第一封股東信，承諾要對各位股東和員工提供坦誠的業務評估。在我擔任晨星公司執行長的第一封股東信，我打算延續這個傳統，讓大家成為公司長期合作的驕傲夥伴，在此感謝諸位的支持與信任。

　　喬和我很滿意執行長的交接過程，也對順利接班非常自豪。有喬的支持和鼓勵，讓我和執行團隊專注於增加我們才華橫溢的領導團隊、加倍投資在資料庫和研究「引擎」，繼續建立世界級的投資管理組織，並確認我們熱衷在未來投資人關注的議題上。

金融科技業務

我們致力於進行適當的投資，在瞬息萬變的數位金融服務領域推動業務發展。人工智慧和大數據的擴散已經在全球金融市場帶來驚人的效率和機會；但是另一方面，不加選擇的運用科技也可能會帶來意想不到的財務結果，以及糟糕的投資建議。在資訊超載的環境下，散戶、財務顧問和資產經理人都有一樣的掙扎。我們可以幫助他們理解所有的情況，讓投資人體驗到應有的成果。

我們說自己是「金融科技」公司，投資人也許感到驚訝，因為晨星的品牌往往被視為與獨立的投資研究有關（這的確是）。那是說，我們一直認為自己是最早的金融科技公司之一。自從30年前喬在芝加哥林肯公園（Lincoln Park）的公寓買進一台新型的個人電腦處理共同基金資料以來，運用科技和設計來尋找新方法解決複雜的財務問題就是我們的核心能力。在不斷演進的金融科技領域中，不斷尋找新觀點來挑戰現狀，同時保護我們打造晨星的企業文化要素，就是我的工作重點。

我們會繼續偏好用三個簡單的財務指標來評估業務的健康狀況，包括營收、營業利益和自由現金流量。我們很幸運我們的事業本來就具備良好的營業槓桿。一旦完成固定成本的投資，接下來促進銷售的成本就變得很小。因此只要營收

成長比營運支出高，我們就會持續處於產生穩健利潤和現金流量的良好位置，給我們財務彈性去投資在我們的事業上，最終會支撐長期的股東價值。我們專注在建立長期價值，只要有適當的機會出現，我們就願意用短期結果來換取更為正向的長期成果。

策略

　　晨星的策略必須要回答兩個非常重要的問題：我們的核心競爭力是什麼？以及我們怎麼利用它們來改善投資人績效並創造股東價值？舉例來說，我們很早就知道我們的數據和專業的研究讓我們與眾不同，而且在這個大家都想要像亞馬遜一樣的世界，我也常常在想要怎麼讓企業的規模達到最大。我們必須支持並繼續投資我們的數據和研究引擎，創造幫助客戶制定明智投資決策的見解。我們擴大事業規模就從這裡開始。例如，2017 年我們的研究涵蓋 58 萬個大眾投資工具，包括 22 萬 8000 多檔開放式共同基金，將近 1 萬 5000 檔交易所上市產品，還有超過 4 萬支個股。另外在 PitchBook 資料庫，我們也涵蓋將近 90 萬家未上市公司的資料。

　　我們主要透過兩個方式讓數據和研究變現。我們提供決策支援工具給客戶，讓自己做研究的投資人可以參考我們的意見。通常，這是透過訂閱或瀏覽許可來銷售，建立有助於

利用營業槓桿的經常性營收流量。我們每年都會藉由提供更多數據、研究和新增功能,來為這些工具增加價值。

我們專注於重新想像投資人與我們的數據互動的體驗,以及引進數據視覺化的新方法,確保我們創造的智慧財產價值達到最大。我們一直自豪自己有能力把複雜的財務概念加以拆解,讓投資人輕鬆吸收與消化。

我們將數據和研究變現的第二種方式,是為投資管理委外的投資人提供解決方案。我們通常是按託管資產的比例抽取報酬。採用這些解決方案服務的投資人可能是我們管理的退休基金帳戶,不然就是透過財務顧問使用晨星託管投資組合的客戶。我們預料在未來10年,總營收中更大的比例會跟資產管理業務的收費有關。

投資產業趨勢

在我們對未來的業務進行定位之際,預料有三個長期趨勢的重要性會繼續增加。第一個是投資任務的數位化。對這個產業來說,我們到現在只掌握到表層而已,而付費壓力和客戶對於資金無阻礙流動的需求成長,只會讓投資增加。

第二種趨勢是全球化的監督管理愈來愈受矚目。歐洲採用MiFID II法規,以及美國等市場的財務顧問所採用最佳利益解決方案愈來愈受到支持,凸顯全球金融市場透明度的重

要性日漸提高，尤其是在資訊超載時代。科技可能蒙蔽全球投資，也可能帶來啟發，我們是一直秉持後者為理念。我們堅信投資人有權要求投資完全透明化，包括他們應該支付多少費用。像我們這樣建立一個獨立、透明的商業模式，才是當今投資人要求的解決方案。

最後一點是，投資從高成本轉變成低成本確實已經成為新常態。由於這個趨勢，我們的收費受到一些壓抑，但我們認為這會讓基金經理人更專注於提供價值，而且投資服務更容易取得，也更具成本效益，這對雙方都是好事。我們的研究和投資產品反映出我們一直以來的理念，不管是主動或被動策略，都在投資人的投資組合中占有一席之地。

* * *

買回庫藏股

以下收錄晨星公司股東信對買回庫藏股的討論。

- **2010年**：我們認為在晨星股價低於或等於預估公平價值時，運用剩餘資金買回庫藏股符合股東的最佳利益。藉著這樣做，我們期望可以減少在外流通股數（除了抵銷股票獎勵措施造成的稀釋作用），並提供股東有形的價值。比方說，我們要是以每股50美元買

進1億美元的股票，那麼剩餘股東會多持有晨星總市
值4%左右的股份（1億美元除以總市值25億美元）。
這樣也會提高盈餘，因為我們現在的現金報酬還不到
1%，而晨星股票的殖利率約為5%（1億2100萬美元
除以25億美元）。另外，在此條件下買回庫藏股，也
會因為在外流通股數減少而提升每股盈餘（因為計算
每股盈餘的分母減少）。所以在其他條件不變的情況
下，買回庫藏股會讓我們的每股盈餘增加約4%。

- **2012年**：晨星公司是個很棒的生意，只需要少量的資
  金。假設可以以低於我們估算的公平價值買進股票，
  我們就會繼續偏好買回庫藏股，而不是發放股息。我
  們比較喜歡買回庫藏股，因為這可以讓股東選擇何時
  要實現獲利。

  2012年，我們用2億5180萬美元買回晨星9%的
  在外流通股票，這是我們史上最大的一次「收購」。
  我們對這門生意當然很了解，而且對它的未來充滿信
  心。雖然這個價格可能不符合葛拉漢和陶德（David
  Dodd）的低價，但是低於我們內部估算晨星公司的
  公平價值。

  我們年初的在外流通股數是5010萬股，買回430
  萬股。我們也發行70萬股來資助員工的獎勵計畫。
  因此年底的在外流通股數是4650萬股。現在晨星公

司的每股權益比2012年初提高9％。身為股東，我認為這樣運用資金很好。而各位股東可以選擇什麼時候要賣出股票，而且長期下來，市場應該會承認股票的價值都提升了。

● **2013年：** 我們在2013年總共付出1740萬美元的股息，總共分成三次配發，而不是四次，這是因為稅率調整，我們把原定在2013年的一次配息提前到2012年。最近公司董事會把每季股息從每股12.5美分提高到17美分。在買回庫藏股方面，我們在2013年買回1億5350萬美元的股票，而且董事會批准額外的2億美元可用於買回庫藏股。

　　只要我們能在股價低於公司估算的公平價值下買回股票，我們一般會偏好買回庫藏股，而不是配發股息。買回庫藏股可以降低股數，實際上就是增加每位股東的權益占比。我們在年底有4500萬股在外流通股票，而且還有2億5020萬美元可以買回股票。買回庫藏股也可以讓股東更能掌控因為實現利得而繳稅的時間。

● **2014年：** 我們繼續透過買回庫藏股和配發股息來把資金還給股東。我們在2014年買回7670萬美元的股票，在目前授權可用來買回庫藏股的資金中，還有1億7350萬美元。我們付出的股息總共是3050萬美

元。我們從2010年開始配發股息，董事會最近又批
准把每季股息從每股17美分增加為19美分。應該可
以保持2014年的配息率。

　　我們的資產負債表還是維持得非常好。儘管用現
金來併購、買回庫藏股、配發股息和付出訴訟和解
金，但今年結束時還有2億2460萬美元的現金和投
資。我們在今年設定7500萬美元的融資貸款額度，
現在還有3000萬美元的短期債務。我們創造自由現
金流量的能力還在，所以履行債務應該沒有問題。

- **2015年**：我們在2015年買回9700萬美元的股票，目
前的授權額度還剩下3億7650萬美元。2015年在外流
通股數減少2％多一點。我們也配發總計3370萬美元
的股息。董事會最近批准把每季配息從每股19美分
提高到22美分。

＊　　＊　　＊

以下圖表摘自晨星公司2019年的投資簡報。

股價表現圖

下圖顯示我們的股票、晨星美國股市指數及同業公司股票的累計報酬。下圖假設一開始在2014年1月1日同時投資100美元在晨星公司股票、晨星美國股市指數及同業公司，包含股息再投資。報酬率是根據歷史資料計算，不代表未來預期。

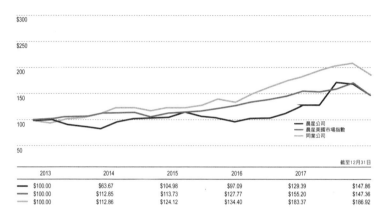

	2013	2014	2015	2016	2017	
──	$100.00	$63.67	$104.98	$97.09	$129.39	$147.86
──	$100.00	$112.85	$113.73	$127.77	$155.20	$147.36
──	$100.00	$112.86	$124.12	$134.40	$183.37	$186.92

(1)同業公司包括以下公司；Envestnet Inc.、FactSet Research System Inc.、Financial Engines Inc.、MSCI Inc.、SEI Investment Company、S&P Global Inc.和Thomson Reuters Corporation。我們在2018年7月19日將Financial Engines Inc.移除在同業公司之外，因為這家公司在那天之後不再上市交易。

	累計報酬率		年化報酬率	
	晨星	晨星美國股市總報酬	晨星	晨星美國股市總報酬
股票 上市以來 (2005/05/03)	621.90%	245.30%	15.10%	9.20%
近10年	242.10%	285.60%	12.70%	14.50%
近5年	90.90%	68.10%	13.40%	11.00%
近3年	66.30%	47.10%	18.10%	13.70%
近1年	22.00%	7.50%	22.00%	7.50%

12
馬克・李奧納德
星座軟體公司致股東信

年營收超過20億美元的星座軟體公司，專門買下垂直市場的軟體公司，並在調整公司體質之後永遠持有與經營。旗下很多公司都為特定產業（例如交通、公用事業、醫院和旅館業者）開發關鍵任務產品，而不是提供通用（水平式）的應用程式。整間公司由將近300個獨立事業單位組成，在最佳實務的體系中，企業文化強調自治和去中心化：被併購公司的經理人在部門經營及資本調度方面都有很大差異，也保有行政權限，同時各單位都能共享知識，打造優質企業。

馬克・李奧納德在1995年創辦星座軟體公司，2006年上市。李奧納德的股東信受到股東與粉絲的歡迎與渴望閱讀，展現出高階主管與董事成員持有

大量公司股票的股東文化。獎勵獲利能力與業務成長的分紅計畫和董事薪酬，全都是以星座軟體公司的股票支付，而且都要集中保管平均約4年才能拿到。在公司對併購企業承諾要永久經營下，經營成效著眼於長期，不用擔心短期壓力，而且關注在長期動態上。

剛上市那兩年，李奧納德會每季寫股東信，到2009年才改為一年一封信，2017年又宣布之後有需要才會寫信，而不是每年固定寫信。

在2010年期間，有些大股東逼公司進行可能導致公司出售的策略審查程序，不過對李奧納德和其他長期股東而言，幸運的是那些人離開了，還留下一季配息1美元的遺產，並對類似狀況有強烈的反感。

在進行審查程序之前的每季股東信，就像李奧納德提到，顯然是試圖要告訴投資人公司最初5年的計畫、績效指標，以及長期的業務性質。一旦每季的股東信達到最初的教育目的，才轉為每年一封信的形式來傳達長期前景。股東和經理人讀到2017年的股東信中提到這是最後一封信時，都覺得很可惜，都希望李奧納德能改變主意，或者盡量不定期

發布寶貴資訊。

從那次公告之後,李奧納德在公司網站上會針對股東詢問提供書面答覆,現在也匯整成洋洋可觀的問答集,也許這可以給股東更多啟發,因為提出這些問題的是他們,而李奧納德回答起來也比較沒有壓力。回答特定的問題總是比撰寫一整篇有主題、有內容、風格獨特,又要運用機智發揮幽默的完整股東信更為容易。

2009 年到 2016 年的年度股東信最後都以股東會召開的聲明當作結束。可能談到很多主管、董事和事業部總經理都會參加,期待跟大家討論公司的業務狀況並回答問題等等。2011 年和 2012 年這兩年股東信的標準段落也寫到:「隨著法人和個人股東愈來愈多,我希望到場人數可以破紀錄。」

李奧納德的股東信另一個重複出現的特點,是對股東會中股東問答時段的主題提出建議。這些問答主題包括:星座軟體公司的績效指標、相互信任的重要性、如何吸引並留住管理人才、自然成長與併購成長之間的權衡取捨,以及怎麼從萎縮的事業單位擷取豐厚報酬。股東們也都能採納建議,很多都是

星座軟體公司股東會上熱烈討論的主題。

2006年

資本配置

我們現在要開始解釋我們在星座公司對於資本配置的想法。〔星座公司的平均投資資本是〕非一般公認會計原則指標，首先是對各位股東投資在星座公司的資金進行估算。估算之後，我們把每段期間的數字持續加總，再加上調整後的淨利，減去任何配息，再加上股票發行相關的金額，並對紅利計畫和無形資產攤銷做一些小調整等等。

我們嚴密監控我們將股東投資的資本拿來運用的能力。實務上，我們是採用傳統的稅後內部報酬率（IRR）逐一衡量專案項目的績效。董事會會定期設定一個門檻報酬率（hurdle rate），並根據這個門檻報酬率過濾自然成長和併購的潛在機會。內部報酬率很複雜，是以未來為導向的指標，需要做出判斷，而在任何時候我都會估計我們追蹤的50到100個不同的專案項目。

有個比較簡單但粗糙的歷史衡量指標可以衡量公司資本配置的效益。它雖然不像內部報酬率那麼未來導向，卻可以消除一些未來指標普遍存在會讓人遺憾的樂觀傾向。我們以投資資本報酬（ROIC）和自然淨營收成長與董事會設定的

門檻報酬率進行比較，再用調整後淨利相對平均投資資本的
比例來衡量投資資本報酬率。

我們公司有個獨一無二的「驚奇」：我們用很少的資金
來讓事業自然成長。我們大多數事業體實際上是以負數的有
形資產淨值來經營，這表示隨著我們自然成長，這些事業體
消耗的資本很少，或是沒有增加資本，甚至創造的資本還超
過盈餘。不幸的是，自然成長並不是完全免費。我們必須在
研發、銷售和行銷等方面投入資金才能獲得這種成長。這些
費用項目會壓抑調整後的淨利。因此合理的結果是，為了得
到自然成長，我們願意接受較低的投資資本報酬。

2007年

資本配置

2003年，我們制定一個計畫來預測及追踪核心業務中一
些大型專案（我們定義的大型專案是指重要的研發、銷售與
行銷專案）。我們的經營團隊也因此增加列為大型專案的投
資金額。這些大型專案相關的自然營收成長很強勁，有些大
型專案變得非常成功，有些則表現不佳，而且很多最糟糕的
大型專案在消耗大量資本之前都終止了。

在投資組合的基礎上進行檢查（而且這樣做仍需要做出
預測，事業單位產生報酬通常需要5至7年的時間），我們相

信這些大型專案已經產生合理的內部報酬率。可是大型專案的報酬並不像併購產生的報酬那麼吸引人。所以很多經營團隊把更多努力轉移到以併購來成長，而且過去幾年來發起的新大型專案愈來愈少。

大家會樂於看到我們經營團隊做出的反應，現在我們有工具來追蹤大型專案的內部報酬率，藉由在併購市場追求更好的報酬率，來讓資本配置的效益達到最大。理論上，這種轉變沒有錯。但實務上，新專案大量減少最終可能會導致市占率流失。軟體業務有很明顯的經濟規模現象，因此把市場讓給經營良好的競爭者，可能會導致營收惡化。

我還不擔心會減少對新專案的投資，因為我相信這會自行做出修正。隨著對新專案的投資減少，我有信心這只是去蕪存菁，未來很可能會帶來更好的報酬。之後反而會鼓勵經營團隊增加新專案的投資。這個良性循環需要花一段時間，所以我也不會預期會在幾季或幾年看到新專案的投資增加。

自然成長可能藉由併購提高或減弱。當我們併購一家快速成長的公司，就會促進自然成長。當我們併購一家表現不好的公司，就必須先減少或裁撤一些沒前途的業務，自然成長就會受到影響。歷史經驗顯示，我們一般會使併購進來的企業成長，通常可以提供其他產品給他們去銷售給原來安裝程式的客戶，並將我們擴大規模與最佳實務應用在他們的事業上。但是偶爾併購進來的公司需要裁減到只剩下可獲利的

核心事業，這就會讓我們有個更小、但通常獲利更高的事業
單位。

薪資報酬

我們每一季都會公開重申營收成長的目標，而且我們有
一套計畫來獎勵成長。這些因素產生一種強烈的誘因去進行
一些不太符合標準的併購。我們擁有優秀的董事會和許多抱
持長期觀點的經理人，可以平衡傲慢和貪婪的不利影響。我
相信我們有判斷力能維持我們的投資紀律，而且要是認為成
長目標不可能實現，就會謙虛的向下修正。我還沒準備好承
認我們的淨營收成長目標無法達成，但如果未來幾季的成長
還是在20％以下，要實現這個目標就會變得非常困難。

我們相信長期股東從星座公司的股票獲得的報酬無法超
過長期投資資本報酬加上自然淨營收成長之和。我們提供的
薪資報酬符合這個理念，所以以投資資本報酬和淨營收成長
來制定獎勵計畫。投資資本報酬加上淨營收成長要達到24％
可不簡單。我們認為長期下來可以達到這個水準的股票上市
公司大概不到10％。

股東參與

　　這一季我們試圖幫助某位股東賣掉100萬股星座公司的股票，我們花錢找律師和會計師，而且耗費許多管理時間，不過還是沒能完全賣出。在我們宣布這次股票發行時，股價重挫超過10％，不過後來有漲回來一些。我認為股價雖然會波動，但公司的內在價值還是以不錯的速度繼續成長。

　　在行銷這次二次發行股票的過程中，我們發現一個有用的事情是，有很多股東都想跟我們談話。我們之前也提過，我們非常樂意與股東在辦公室會面。各位如果想要預約時間，請直接打電話給我或財務長約翰・畢羅維（John Billowits）。

＊　　＊　　＊

　　最近有報導說，公司的股票出現大量空頭部位（超過30％）。一開始我覺得很有趣，而不是懊惱，我認為這一則股票放空的報導有錯，應該會很快修正。不過我還是跟一些大股東打了招呼，他們告訴我對於這樣的放空並不是很了解，所以我做了一些計算給他們看，很快就發現報導說的空頭部位根本就比我們股票上市後的成交股數還多。我們深入調查後發現，報導中的空頭部位其實是還沒有完成的場外巨額交易。

衡量指標

在某些領域，一般公認會計原則在反映財務實際情況上的表現並不太好，例如商譽和無形資產的會計處理。我們身為企業經理人也要負一點責任，因為我們常常忽略這些「費用」，專注在稅前息前攤銷前獲利（EBITA）、稅前息前折舊攤銷前獲利（EBITDA）或「調整後」淨利（排除攤銷費用）。其實忽略攤銷費用所隱含的假設是資產的經濟壽命永遠不變。（我們企業）有很多情況下，這個假設是正確的。我們會不斷「更新」軟體，加入新功能或更新一部分功能，而且提供所謂的「終身軟體」計畫為客戶提供永續保固和支援。不過有些產品（和市場）無法持續太久，會漸漸失去經濟活力。

但我認為一般公認會計原則並不能反映出這個結果的範圍和時機。不過我們有些內部使用的工具確實可以凸顯事業部門的老化，以及持續復甦。有個粗略指標就是2004年以來併購完成後所做的每季內部投資報酬率的計算。內部投資報酬本質上需要做點預測，所以頗為主觀。但是，我們試著克服不必要的樂觀情緒，隨著時間經過，我們就能漸漸拿預測數據跟歷史資料交叉比對。所有的內部投資報酬率（除了兩筆併購案之外）都超過20％。

2008年

投資

常常有人問我，星座公司為什麼持有其他上市軟體公司的少數股權。答案很簡單，（就是價值！）不過如果談到我們的投資期限和想要擁有股權的公司條件，可能就很複雜了。

星座軟體公司的目標是成為天生具吸引力的軟體公司的永久股東。永久股東有一項工作，那就是要確保由活力充沛、機智與符合道德的總經理經營公司，而且這位總經理能夠長期提升股東價值。對於一個經驗豐富的總經理來說，要讓營收減少的軟體公司產生高獲利並不困難，但挑戰更大的是，在一個投資週期通常超過10年的產業中，既要產生合理的短期獲利，同時又要繼續讓營收成長。了解一家企業的總經理在長期決策上所做出的權衡取捨，才是永久股東最困難的工作。

我們買進未上市軟體公司〔大部分是全額併購〕。不過也有10次買進上市軟體公司的少數股權。通常這些少數股權是在低於內在價值時買進，而且每股價格遠低於我們付錢來經營整個事業的費用。這些買進的股票在我們的投資光譜上往往偏向「價值」投資那端，但他們常常會使風險增加，因為我們缺乏適當的資訊可以判斷這些企業在長期上會做出怎樣的權衡取捨。

　　有些上市公司的優秀經理人起初都不願意讓我們參加董事會來獲取這些訊息，他們懷疑我們可能有不良企圖，或是只圖短期利益。不過當我們買下一部份的企業，就跟全額併購一樣有相同的目標，也就是說，我們就是想要成為天生具吸引力資產的永久持有者。如果允許我們加入上市公司的董事會，我們會簽署協議，限制我們片面出價提出併購的權益。這會讓被投資企業原有的長期股東可以繼續享受身為股東該有的好處。這些股東只要跟我們有一樣的目標，我們認為我們就會是優秀的共同投資人。

　　當董事會拒絕我們加入的提議時，我們也許會訴諸「股東民主」程序，也就是說，我們會接觸其他股東，尋求他們支持我們加入董事會。只有在迫不得已的時候才會片面提出併購。

2009年

衡量指標

　　一般公認會計原則的報表通常是投資人監督企業、判斷公司業績的最佳工具。不過我們也試著提供調整後的淨利、平均投資資本、投資資本報酬、自然淨營收成長和客戶流失率（這些即是「星座軟體公司的指標」）等數字來加以補充。星座軟體公司採用的這些指標確實遭到某些方面的冷嘲

熱諷，所以我在股東信裡也一併列出一些一般公認會計原則的財務指標，它們都可以反映出公司過去10年的表現。各位要是認為其他指標該納入股東信中，很歡迎大家提供建議。

在公司內部，我們把調整後淨利看做是支付現金稅額後產生的現金獲利。和一般公認會計原則的淨利相比，最顯著的不同是我們假設無形資產的經濟價值並不會減少。這個重要假設受到董事會的質疑，各位身為股東必須去監控。我們與董事會的爭議在於「無形資產價值會不斷擴大」的主張，所以我們定期預測每個被併購企業的現金流量，並拿來與原始併購成本進行比較，計算被併購企業的內部投資報酬率。

長期觀點

我們的客戶流失率也能說明我們與客戶之間的長期關係。2009年的客戶流失率大約是4％，表示一般客戶會留在星座公司26年。這種延續超過20年的客戶關係非常寶貴。我們也跟成千上萬的客戶建立共生關係：我們每天處理幾千個客戶要求，每年發布許多重要的軟體新版本，其中都融合客戶的回饋與建議。我們的產品幫助客戶有效經營事業，採用業界最佳實務經驗，並適應持續改變的時代，但客戶每年付出的成本很少超過營收的1％。

策略

　　我們已經在大量不同的垂直市場中連續併購天生具吸引力的小型垂直市場軟體公司，我們也試著成為這些企業的長期企業主。我們維護客戶流失率、並自然維持成長率的數字，再加上我們的獲利能力，表示我們已經很成功。這些例子大多數的狀況是，我們持有一家小型軟體公司的時間愈長，公司就會變得愈大，而且會變得更好。如果我們堅持這個策略（我們稱為「眾多垂直公司」策略），我們就會繼續增加新的垂直公司，而且每年併購更多小公司。

　　到目前為止，我們都讓垂直企業的總經理自行管理，來達到公司整體的級數成長。這裡頭仰賴星座軟體公司提供的基礎設施並不多。我們期望每間新併購的企業也能引進深入了解本業的總經理……已經在垂直市場軟體業（儘管很小）中領先業界、擁有巨大經濟效益的資深人士。我們現在擁有超過100個垂直市場的軟體企業，我們也有些最佳實務可以分享。我們教導最新併購企業的經理人如何讓事業成長，而且讓他們變得更好。只要為這些經理人提供適當的報酬，也不要施以過多干預，我認為我們就能讓星座公司在未來多年持續壯大。

股票換手率低

2009年，我們的股票換手率只有1/11（2008年是1/16）。從2006年股票上市以來，我們的股價表現一向贏過標準普爾多倫多指數，每年平均超過16%。我們似乎吸引一群願意犧牲流動性來換取對他們認為的好公司進行長期投資的股東。我們會繼續尋求長期導向的股東，分享我們的投資方法。

2010年

〔2010年，星座公司一些短期的大股東（私募股權基金）推動一項策略審查程序，董事會按章處理。李奧納德在今年及隔年的股東信中簡稱為「程序」，但他顯然很火大。最後是公司找到新的長期投資人買下這些私募股權的股份，讓星座軟體公司安然過關。〕

公司對潛在買家的行銷活動，已經讓經理人和員工受到很大的影響，難以專心工作。我們也無法確定對方的報價是否可以接受。我們希望盡快走完這個程序，為大股東創造一些流動性，然後重新回歸正軌，好好經營公司。

2011年

長期觀點

我覺得在進行策略審查程序的時候，我們的經理人對於增加人員和費用都太過節制（尤其是針對長期計畫）。在那段期間，我們的經理人接獲指示，停止在新的垂直市場進行併購。此外，一些原本用來進行併購的時間與注意力，轉移到準備或應對想要併購公司的可能買家。我認為（所有這些）都只能提升短期的獲利能力，反而削弱我們對長期計畫和併購的投資。

股票價格

我曾經以為只要專注在基本面，我們的股價就會跟上來。不過去年發生的事情讓我把這個論點重新想了一次。我開始覺得，要是股價和內在價值相差太多（不管是偏高還是偏低），對公司也許會有害：股價太低的話，最後可能引來想併購公司的人；股價太高，則會失去一向忠實的股東和股東員工，他們會去追求更有吸引力的機會。

長期導向需要公司和所有成員高度互信。我們信任經理人和員工，因此試著儘量減少妨礙他們的官僚行政。我們會鼓勵經理人提出專案計畫，這些投資在業界通常需要5年到

10年才能產生報酬。但我們很樂意為他們提供資金來併購不會立即增值、但日後有潛力為星座軟體公司帶來長期特許經營權的企業。

我們幾乎都是從內部晉升，因為彼此之間的互信和忠誠已經花好幾年建立，相反的，新雇用聰明和可操控的佣兵則要花好幾年才能鑑別能力，並在公司紮根。我們用股票來獎勵經理人和員工（集中保管3至5年），這樣的話，他們在經濟上的思考就會跟股東保持一致。而我們想要與需要的回報就是忠誠的員工……要是他們不想待在公司大約5年，那麼這種要經過好幾年才能領取獎勵的措施就對他們沒用，他們當然不會為了長期獲利去放棄短期分紅。

但是公司陷入困境的時候，員工會擔心，信任就會受到侵蝕。他們的擔憂不難想像：現在長期導向的薪酬獎勵計畫會不會改變？獨立經營會不會受到限制？他們的老闆會被開除嗎？他們必須裁掉一定比例的長期員工嗎？該不該支持短期可能會虧錢的長期專案？大股東為什麼想要賣股票，這些大股東看到未來有什麼嚇人的事嗎？

客戶仰賴我們提供工具來維持他們的業務順利運轉，讓他們的資訊系統適應產業不斷發展出來的最佳實務。當宣布公司有可能賣出時，他們也會開始質疑與我們的關係：以後的訂價會改變嗎？他們是否需要更強力的協議來保護自己？他們要跟不同的員工打交道嗎？這家公司要是出售，是不是

會有巨額債務？公司還會繼續投資在開發解決方案嗎？

　　還有長期股東對公司也會開始質疑：董事會考慮賣掉公司，是否是因為擔憂長期前景？公司是否已經發展「完善」，所以股東應該在基本面穩定前馬上賣掉股票？

　　我們的員工、客戶和長期股東去年忍受9個月跟這個審查程序相關的不確定性。在我心中，那個審查程序毫無疑問在傷害公司的前景。可是這個審查程序諷刺而產生的反面結果就是我們的短期獲利得到改善、併購投資減緩、現金愈積愈多，而且董事會能夠制定高額的股息，這些似乎都導致公司股價在16個月以來大漲70％以上。股價上漲，破壞把公司賣給金融業買家的機會，同時也讓兩個大股東可以用接近內在價值的價格出脫部分持股。

　　當我們宣布進入審查程序時，我問過一些資深的長期股東（除了兩個大股東以外）對公司內在價值的估算。結果他們的答案讓我很驚訝（我覺得都相當高），但我認為他們只是想在公司可能賣掉時標個好價格。不過接下來的一年中，雖然股價上漲，這些投資人對星座軟體的持股反而都大幅增加。這個信任投票可以代表兩件事：第一是，在審查程序開始時，讓我接受公司可能被低估了，也讓我確信我們有一群有能力的長期股東，他們可以提供穩定的持股，讓我們繁榮發展。有一位受人尊敬的投資人告訴我：「你終於得到想要的股東！」我真心盼望如此！

「股價管理」的細微差異對星座軟體公司也許非常重要。幾乎所有公司只要股價太低，就有可能進入「審查程序」，顯然我們也不例外。但是星座軟體公司的股價如果太高，我覺得我們很可能會失去最有價值的人才，那就是資深經理人。這些員工大都已經為我們工作很多年，很多人一開始就是事業單位的經營者。他們磨練經營技巧，從同業和自己的經驗中學到最佳實務。

我會說這些在垂直市場軟體事業單位的經理人是其中最有才華的人才（而且我絕對有資格做出這樣的評論）。他們還有另一種非常難得的技巧：他們尊重而且知道怎麼運用資本來產生高報酬率。從我們的投資資本報酬和自然成長的統計數字來看，我們的資深經理人配置資金的報酬率顯然超過25%。

身為投資人，你會知道這個數字非常難達成。所以我們要怎麼留住這些多才多藝的經理人？希望我們可以提供令人滿意的環境、要求高又有趣的同事，以及很有意義的工作。我們也提供不錯的薪資。他們現在的身價都有幾百萬美元，大部分的淨資產都投資在沒有信託的星座軟體公司股票。他們要是不認為星座軟體公司的股票會產生高報酬率，他們只要賣掉股票，再使用自己的獨特技巧去部署和管理資金即可。而且因為我們買下小公司的平均成本不到300萬美元，所以這些經理人幾乎都能很快的自己去做生意。

　　我是一直避免讓星座軟體公司的股價太高，跟很多董事會成員擔心的問題剛好相反。不過我認為現在大家都知道要把股價維持在一定範圍內的重要性，不會吸引外部人士併購，也不會鼓勵員工股東和長期投資人將持股變現。我不認為讓股價和公司的內在價值同步很困難，只要董事會跟我都能認知到要這樣做。

2012年

經濟規模

　　我們的長期股東、董事會和分析師似乎都對星座軟體公司擴大規模的能力感到擔憂。但其實除了回答他們的詢問之外，我沒有花太多時間擔心這個問題。我們已經緩步發展18年，也沒有感覺正要面對即將到來的典範轉移。不過要是有一群聰明、參與經營的股東一直在問同樣的問題，就值得調查他們的質疑，以及問這些問題的心態。

　　根據我的計算，星座軟體公司目前的股價大概是2012年盈餘的16倍。有時候注意增加的數字，會比平均數字有用。星座軟體公司2012年的淨利增加3200萬美元，大約等於每股1.5美元。在淨利增加的同時，星座軟體公司的股價每股上漲大概40美元（看選擇的時點與終點）。

　　我的粗略計算顯示，股東給予我們2012年盈餘增加

的本益比在25倍以上。這樣的本益比創造出成長的必要性……你必須要快速成長到本益比的倍數，不然就會讓股東、分析師和董事失望。所以歸根究柢，在我看來，股價就是引發這一連串對於「擴大規模」的疑慮，並不是我們的經營和表現出了什麼問題。但不管問題從哪裡開始，抱持著做些事情來促進成長的想法似乎都是適當的事。

星座軟體公司的成長有兩部分：自然成長和企業併購。在我看來，自然成長是軟體公司管理上最嚴格的挑戰，但也可能會產生最多的收益。這個產業的回饋週期非常長，所以經驗和智慧只會以非常緩慢的速度成長。

2004年，我們將研發和行銷支出分成兩個部分：專案計畫，與其他事物。專案計畫是開發新產品、進入新市場等所需要的重大長期投資。在中端到高端的垂直市場軟體業務中，專案計畫通常要5年到10年才能達到現金流量的收支平衡。所以我們認為這些費用跟平常的研發和行銷支出應該要分開處理，進行不同的衡量。軟體公司的精神，就是要由眼光嚴格又固執的開發人員（根據實際情況也可能是軟體工程師、產品經理或各種創辦人）定期發布有遠見的新產品。

我們認為，星座軟體公司是少數會以合理方法處理長期研發和行銷支出投資的軟體公司之一。我們不是直接由中央下令或有宏偉的計劃，而是有種預感覺得我們的內部創業應該可以有更好的管理，而且要開始評估它們。由參與專案計

畫的人員產生數據，進行測量和調整。這花6年的時間，但我們已經從根本上改變一整代經理人和員工的思考模式（雖然未必個個都眼光銳利而有遠見）。

另一種方式是透過併購來成長，我們做過很多併購。我們在加拿大還沒聽過進行這麼多併購的公司。我們在美國倒是遇過幾家併購經驗比我們豐富的公司。他們提供一些有趣的啟示，但也沒有明確的模型可以仿效。我們的併購方法幾乎都是土法煉鋼自己摸索出來的，但往往只是將幾個基本主題略加變化而已。

我們最喜歡、也最常進行的併購是從企業創辦人手中買下公司。創辦人投資一生去創立企業，長期經營的思考往往滲透到企業的各個層面，包括員工的選擇與發展、建立和打造共生的客戶關係，以及不斷開發複雜的套裝產品。創辦人的事業體和星座軟體公司在文化上最為契合，而且我們買下的企業大多數仍留在星座軟體公司的旗下，由原有的經理人團隊獨立經營。

我們追蹤數千家這種潛在併購標的，而且我們常常會讓那些公司的老闆知道我們希望有機會在合適的時機成為永久的企業主。這些併購的供給跟人口因素有關。這些企業大都是跟著迷你電腦和微電腦一起出現，他們的創辦人很多都是戰後嬰兒潮世代，現在正思考著要退休。

對我們而言，最有利可圖的是併購不良資產。有時候

大企業會說服自己，產業周邊的軟體公司會是不錯的併購標的。但這樣做很少會產生預期的綜效，而且常常會有很激烈的文化衝突，所以母公司最終會選擇賣掉併購的軟體事業單位。這種狀況常常會拖個5到10年，原本倡議併購的人必須先離開，整個資產才會從公司切分出來。

我們從企業賣家那裡得到最有吸引力的併購似乎都出現在經濟衰退期間。有時也會透過運作很久的私募股權基金去併購投資組合中的企業。這些企業常常都是很棒的併購對象，但因為某些原因無法吸引企業買家。不過由大企業和私募股權基金分割出來的事業體，往往比我們從創辦人手中買下的企業要大得多，所以併購後的企業文化挑戰往往不小。

在沒有大幅重整、資本重組或很多煩憂下進行一些調整和正常發展變化，我相信星座軟體公司的管理和財務能力會在5到10年內讓併購進來的企業規模和每股獲利增加一倍，同時持續配發股息。對任何公司而言，這都是讓人印象深刻的成就。那麼星座軟體公司有沒有能力維持過去10年的速度繼續擴展規模呢？我覺得我們也不必太客氣說不會，我確認我們還是會繼續努力。

股息政策

配發股息是一種戰術，不是一種策略。它會讓我們的股

票更有吸引力，進而幫助我們為私募股權投資人找到出場的
機會。我們感謝很多新投資人對星座軟體公司充滿信心，買
下私募股權基金持有的股票。我們也發現到，這些投資人買
股票有一部分就是為了股息和隱含的持續收益。取消股息會
剝奪讓我們獨立經營的股東的權利，他們不會認可我和許多
資深管理團隊，因此我不想看到這種狀況。

2013 年

尋找好股東

　　理想上，我們希望星座軟體公司的股價會跟著基本面的
表現一起提升。不管任何時候，我們都希望股價高到讓想併
購的人打退堂鼓，而且低到讓我們經驗豐富的長期投資人不
想要賣出股票。要花很多時間和力氣去吸引和教育合格的股
東與合夥人，因此我們希望賣掉股票是他們最後才做的事。

　　這些經驗豐富的投資人如果因為股價太高而賣出股票，
接手買股票的一般會是經驗不足的投資人，他們最後一定會
失望。這可能導致股價過度修正，結果不是引起有人出價併
購，就是掠奪性的大量買回庫藏股。管理團隊和董事會喜歡
買回庫藏股，他們常常會因此改善經理人和內部人的情況，
也會得到財經媒體的好評。我認為根據內線消息買進股票經
常是可容忍、但不恰當的例子，這不是把股東當成合夥人，

而是當成獵物。

　　除了我們經驗豐富的長期股東以外，我們還有第二個不是以財務導向的長期投資人，包括我們的一些員工股東。我們的員工紅利計畫要求薪資超過一定門檻的員工都要投資星座軟體公司的股票，而且持有時間平均至少要4年。實際上，他們平均持有時間更長。我們感覺有重大責任要保護非專業的投資人。要做到這一點有個方法，那就是試著確保股價始終維持在合理的範圍。

　　過去兩年來，星座軟體公司的股價每年上漲約68%，每股營收和每股營運現金流量卻只分別成長25%和27%。股價漲幅和基本面利多的差距讓我們做一項實驗，看看本益比增加是否合理（這段期間的每股營收和每股盈餘大概都翻了一倍）。

　　我們聯繫8位在投資銀行和券商研究星座軟體公司的分析師，詢問他們的現金流量折現模型（discounted cash flow model）。這些分析師也會使用同業比較、市場倍數評估（market multiples）和其他方法作為價值評估流程的一部分，所以他們這套現金流量折現模型不能完全解釋他們對星座軟體公司的價值評估。不過這些分析師的模型的確是根據對公司的基本假設開始。

　　當我們檢視分析師對公司自然成長、併購成長、併購訂價、資金成本、毛利率、稅率和期末成長率等假設的平均值

時，我們發現這些假設大都還算滿意。不過我們對未來現金稅率和期末成長率並不滿意（這兩個數字對我們而言似乎太低）。

我們針對這些改變做出調整，創造出一套現金流量折現模型，用分析師的平均假設值，再加上星座軟體公司的一些調整組合而成，我稱之為「共識模型」（Consensus Model）。共識模型產生的股價比市價略高，雖然如此一來就沒有投入星座軟體公司資金所需要注意的安全邊際，不過這個練習的結果是，確實能夠根據假設做出計算，證實目前的股價與公司過去的業績表現相近。

實驗中最有趣的部分是運用共識模型進行一些敏感度分析，並研究各種替代策略。以下所有的範例都是假定只有一個變數改變，但實際上我們的營運是動態的，改變一個變數就會影響到整個業務。

自然成長的假設變動，會對星座軟體公司股票的內在價值產生重大影響。只要在假設的基準線上加上2.5％的自然成長，就會得出超過兩倍的內在價值。要是基準線上的自然成長縮減2.5％，股票內在價值就會減少將近一半。你可以看到為什麼這麼多軟體公司的執行長會執著在成長上。

如果我們假設星座軟體公司沒有進一步去併購，共識模型計算的內在價值馬上就會剩下目前股價的一半。這個評估值的大幅變化讓我很驚訝，這表示我們的併購活動減緩，或

是併購的企業表現不佳，公司股價會非常明顯的重挫。星座軟體公司剛成立的那幾年，我假設股東會對收到由所有公司自由現金流量發放的股息，以及將現金留在公司進行併購感到左右為難。但根據這套模型的計算，事實並非如此。

我們也以共識模型嘗試另一種情境，就是進行大型併購。基本假設依舊是我們從大型併購產生的營業毛利和成長與小型併購相同。毫不意外的是，共識模型預測大型併購會大幅增加內在價值，但是比不上以較低的購買價格倍數（price multiples）進行「很多小型」併購。這也證實我們的看法，要是不能進行更多小型併購，偶爾進行一次大型併購是很合理的事。

我們執行的最後一個情境牽涉到非普通股資本（也就是舉債等類似的做法）的使用。假設我們募集足夠的資金來保持營收成長率超過20％，而且我們以槓桿不是太高的資產負債表來經營，共識模型對這個情境的計算結果是，就算我們運用高成本的債務，也會大幅增加股東價值。

這個模型練習帶給我最大的驚喜是，我們過去兩年的倍數擴張可以證實我們的「採購引擎」發揮功效。我寧可市場為我們過往的併購能力付費，而不是對未來的預期付費。不管怎麼說，過去多年來的併購顯然為股東增加很多價值，尤其是在經濟危機和經濟衰退的時候。

2014年

企業結構

股東有時候會問，我們為什麼不追求讓公司的研發與行銷等中央部門擴大規模。我個人偏好維持比較小型的事業單位，大多數決策也都下放給各個事業單位去做決定。部分原因是我還是創業投資人時，在小型高績效團隊的經驗；部分原因則是看到在多數垂直市場中有幾個活躍的競爭對手，它們的獲利能力和相對規模幾乎沒有什麼關係。

我們經營團隊的一些總經理同意我的看法，有些人則不以為然。各位要是同意我的觀點，這還有一些含意：我們應該：（a）定期把最大的事業單位分解成較小、更聚焦的事業單位，除非有十分明顯的理由要保持業務完整；（b）併購進來的企業大多數維持獨立經營，不與星座軟體公司現有的業務合併；（c）降低總部和經營團隊的成本。

我發現有些股東把星座軟體公司的策略和其他事業單位的策略混為一談。我們個別的事業單位雖然都有護城河圍繞，但建立一個「垂直市場軟體企業集團」的障礙幾乎都是一本支票簿和一部電話。不過，星座軟體公司擁有讓人羨慕的資產是其他人難以仿效和維持的：我們有199個不同的事業單位，以及一個開放、分工合作與精於分析的企業文化。這讓我們許多事業體可以檢驗各種假設、測試構想的現成來

源，以及能從他們的應用中受益的廣大受眾。

跟我知道的任何一家公司相比，我們可以更快、更便宜的判斷出新事業流程能否有效運作。這種特殊實驗不需要什麼龐大系統，也不必對不願接受的人兜售新教條，只需要有幾十個事業單位的經理人感到好奇，再加上一些聰明的分析師，就可以合理測試一個流程是否有效。一個全新的最佳實務一旦開始在星座軟體公司內部發揮效用，大家就會快速模仿這個廣泛傳播的標準資訊。我們發現一些高績效的大型企業集團也是這樣，先從各種構想打造新流程，再不斷完善，盡快讓更多被併購的企業提高業務流程的學習曲線。

薪資報酬

我去年請董事會把我的薪水降到零，並降低我的分紅比例。不過星座軟體公司的業績很好，所以就算做了這些調整，我的薪資報酬實際上還是有增加。今年我一樣不領薪水，沒有獎勵性薪酬，我也不會再向公司申報任何費用。

我在星座軟體公司成立的頭20年擔任董事長。現在我要放棄所有薪資，因為未來我不想再跟過去20年一樣拚命工作。減少薪資會讓我有更加平衡的生活，減少一點個人義務的壓迫感。我負擔自己的費用則是因為不同的理由。我以前都是搭經濟艙、住普通旅館，因為我不喜歡占股東的便宜，

也想為公司每個月出差的幾千位員工樹立好榜樣。但是我漸漸老了，也愈來愈有錢，我發現我願意花自己的錢來換取舒適、便利和速度……因此我很害怕你從現在開始看到我搭飛機的時候，大多是坐在機艙最前面。

我熱愛我的工作，除非健康狀況變差或董事會覺得我該離開，不然我不會停止工作。我們有個優秀的董事會，我相信他們會判斷什麼時候我作為高階主管已經不能再增加任何價值。

我知道有些董事、股東和員工對這樣的安排有疑慮，或以後會有疑慮。我還是計畫做我一直在做的工作：併購、監控、開發最佳實務、投資人關係和融資。我只是不想在周末通宵達旦的工作，而且像早期工作時一樣一周固定工作超過60小時。各位請注意，星座軟體公司擁有非傳統的組織架構，而且到目前為止我們似乎是在沒有中央化的命令與控制之下蓬勃發展。雖然我不會跟以前一樣有那麼多出差，也不會花那麼多時間投入工作，但星座軟體公司的經營團隊有很多經驗豐富、有才能的經理人，他們會成為比我更好的教練、文化生成者，以及構想的產生者。

這項薪資的改變產生的一個結果是，我避開委託人與代理人的問題（agent-principal problem）。我擔任董事長的薪資現在只靠我在星座軟體公司持有的股票。本質上我在星座軟體公司是各位股東的合夥人，而不是大家的員工。我更喜

歡合夥人的感覺。

2015年

企業結構

〔李奧納德討論星座軟體公司連續幾季探討高績效企業集團（HPC）的學習心得，首先注意到幾十年來持續繁榮的企業，再來是少數幾家股東權益報酬率至少有10年表現優異的公司。研究對象包括：阿美特克公司（Ametek）、丹納赫集團（Danaher）、道爾公司（Dover）、伊利諾工具公司（ITW）、羅普公司（Roper）、傑克亨利公司（Jack Henry）、傳斯汀公司（Transdigm）和聯合科技公司（United Technologies）。〕

我一直鼓勵經營團隊把更多的併購活動下放給事業單位進行，即使這代表會有更高的資金部署成本。如果我們能把幾百名事業單位經理人培養成合格的兼職資本分配者，在需要時為他們提供併購分析和結構上的支持，那麼我可以預見有一天我們一年會進行100筆併購，不再只是30筆而已。這會讓事業單位經理人的工作更加豐富，也更有趣，但同時要求也更高。

在高績效企業集團中，只有一家併購好幾百家小公司，並它們自主管理，不過最終他們還是讓權力更加集中。我的直覺是，要同時支持那麼多小企業和它們的企業家領導者，

需要採取一種非比尋常的信任文化和長期的投資視野。如果彼此的信任動搖，事業單位可能就會被官僚結構抹殺。要是短期表現最重要，那麼要求合併綜效的警報聲就會很大。但我們還是繼續相信自主權和責任感可以吸引和鼓勵最好的經理人和員工。

我們現在要怎麼吸引和留住最好的事業單位經理人呢？我們最好的事業經理人多年來透過自然成長，以及在垂直市場與相鄰市場進行企業併購，創造出兩位數字的成長率。這種低資本密集的複合成長產生強大的經濟效果，也獲得可觀的獎勵性薪酬。但是對於剛接任工作、而且只經營一個事業單位的經理人來說，這個複合效果還不夠明顯，所以我們推出一項額外的紅利計畫，目標是讓這個團隊持續存在，直到他們的財富累積潛力變得更明顯。到現在為止，我們有超過100位員工兼股東的百萬富翁。但從現在開始的未來10年，我希望人數可以增加到5倍。

由於投資資本報酬率也是我們獎勵計畫的主要項目，所以我們很關注「投資資本報酬率愈來愈高」的問題。投資資本報酬率已經很高的時候，紅利相對於發放紅利前的淨利會顯得不成比例，也不合適。這種情況我們已經遇過好幾次。這時你可以更改計畫、設定獎金上限，或要求經理人保留獲利，並把獲利用在併購或專案計畫上。

我們不喜歡改變紅利計畫，因為重新建立信任要花好幾

年的時間，才能讓經理人願意權衡短期獲利和紅利，換取更長期的獲利能力。我們在2011年大股東想要賣掉星座軟體公司時看到這種情況。投資資本報酬率快速增加，併購速度大幅減緩，專案計畫支出也下降。面對新老闆打算更改紅利計畫並大量舉債來併購，我們的經理人做出預期中的反應，讓短期獲利和紅利達到最大，犧牲長期成長與長期獲利。

第二種選擇是設定紅利上限。這感覺是很強烈的誘因要去移開景氣好與景氣差那幾年間的營收和獲利，也會破壞會計和資訊系統在管理上的功用。好人有時候也會迷途，在「大家都這麼做」和「這只是個灰色地帶」的引導下，一步一步變成壞人。我們最不想做的就是建立一種獎勵機制去把員工推上那條滑坡，所以我們並不熱衷設定獎金上限。

第三種選擇是把資本配置任務下放到事業單位和經營團隊。如果他們創造可觀的報酬，也需要學會怎麼重新配置這些資金。如果他們不能創造出豐厚的報酬，我們也很高興讓他們把剩餘的資金繳回總部。

由於經營團隊和事業單位「擁有」我們大量的人力資源，它們也具備開發機會和管理機會的才能（不管這些機會是併購，還是專案計畫）。因此在投資資本報酬率非常高時，我們選擇採用這個方法。

我們使用內部報酬率來判斷過去的表現，我們每季會更新併購的內部報酬率預估。但隨著「歷史紀錄」愈來愈多、

需要「預估」每次併購的內部報酬率愈來愈少，內部報酬率就成為衡量經理人投資績效更好的指標。不過需要花好幾年才能找出誰才是最好的資本配置者。星座軟體公司的股東沒有內部報酬率的資訊，若是看到也可能會有疑問（因為根據定義，這裡面包含許多預測值），而且大概也不想研究我們進行的（幾百次）併購。這些資訊洩露出去會給競爭對手知道我們併購的訂價，這樣他們會更有效的打敗我們的出價，而且併購表現的數據也會讓他們想要在我們最想進入的市場跟我們競爭。所以提供內部報酬率的資訊並不是讓股東了解狀況的好辦法。

2016年

投資

我最近進行一椿大型交易案。隨著一天天經過，我對這個過程愈來愈投入……不是因為消息有多好，而是我花更多時間在對未來的期待上。這筆投資並沒有完全達到我們的門檻報酬率。我們無法協商出一個架構來讓內部報酬率額外提升一點，而且大魚就要溜走了。決定要不要投資的差距很小。

我們公司現在有26個經營團隊和投資組合經理人，他們超過一半以上的時間都用在併購上，另外整個公司還有60

位全職的併購專業人員。我們正在努力擴大併購能量,從去年的40筆併購案提高到每年100筆。對我而言,再次體驗到這些人每天面對的誘惑,實在十分有用。

長期觀點

我相信星座軟體公司是老闆兼經理人的企業最理想的歸宿。這些公司如果只有幾位員工,我們幾乎就會讓它以獨立事業單位來運作。我們尊重員工在垂直產業的專業知識,也會為他們提供機會向其他事業單位類似部門與職能的員工學習。我們不會讓它們的產品停止支援,而且我們認為客戶和事業單位經理人應該去選擇哪些產品可以繼續投資,而不是由總部的技術長或產品策略師選擇。

這些老闆兼經理人如果想要趕快接班,也很有可能是由指定接班人繼續為星座軟體公司經營事業。老闆兼經理人要是想再多待幾年,或許想要花很少的時間在日常管理上,花更多時間在併購上,那麼我們對這樣的結果也很歡迎。各位如果是上述任何一類的垂直行銷系統企業的老闆兼經理人,我們都可以安排各位與之前把公司賣給我們的企業老闆會面聊聊。

老闆兼經營者

　　我們最好的經理人都已經得到晉升，而且培養出一些追隨者。當他們擔任事業單位的經理人時，就會像自己「擁有」那個事業單位一樣採取行動，而且會堅持下去。他們跟員工和客戶都建立深厚關係，覺得自己責任重大。要是服務單位受到影響，他們會找方法來讓事業自然成長，或者藉由併購來建立垂直優勢。他們經營事業單位有所進展時，也會去指導其他事業單位。要是對自己和團隊充滿野心，他們就會發展成為經驗豐富的投資組合經理人，擁有一支身經百戰且值得信賴的團隊，幫助他們繼續併購，繼續壯大投資組合。剛開始的時候公司雖然很小，但一直在成長茁壯。速度雖然不快，但在漫長職涯慢慢累積鍛鍊，他們的專業、滿意度、財富和追隨者的數量都會成長。

2017年

長期觀點

　　我們現在的政策是，在我們認為可以達到門檻報酬率的目標時，把投資人的資金全部保留下來投資（甚至投資更多）。要是無法找到足夠吸引人的投資標的時，我們計畫會維持我們的門檻報酬率，並在股東和董事會允許下留下現

金。我們認為長期股東和董事會應該會設定這些政策。

我們的股票每年有快一半會轉手，這表示很多股東並不是長期投資人。這些交易員買進我們的股票，因為他們希望能在3個月或6個月內以更高的價格賣出。

有一類股東是指數型投資人。他們買進股票是因為我們是他們模擬指數的成分。這些人的行為都是公式化的。雖然他們實際上可能是長期持有者，但很難找這些指數投資法人的某個人談話，就算我們這樣做，他們對我們公司也不太了解。

另一種類型是星座公司的長期股東，他們花時間和精力想要了解我們公司，甚至想要對公司發展和繁榮做出貢獻。我們很幸運擁有幾十位法人機構投資人、幾百位個人投資人和幾千位抱持這個觀念的員工股東。我都稱他們是「積極型投資人」（enterprising investor，也許只是從原始定義延伸）。當我們需要股東建議和諮詢時，他們是最好的顧問團。

13

盧英德
百事公司致股東信

盧英德是印度裔美國人，耶魯大學畢業，在1994年進入百事公司，2006年成為執行長，從2007年到2017年退休之前熱衷撰寫股東信，她的任期長度讓人印象深刻，是美國大企業執行長平均值的兩倍。在成為執行長之前，她負責公司的全球策略，執行一些提升價值的壯舉，例如讓連鎖餐飲部門獨立（現在叫做百勝集團〔YUM! Brands〕，旗下品牌包括必勝客、肯德基和塔可鐘〔Taco Bell〕）、收購純品康納（Tropicana）和開特力（Gatorade）、合併桂格燕麥（Quaker Oats）。

在她的執行長股東信中，她強調強大的全球趨勢，以及百事公司對它們的掌控，尤其是以「做好事得好報」為主題（她稱這是「做好事而讓事情做得更

好」)，還有關於環境、人力資源與才能培訓等多方面的永續發展議題，以品牌重新定位和產品重新分類來呈現，像是把洋芋片和一般汽水歸類為「趣味類」(fun-for-you)；低脂零嘴和無糖汽水則是「健康類」(better-for-you)；燕麥片和柳橙汁則是「有益類」（good-for-you）。這幾年的大趨勢朝向更健康的產品組合發展。

這些股東信從一開始就很吸引人，而且變得愈來愈充實，也愈來愈長，2007年首度發表時才1500字，到了2012年增為3倍。所有的股東信合計大概是2萬7000字，以下摘錄大約1萬字。從她被任命為執行長開始，她就明確揭櫫以「兼益」為座右銘，並追求「商業與財務的成功，同時為社會留下正面印記」。所有股東信都以這個主題為核心。

這些股東信博大精深。2007年的股東信分別引用伏爾泰（Voltaire）、維吉爾（Virgil）和歌德（Goethe）*的經典哲學名言來舖陳健康食品、永續發展和相互尊重等主題。[23]後來的股東信也引用

---

* 編注：伏爾泰是法國啟蒙時代的思想家；維吉爾是古羅馬詩人，人稱「羅馬的荷馬」；歌德是德國18與19世紀著名的文學家。

艾森豪、甘迺迪總統和越南一行禪師（Thich Nhat
Hanh）的名言。這些名言將公司的繁榮發展與對社
會的承諾結合在一起，所以引發各方好評，但偶爾
也會受到懷疑論者的冷嘲熱諷，認為跨國大企業是
否如宣傳般的充滿使命感。[24] 這些股東信最具見解
的是盧英德辨別出全球大趨勢，說明百事公司的策
略調適與策略方向。

2014年的股東信歡慶百事公司在目前架構下已經
經過50週年，這是從百事可樂和菲多利公司（Frito-
Lay）在1965年合併起算。今昔的數字對比相當驚
人，營收從5億1000萬美元成長到660億美元，
市值從8億4200萬美元成長為1410億美元。盧英
德提到，如果在1965年投資百事公司100美元，
50年下來會成長到4萬3000美元，年化報酬率是
13.2%，遠遠超越標準普爾500指數的9.8%。

盧英德誇耀公司的長期成長當之無愧：百事公司是
少數從1965年到2014年都是標準普爾500指數成
分股的公司（500大中只有77家）。盧英德每年也
很驕傲的談到百事公司連續40年股息成長，並從
1990年代末期以來大量買回庫藏股。她在倒數第二
封股東信還指出，在她任職期間，百事公司的年化

股東權益報酬率大約是8.2%，比標準普爾500指數
高出130個基點。

2007年

獲利與目的

在網路連結的全球市場中，企業必須擁抱快速改變和相
互聯繫的現實情況，而且公司的策略必須整體考量到各種形
塑未來樣貌的複雜因素。所以我們在去年就說，我們要努力
交出成績，但是要交出抱持特定目的的成績。

我們的業績表現和我們的目的密不可分，它們甚至不是
一個銅板的兩面，而是合為一體。比方說，產品組合的轉變
（提供消費者更健康的選擇）跟人類永續發展和公司營收成
長是一樣的。人類、環境和人才的永續等三大要素的結合，
就形成我們的目的。

人類永續發展的目標是用各種產品來滋養消費者，從點
心到健康食品。我們也很榮幸能提供消費者各種選擇。我們
的產品帶來歡樂，也提供營養，而且美味。在2007年，我們
在人類永續發展上有很好的進展：

- 重新調配現有的部分產品，提高營養成分。
- 為了回應消費者對更健康和更營養的零嘴和飲料的需

求，推出新產品。

- 與各國政府、衛生官員和非政府組織合作，幫助解決肥胖問題。
- 繼續增加符合「聰明標章」（Smart Spot）要求的產品組合。
- 提供消費者許多全新的食物選擇和創新。

目的的第二部分是對於環境的永續。企業跟個人一樣，必須擔任自然資源的保管人；也跟個人一樣，公司去做能做的事是個道德急迫性的問題；不過這也是一個商業急迫性的問題，現在的公司如果在環保方面沒有維持良好紀錄，就很難招募到最優秀的人才，更不用說節約資源一向跟企業生產力有直接的關係。

我們的既定目標是進一步減少水資源和能源的消耗，朝著「淨中性」（net neutral）的理想前進。以下是我們在2007年繼續取得實質進展的方法：

- 製程用水再利用，和當地社區合作提供清潔用水，支持當地農民讓「每一滴水增加更多收穫」。
- 資本支出超過500萬美元的專案項目都要把環境永續問題和機會納入考量，作為計畫評估的一部分。
- 運用新技術來節省能源，並透過品牌行銷活動來宣揚

我們保護環境的努力。

● 購買再生能源證書來抵銷百事公司所有美國廠的總購
電量。

這些措施帶來不少成果。從1999年以來，菲利多在
北美地區的每磅用水減少超過38％，製造用燃料減少超過
27％，用電量減少超過21％，和1999年相比總共節省5500
萬美元的能源和水電成本。這些措施和其他許多行動讓我們
被納入道瓊永續發展指數（Dow Jones Sustainability Index）
的北美指數與全球指數的成分股中。這些活動本身都很重
要，也支持我們第三部分的目的：珍惜我們的員工，我們稱
之為人才永續。

2008年

企業焦點

現在世界各地，不管是愛荷華州的錫達拉皮茲（Cedar
Rapids）、加拿大卡加利（Calgary）、上海、聖保羅、墨西
哥城、莫斯科或孟買，我們的員工都會從公司共享的使命中
汲取力量和靈感。碰到困難的時候，特別重要的是要清楚知
道自己的使命。不管用什麼標準來看，2008年是極端的一
年，是劇烈震盪的一年。

信用寬鬆變成信用緊縮，使得很多企業和消費者資金不足。全球經濟迅速陷入衰退。石油價格逼近每桶150美元，接著很快要回跌到40美元以下。玉米、糖、燕麥和其他大宗商品價格整年都會出現大幅波動。

匯率有時會劇烈波動，使得全球商業交易也變得更加困難。道瓊指數從2008年初超過1萬3000點，到年底已經低於9000點，甚至拖累包括百事公司在內最強健的公司股票。

總之，我想不起還有哪一年更為多事或更為艱難。但我也不認為悲觀是恰當的。我們公司的獨創性會再次展現。我們所有出色的團隊都有自信挑起重擔，迎接即將到來的經濟和市場挑戰。

因此，百事公司的全年表現比道瓊工業指數和標準普爾500指數都要好。我相信這是因為我們雖然無法控制市場波動，但還是專注在我們的成長策略，所以我們的核心業務在2008年仍然維持良好表現。

2009年

企業文化

有位羅馬作家在兩千多年前曾說：風平浪靜的時候，任何人都會航海。等到進入波濤洶湧的海域，才是耐力與膽識的真正考驗。沒錯，今年見識到什麼叫做波濤洶湧。2008年

的經濟風暴已經變成2009年的全面暴風。企業界因為大宗商品成本的大幅波動、信用市場的凍結、匯率的波動，以及國內生產毛額的負成長而跌跌撞撞。

在百事公司，似乎每天都要面對新的挑戰，每個挑戰都要考驗我們組織的實力和能力。但是我現在可以自豪的宣布，我們已經出色的通過耐力和膽識的考驗。我們是充滿韌性的公司。我們員工同心協力的能力，讓我對從2009年邁向2010年與未來感到無比振奮。

我不認為這只是因為我們擁有所有傑出人才的能力。我認為我們公司不只是將這些重要零件加總起來；我們從百事公司建立的價值觀與原則這個堅實基礎上，獲得許多額外的優勢。

在充滿挑戰的全球經濟中，工商業界和各國政府都深切反省，努力尋找世界金融問題的根源，為了解決這種情況而分擔責任。這一年大家對充滿活力、運作良好的市場核心問題展開激烈爭辯，也讓我們更清楚了解到企業道德與經濟健全息息相關。

美國前總統艾森豪曾說：「把特權看得比原則還重要的人，很快就會失去原則，也會失去特權。」企業也是如此，在過去18個月來，事實證明這句話一點也沒錯。

我們在百事公司很幸運能在當前經濟低迷之前，就把「兼益」的理念嵌入到我們的文化和組織架構中。這才是百

事公司在2009年保持領先地位的根本因素。

我們的基本信念是現代企業要把績效與道德問題結合在一起，這比以往任何時候都更能引起共鳴。對消費者來說，這是將信賴的品牌轉化為經濟和社會價值。對政府和大眾來說，這會轉化為責任。這是承認企業對於它所在的社區、對服務的消費者，以及使用資源的環境都有責任。

兼益代表我們會繼續帶來對社會有益、也對企業有益的東西。鼓勵我們在地行動時，也要考量對全球的影響。它幫助我們進入新社區，利用當地的產品和人才來推動我們的成長。讓我們致力於增加人才的多元性，從全球招募最聰明、最有才華的員工來增強實力。幫助我們專注在保持長期優勢，做好充分準備來利用所有成長的機會。最重要的是，百事公司的承諾是繼續創造可觀的價值給股東。

我們對**兼益**原則與價值觀的承諾，幫助我們在全球開展業務，贏得消費者、合作夥伴和社區的信任與尊重。藉著堅定守護這個基礎並繼續執行我們的策略，我們確保百事公司會繼續為所有利害關係人提供長期持續的成長。對社會而言是正確的事，對企業而言也是正確的事。

2010年

永續發展

　　百事公司有19個品牌，每個品牌都產生超過10億美元的零售金額，而2000年只有11個品牌。品牌是我們的命脈，我們在既有的全球性品牌進行投資，來維持和提升品牌資產，同時也要審慎關注在地和區域性品牌。2010年我們零售超過10億美元品牌的營收全都在成長，有一部分就是品牌建立活動的功勞。

　　2010年我們也更加重視員工的領導力發展、日常輪班，以及經驗學習計畫等等。我們的員工讓公司與眾不同，因此，吸引好人才，留用、再培訓和打造好員工，才是我們最大的優勢，以及持續不斷的挑戰。

　　除了維持財務表現外，我們在推展**兼益**上也獲得重大進展。4年前我們意識到環境正在改變：大家關注的重點漸漸從公司的能力轉移到公司的特質。因此一種全新的理解成形：企業道德與財務成長不只有關聯，還密不可分。而這正是百事公司長期珍視的信念。

　　「兼益」的意思是，藉由投資在讓人類和地球有更健康的未來，來達成永續成長。績效一直是百事公司的命脈，我們也始終努力提供最好的財務報酬。但是我們還更進一步。我們安排更多短期和長期目標，包括以零售合作廠商、消費

者，當然還有投資人眼中的評判標準，來衡量我們的表現。
重要的是，這不但不會犧牲為股東創造的價值，反而正是價
值的來源。

　　這一切都是要把公司的業績和我們對社會與環境的承
諾結合在一起。我們設定一系列長期目標，也確保它們支持
短期需求。我們的事業和道德理念密不可分，百事公司的每
個人都因此以公司自豪。所以我在此說明卓越績效的三大目
的：人類、環境與人才的永續。

　　人類永續：人類永續是我們承諾要鼓勵大家過著平衡而
健康的生活。我們必須在提供的產品組合中取得平衡，讓消
費者享用令人愉快又有益健康的食品和飲料。我們要為大家
提供吸引人的選擇，可以管理成分，提供更好的營養教育，
以及用吸引人的計畫來鼓勵體育活動。

　　不過關鍵是提供選擇。藉由擴大產品組合，我們確保
消費者可以滿足口腹之欲，又能在健康意識下選購各種健康
的美味零食。我們是健康體重承諾基金會（Healthy Weight
Commitment Foundation）的創始會員，這是第一個幫助美國
民眾在熱量攝取與消耗中取得平衡、維持健康體重的聯合基
金會組織。

　　環境永續：環境永續是我們保護地球自然資源的承諾。
我們減少用水，提高水資源的回收利用，並且儘量減少碳足
跡，來投資一個更健康的地球。我們努力發展永續農業，協

助所在社區保護水資源和採用有效率的農業方法，讓大家都能獲得安全的用水。我們努力做到這些事，就能確保百事公司能夠持續到永久。但是在此時此刻，我們也正在減少能源和廢棄物的成本，贏得消費者和政策制定者的信賴，證明我們是一家認真承擔責任的公司。

2010年我們提高在土地與包裝方面上的承諾，和廢棄物管理公司（Waste Management）、綠色大都會公司（Greenopolis）與非營利組織讓美國保持美麗（Keep America Beautiful）合作發起「夢幻機器」（Dream Machine）回收夥伴計畫，目標是把美國飲料容器的回收率從2009年的38％提升為2018年的50％。

人才永續： 人才永續是我們對員工投資的承諾。我們的目標是幫助員工創造成功，並培養公司發展所需的技能，同時也要為所在社區做出貢獻。這是要創造出員工能夠發揮所長的環境，建立多元的人力團隊，讓員工群反映出我們的消費族群。

2010年我們推動全新的百事大學領導力計畫，把員工培訓和發展列為優先重點。我們持續創造讓員工全心投入工作的文化已經獲得肯定，讓我們在土耳其、印度、西班牙和巴西得到眾多的「最佳雇主」獎。

2012年

長期觀點

以長期觀點經營公司，就像是一場沒有終點的賽車比賽。要贏得長跑，就必須不時中途停下來保養、加油、調整引擎與其他零件，長期下來才能跑得更快、更穩健、更具競爭力。

全球趨勢

過去幾年來有很多力量結合在一起，讓食品和飲料產業的外在經營環境徹底改變。這些變化對企業要在哪裡競爭、怎麼競爭才能生存和發展，也產生重大影響。全球總體經濟的成長已經顯著減緩，前景依然憂喜參半，尤其是在已開發國家的市場。但全球經濟實力變得漸趨分散之際，現在東方國家在世界上扮演更重要的角色。西方人口結構發生變化，戰後嬰兒潮世代、婦女和小家庭的消費比重不斷提升，各國不同種族與移民社區也在迅速成長。

消費者和政府更加關注健康與福祉，改變我們的產品與品項種類的成長軌跡。消費者顯然正在改變習慣、偏好和消費模式。食安保障現在已經成為政府和消費者心中的頭等大事，公司內部對確保成分和生產追溯的穩健系統需求增加。

大宗商品價格的持續上漲與波動，對企業成本結構帶來挑戰。同時世界各地的環境意識愈來愈強烈，對水資源使用、廢棄物處理（特別是塑膠製品）和工業的能源使用也愈來愈關注。

最後，全球零售環境正在改變。在新興市場和開發中市場，組織化的現代交易成長正開始慢慢取代傳統雜貨店，而且在已開發國家，一些折扣商店和廉價商店也在快速成長。此外，網路零售也開始進入我們的產品類別，同時社群網站對任何正面訊息和謠言都能瞬間擴大宣揚。

這些改變整個結合起來，給食品和飲料產業帶來巨大壓力。有些已開發市場和產品類別的成長前景已經大幅減緩，但在新興和開發中市場還需要投入新技能才能成功。過去那些傳統方法與傳統功能已經不足以在這些領域中競爭。

不過種種變化也為百事公司帶來空前的機會。首先，講求便利性的趨勢在全球各地加速發展，為我們諸多品項類別推動成長。我們在新興市場與開發中市場的各種產品有很穩健的前景，以及在關鍵市場上對有益類產品和各類品項的需求，也帶來龐大的成長機會。對我們而言，其他具備擴張潛力的領域還有一些高價產品、老人食品和提供低所得人口的優惠產品。

身為在全球每個重要市場都占有一席之地的跨國企業，百事公司的規模，以及產品和區域的多元性，讓我們有能力

藉由特定國家的趨勢增強力量，一樣能夠提供出色的報酬。我們的標誌性品牌在每個國家都受到信賴，提供符合全球最高衛生安全標準的優質產品。我們在道德表現和優質產品的成績，讓全世界消費者和政府都感到安心。

策略

百事公司的優勢在於我們的產品組合雖然多樣，但仍然相關。便利零嘴和飲料事業在購買與消費上有很高的重疊，在貨架上流通的速度也很快。我們認為這種產品組合的互補性剛好提供自然避險，讓我們可以從個別品項去進行管理，而且仍可以提供良好的報酬。我們的產品組合還帶來三個重要優勢。

首先是成本槓桿：我們是食品及飲料產業主要供應商的重要客戶。很多廠商也很喜歡跟我們合作，因此我們能夠策略性的運用彼此的供應鍊和開發工作，大幅降低我們的投入成本，同時獲得他們的最佳人才和深入思考。

此外，在百事公司內部，我們的各個事業單位共享基礎設施，包括功能部門、重要數據資料和後台處理，都能進一步降低成本。第二個優勢是能力共享：過去幾年來我們協調許多流程，讓公司在各個事業體和各個地區之間都能更加便利的轉移人才。我們能夠吸引世界一流的人才，提供他們真

正多元又相關的經驗，這讓我們建立一個世界級的人才庫。

我們可以在整條價值鏈將最佳實務進行「無痛平移」（lift and shift）。例如，我們保存水資源時發展出提升產量的專業技術，幫助我們在全球的農業生產提高每滴水的農產品收成量，這也許是製造零嘴產品所使用的馬鈴薯、玉米，還有製造果菜汁使用的水果和蔬菜。

因為我們產品的消費重疊性很高，所以以全球資料庫為基礎，我們開發出一套消費者需求的通用架構，讓我們對食品飲料產業的各種狀況都有獨到見解，也讓我們在全球和在地的創新活動提供指引。

第三個是商業利益：作為全球第二大和美國第一大的食品飲料企業，我們產生大量現金，因此被零售商視為是關鍵的成長動力。光是以美國來說，零售業排名前40大商標中我們就占了9個，睥睨其他食品飲料同業。

我們相信公司的整體價值比旗下個別部門的加總還大，這就是品牌的力量。

效率

我們的全球供應鏈團隊一直努力將最佳實務轉移到公司各部門、從外部引入突破性思維來降低成本，以及在供應鏈創造更多產能和彈性。我們嚴格分析、審核、設定各項設施

的性能基準,利用所學來強化我們在全球製造、配銷和上市的能力。我們在環境永續上的措施,包括減少用水、能源和包裝的使用量,已經幫助我們在節約自然資源的同時也降低成本。

我們在2012年把現金循環週期縮短9天,還找到方法把淨資本支出從2010年占淨營收5.5%,降低為2012年的4%,符合我們長期資本支出等於或低於5%淨營收的目標。展望未來,我們正在努力協調全球流程、重要數據資料和資訊系統,藉此提升公司的能見度,確保所有舉措遵照規範,讓各方進展容易衡量,也加快決策速度。我們一定要成為世界上最有效率的食品飲料公司。

企業文化

我們問過很多員工,正是他們的熱情、堅韌和才華讓我們有機會進步。為了培養員工,讓他們成長,使他們可以帶領百事公司繼續走向未來,我們實施多種人才和領導力開發計畫。我們也一直在其他產業招聘高階主管,期望帶來全新思維,為我們的團隊帶來新能力。我特別自豪我們公司在現在和未來建立女性領導者組成的強大團隊。我們繼續專注在開發世界一流的人才和團隊,百事公司在2012年獲得卓越職場研究所(Great Place to Work Institute)的認可,評選為

「全球最佳跨國工作場所」。另外，《執行長》雜誌（*Chief Executive*）也在2012年將百事公司評選為「最佳領導者公司」。

永續價值

百事公司現在有許多活動都是致力於提供永續價值。我們已經看到當企業高階經理人只追求短期獎勵而忽視長期成長的後果。沒有一家公司可以只把自己看成是短期成長的引擎。一家公司是在社會認可下經營，它的產品應該受到公家機關的監督管理。現代企業的工作包含與公部門和非營利部門建立夥伴關係。

我們是當代企業最早體認到公司要跟社會相互依存的公司之一，早在2007年就說明我們**兼益**的發展方向。**兼益**是我們的目標，這是要提供零嘴到健康食品和飲料來達成可持續的財務表現；尋找創新的方法來使我們對環境的影響降到最低，並透過節約能源和水資源，減少包裝耗材的使用來降低成本；為我們全球員工提供安全、包容的工作環境；尊重、支持和投資我們經營所在地的社區。

最近，百事公司被稱為最有特色的企業。我敢肯定這是因為我們在充滿挑戰的時代中仍然展現韌性、創造繁榮。我希望這也是因為我們表現出勇氣，超越眼前的視野，還有我

們致力管理公司實現長期永續的表現，尊重且能跟公司經營所在的社會相互依存。這正是**兼益**的本質。

2013年

全球趨勢

經濟成長會繼續由開發中國家和新興市場推動。在可預見的未來，開發中國家和新興市場的成長率預計會繼續超越已開發國家的市場。到了2030年，專家預估全球中產階級還會增加30億人。這些趨勢都會帶來出色的成長機會，但也需要大量投資和開發合適的人才、技能和工具來競爭。我們在開發中市場和新興市場已經占據強勢的地位，但還需要繼續投資來強化實力，抓住成長契機。

消費者更注重食品營養的趨勢會加速進行。對於便利性、機能性營養、當地食材、天然食品和健康類的零嘴、飲料選擇等趨勢也都穩定確立，而且在全球各地繼續迅速發展。我們很早就預測到這些趨勢，並且採取大動作來調整我們的產品組合。另外，我們在一些主要品牌也推動少糖、少鹽、減少飽和脂肪，以提升休閒食品的營養成分。我們從這些原本就占有優勢的產品組合進行改良，但要加緊努力去繼續滿足消費者這樣的需求，抓住這個成長機會。

數位科技正在顛覆價值鏈上各個環節的每個事業，我們

和零售商、購物者和消費者的互動模式也正在大幅改變。這時候絕對不能落後。在異常激烈的數位環境變化中，我們特別專注在數位新工具、新技術和零售平台上，讓我們能用不同的方式接觸到消費者，改變廣告和行銷模式，提升研究分析，強化銷售人員的效率。網路安全也是讓人關切的問題，需要專注去投資，並對各種威脅持續警戒。

我們應該預期區域政治和社會的不穩定是常態，並非例外。所得不均、自然資源的競爭、區域政治的緊張和衝突，會持續對在全球各國營運的企業帶來一些風險。在這種環境下經營事業需要繼續投資去確保員工安全，保護我們的供應鏈不會遭遇潛在威脅。幸運的是，百事公司各地團隊對所在社區的業務開展都有深刻了解，大家都能適應不斷變化的環境。例如，在埃及政局的動盪下，百事公司的員工可以確保營運不受干擾，即使在有充滿挑戰性的時期，也能找出機會來擴展事業。

極端氣候模式預料會持續存在，迫使企業必須小心大宗商品匱乏和市場動盪。氣溫升高、降雨不穩定、新的蟲害、洪水與野火，在在威脅著農業投入的生產力和供應。我們的大宗商品用量和使用規模，讓我們可以透過集中策略平台和分散採購管道來管理大宗商品的供應成本和通膨風險。但要克服這些波動，就需要額外的投資和應變計畫。例如，我們的研發團隊正在開發各種產品的不同配方，才能在滿足口味

與品質的要求下，適應原物料供應與價格的變化。這種「新常態」需要持續關注和投資，我們有信心已經掌握成功的要素：地域多樣性；互補、相關而多元的產品組合；性能卓越而有效率的商業模式；經驗豐富的優秀管理團隊；還有首屈一指的企業文化與道德規範。

2015年

成本管理

我們在2014年宣布要在未來5年（2015年到2019年）節省50億美元的成本，我們現在正朝著這個目標前進。和2011年相比，我們的年化產能節約率（annualized productivity savings）已經加倍，從2013年至2015年總共節省約30億美元，光是2015年就節省超過10億美元。為了繼續取得進展，百事公司還要繼續以更少的支出做更多的事情，以創新的方式打造更有生產力的未來。我們在包裝和倉儲方面正在推動自動化流程。我們在單一市場的生產線正在為其他市場供應產品、提高設備利用率，並讓全球供應鏈有更好的整合。我們也讓工程師能夠遠程監控生產系統，以更低的成本提供更好、更快的解決方案。

我們還制定「聰明支出」政策來控制花費，也擴展精實六個標準差（Lean Six Sigma）訓練以減少浪費、提升效率。

事實上，我們接受精實六個標準差訓練的員工人數從 2010 年到 2015 年提升為 5 倍，推廣地區從 3 個國家到 50 個國家。

有人說企業文化比策略還重要，我同意。最重要的是我們要讓全體員工的身心都能參與，不但建立一個獎勵優秀人才、加強責任感並期望能團結合作的企業文化，也要建立一個每個男女員工都受到歡迎和支持的企業文化。

我們認為紀律嚴明的資本平衡配置，是經營良好企業的重要標誌之一，而且我們一直用這個標準要求自己。這表示我們會對業務進行再投資、配發股息給股東，也會透過併購來強化市場地位，並買回庫藏股來把剩餘現金還給股東。

長期觀點

我們長期還是要繼續面對一些艱難的領域。資訊過量讓消費者更難取得必要的事實，其中大部分都是不完整或不正確的資訊。要怎麼用最好的方法來跟監管機關和其他公司合作，讓共享的議題得以推展，到現在還是不清楚。市場力量常常把單季報酬看得比長期表現還重要。然而 2015 年的結果證明，我們在這種環境下還是拿出出色的成績，這依然是我們的關注重點。各位股東對此應該都會很放心。大家對其他事情也應該很放心：我們的抱負不僅僅是越過身旁波濤洶湧的水域而已，還要將我們的船隻安全引導到全新和遙遠的海

岸。我要感謝大家一起參與這段航程，感謝各位對百事公司
的信任。

2016年

經營哲學

回顧現在（百事公司過去10年的穩定）表現的實力與
一致性，我回想我們是如何實現這一切。有一部分是我開始
掌管公司時就展現出的動力。由於幾代員工從高階主管到第
一線人員的優異領導和管理，我們繼承穩健的基礎與自豪的
傳統，讓我們繼續發揚光大。但是從一開始也很清楚，如果
我們要確保未來跟過去一樣光明遠大，就需要以許多重要的
方法來改造公司。消費者偏好的持續變化，反映出美國和全
世界都朝著更健康的生活方式轉變，我們也必須改變產品組
合，提供更有營養的選擇。

隨著自然資源的壓力增大，加上政府對環保要求更加重
視，我們需要進行業務轉型來限制我們對環境的影響。隨著
千禧世代逐漸進入勞動市場，我們也要調整工作場所和企業
文化，確保新一代員工不斷改變的期望也能獲得滿足。

回應這些變化的急迫性，也就是應對一連串人口、環境
和社會趨勢所帶來前所未有挑戰的必要性，就產生大家都知
道的「兼益」方法。從一開始，「兼益」就不只是個口號，

也不只是單一的計畫。它是一個指引我們事業每個層面的整體願景，是一種管理哲學。

從本質上來說，這是要為所有利害關係人建立一個更健康的未來。首先要為各位股東創造更健康的財務報酬。但實際上這只是基本。我們的挑戰不只是提供穩健報酬而已，而是要一季又一季、一年又一年持續拿出好成績。

更健康的食品和飲料：我們的產品組合經過精心架構，從美食到健康食品、從飲料到零嘴、從早餐產品到整天都適合食用的產品，為消費者提供更多選擇。但是我們整個產品組合的統一標準，以及我們產品都有的共同點是，都很美味好吃！而且讓大家吃得起。而且很便利，隨處都可以買到。

更健康的地球，同時有獲利：過去10年來「兼益」的一個核心就是要保護地球、節省自然資源。我們用很多方法持續推展這些工作，從管理用水、縮減供應鏈的碳足跡，再到減少廢棄物和包裝材料的使用，不只是因為這是正確的做法，更因為對我們的事業是非常明智的做法。這些措施結合起來，讓我們在美國和世界各地都能跟當地社區更加緊密的合作，不但提升公司聲譽，也為經濟成長提供動力，持續發展，同時還能削減成本。

更健康的工作環境和企業文化：我們公司裡優秀的男女員工是我們最寶貴的資產，而且一直以來都是如此。就是因為他們，所以我們長期以來被認為是培養下一代產業人才的

「企業學院」。我們努力去確保公司是最美好、最光明的地方，藉由營造健康的工作環境和企業文化，使公司不只是謀生的地方，還是建立美好生活的地方。

更健康的社區：雖然大家都知道百事公司是跨國企業，業務遍布全球超過200個國家和地區，不只在聯合國的會員國，我們也是各國業務所在社區的一份子。道理很簡單：我們製造產品的原料通常也都是在當地採購。購買產品的消費者就住在當地，而在那裡工作的男男女女每天晚上也都回到自己的家裡。正是因為這些原因，我們和當地社區休戚與共。過去一年來，我們一直在努力履行對他們的責任。當然，我們對社區的貢獻，有一部分是提供薪水優渥的工作，以及提供長期、成功的職涯前景，幫助那些來自各種背景的辛勤男女，其中不但有企管碩士、科學家，也有擁有各種技能的卡車司機、農民和工人。

當然，我們無法解決世界上所有的問題，也不會想要這麼做。但是我們知道自己能夠有所作為。而且這樣做不但可以喚起大眾廣泛的支持，促進公司的成功（跟任何消費品公司一樣），我們還能向需要幫助的人伸出援手，在我們稱為家的國家履行身為公民的責任。當全世界的人都在懷疑資本主義的作用，對企業與所在的社會關係提出種種嚴格的質問之際，我們這十年來已經在努力回答這些問題，成為其他人效仿的榜樣。

　　我們的方法根植在一個很簡單的信念上：我們不只是想要改變花錢的方式，我們也要改變我們的製造方式；我們不只是想要成為偉大的公司，更想成為一家好公司；我們不只是想要短期的成功，也想要長期成功。這就是我們這10年來依循的方法，而且在接下來的10年也一樣會依循我們2025年要達到「兼益」的目標。在美國乃至全球各地，也有愈來愈多企業開始採用這套方法。

　　我們一起參與一場不斷發展的運動，參與這個運動的人不只有企業領袖，還有民選領導人、投資人、企業員工、非營利組織和學者專家，大家要重新定義什麼是成功的企業。我們正以更寬廣的觀點和跨世代的方法來改寫資本主義的規則，這個方法不是著眼於一季到一季、一年到一年，甚至是十年到十年的成功與否，也不只是要提供更好的績效表現，而是由深切的使命感引領我們。

　　這種更廣泛的方法、觀點更為全面的方法，讓我想起越南一行禪師說過的話。一行禪師描述一切事物都在一張紙中。他寫道，要是我們認真觀察一張紙，就會看到上頭飄著一朵雲。沒有雲就不會下雨，沒有下雨就不會有樹，沒有樹又怎麼會有紙。

　　他繼續說，我們要是更認真觀察那張紙，就會看到伐木工人砍了這棵樹，送進工廠。而有一片麥田生產工人每天要吃的麵包，還有支持工人生活的家庭和社區。要是沒有這一

切，就不會有那張紙。

　　一行禪師寫的雖然是一張紙的事。但是這個訓誡同樣適用於一罐開特力、一碗桂格燕麥、一杯純品康納，或任何由雙手和大腦製造出來的東西。而且我有信心，只要我們繼續全心全意接納這個觀點來經營公司，我們就能繼續為股東創造強健的財務報酬，為所有利害關係人建立更健康的未來，不僅僅是在2017年，還有未來好多年。

2017年

改變

　　超過半個世紀之前，甘迺迪總統在德國法蘭克福的公民領袖和市民大會上發表他的進步哲學，當時很多人從他身上看到新時代的到來：「時間和世界都不會停滯不前，」他說：「改變才是生命的法則。那些只看過去或現在的人，必定會錯過未來。」

　　兩年後的1965年，菲多利和百事可樂合併為百事公司。從那時起，我們就竭盡所能跟那些話一樣持續不斷的放眼未來。在我們公司的整個歷史中，我們不斷環視周遭，努力辨識正在出現的新趨勢，專注在進行必要的投資和調整，要來成功駕御它們。

　　這就是為什麼我們可以10年又10年的提供優異報酬，

超越競爭對手並建立標誌性品牌組合，還能吸引和培養出一些食品飲料產業中最優秀、最聰明的領導者，他們也在過去的股東信上跟大家說過一些大趨勢。但是這一刻跟過去不一樣，不只是這些趨勢還在延續，還因為他們對我們公司和所有企業的影響加速擴大。

最近針對企業面對整個產業變化的應對研究指出，只有三分之一的公司能夠成功駕馭變革，並在另一面脫穎而出。我有絕對的信心百事公司會成為其中一家在這個時期崛起、比之前更為強大的公司，因為我們早就預料到其中許多的趨勢和變化，並且對它們進行投資。

我們的產品組合持續轉型為擁有更多美味而營養豐富的選擇，這有助於確保我們企業的健康發展。我們在零售和餐飲服務的合作夥伴在市場提供無可匹敵的優勢。我們透過世界一流的設計做出差異化，並成功抓住電子商務的成長。

數位化幫助我們更能回應客戶與消費者的需求，有助於提高敏捷性和效率，進而提升生產力。我們在降低成本的同時，也盡可能對地球的影響降到最低。我們提升員工的技能，有助於確保我們未來的勞動人力，同時讓我們的社區提升，有助於在我們服務的市場成為好鄰居。

在21世紀，成為偉大的公司意味著也要成為一家好公司。這表示我們要關注的不只有未來幾季，還有未來幾年，要考量到報酬的水準與持續時間。我們在百事公司都知道，

以犧牲長期利益為代價而優先考慮短期利益是無法永續的，
這種突然利益暴增的永久週期，對所有利害關係人都不是好
事。相反的，我們採用不同的方法，同時推進短期和長期的
優先事項，因此我們能夠提供強勁的報酬、長期穩定的成
長。而且是在堅持企業誠信與責任的最高標準的同時達成傲
人的佳績。

我們公司出身卑微，從北卡羅萊納州的小藥商開始走
了很長一段路，而且只要我們繼續履行甘迺迪總統說的「生
命法則」，改變，而且一直展望未來，我們就會繼續攀登高
峰，跨越新領域。

* * *

盧英德在股東信上不曾對配息政策或買回庫藏股進行深
入討論，但在強調財報表現時會簡單提到一兩句話。以下是
摘錄內容。

- **2008年**：我們增加股息，也繼續進行買回庫藏股計
  畫，隨著經濟條件的改善，整體業績表現更為強勁。
- **2009年**：我們的年度股息增加6％。
- **2010年**：公司透過買回庫藏股和配息還給股東80億
  美元。我們的年度股息增加7％。
- **2011年**：年度股息不但增加12％，而且從2007年以

來，透過買回庫藏股和配發股息，已經把300億美元還給股東。

- **2012年：**透過買回庫藏股和配發股息，我們還給股東65億美元。

- **2013年：**百事公司在2013年連續41年提高年度股息，並透過買回庫藏股和配發股息歸還股東64億美元。過去10年來我們透過配息和買回庫藏股總共歸還股東570億美元的現金。

- **2014年：**百事公司在2014年連續42年增加年度股息，並透過買回庫藏股和配息歸還股東87億美元，比2013年增加36％。

- **2015年：**百事公司在2015年已經連續43年提高年度股息，透過買回庫藏股與配息總共還給股東90億美元。從2012年以來，我們以配息和買回庫藏股的形式總共歸還股東超過240億美元。事實上過去10年來，我們以買回庫藏股的方式歸還給股東超過350億美元，若再加上配息則是超過650億美元。

- **2016年：**我們達成預定目標，透過配息和買回庫藏股還給股東約70億美元的現金。實際上，到2017年6月配發股息時，我們已經連續45年提高年度股息。回顧過去10年來，我們的年化股東報酬率是8.2％，比標準普爾500指數高130個基點。我們的年度股息

複合成長率約為10%。實際上透過配息和買回庫藏股
已經還給各位股東將近700億美元。

14

威斯頓・希克斯

亞勒蓋尼公司致股東信

與楓信金融控股和馬克爾公司一樣,亞勒蓋尼公司的主業是保險公司,但擁有大量的證券投資組合,以及生產玩具、鋼材製造和提供葬儀服務等多角化經營的子公司。亞勒蓋尼公司1929年成立時原本是家族企業,上市之後擁有長久成功投資的光榮歷史,以及受推崇的企業文化和可作為模範的股東信。2004年底由威斯頓・希克斯成功接棒,前任執行長和董事長是1967年上任的約翰・伯恩斯二世(John J. Burns, Jr.)和佛雷・柯比二世(F.M. Kirby II)。

希克斯堅持公司引以為傲的傳統,秉持繁榮、文化和交流的理念,並且一貫保持謙虛低調。尤其,希克斯強調亞勒蓋尼的長期前景,寫下股東信來反映

企業文化，只吸引長期投資人。這些股東信不只清
楚描述公司的業務，主要是保險，以及幾個工業子
公司和投資組合，也闡述企業文化，包括保守、耐
心、好學、去中心化、自治和節儉。

股東信的文字淺白，附有精緻圖表、醒目標題，
參考資料有正式的經濟研究，以及從金‧懷德
（Gene Wilder）到老鷹合唱團（Eagles）的流行文
化。在一次訪問中，希克斯打趣的說，這些手法可
以幫助他感覺到寫信時會很有趣。他的股東信富含
洞見，不過會重複討論幾個相同的主題，因此在陳
述公司文化、經營實務或經營狀況時，不會突然來
個急轉彎或有讓人感覺震驚的意外。這些股東信也
表現出作者的個性，尤其是在希克斯逐漸累積撰寫
經驗、到現在累積十幾封信之後，似乎不只是跟公
司一樣保守、謹慎，也展現出博學、謙虛和認真的
一面。

定期或經常閱讀的讀者會觀察到作者在工作中的成
長、敘述範圍逐漸擴大、細節更加深入、增加文化
性的參考資料，而且很有趣。不過有些因素依然不
變，像是公司的價值、長期導向，以及渴望得到某
種類型的股東。

最近幾年，希克斯會在每封信的開頭加上亞勒蓋尼的詳細成績單，以及在最後評論非一般公認會計原則的指標。希克斯說那個成績單是來自露卡迪亞公司伊恩・康明和喬伊・史坦伯的啟發。

*　　*　　*

現代的亞勒蓋尼股東信可以追溯到 2002 年，體現在公司首次決定把股東信公布在網站上，而且可以從希克斯在 2016 年的信上提到 2002 年那封信是轉折點得到證實。在早年，這些信是由柯比和伯恩斯一起掛名，而且很簡短，大概只有兩頁對各事業單位的摘要。2002 年，這兩位主管在信中介紹希克斯，隨後希克斯很快就加入撰述陣容，後來成為唯一的作者。

從柯比和伯恩斯時代到今天的股東信都是以公司宗旨為開頭。這份聲明有些語法或敘述風格的調整，不過至少從 2002 年以來就沒有再改變，它每年提供給每位讀者對公司的目標、宗旨與文化的提醒：

> 我們的目標是以產物保險、意外險及再保
> 險的核心業務為基礎，透過擁有及管理經
> 營的關係企業與投資來創造價值。我們只

是由一小群小公司員工來做管理，尋找有
吸引力的投資機會、把部分責任委託給有
能力且積極進取的經理人、為關係企業制
定經營目標、協助經理人實現目標、制定
風險參數和適當的獎勵措施，並且根據長
期目標監控進度。在講究開創精神的氛圍
下，關係企業以半自治的方式經營。

主導我們管理哲學的是保守的理念。在投
資方面我們會避開流行和熱潮，只專注在
基本金融和工業企業的少數幾項利益，為
我們的投資人帶來長期價值。

另一個維持很久的特徵是從2003年以後的股東信
開頭第一段的內容都不變，同樣用來說明當前的股
東權益水準和年度變化。這是公司的重要成績單，
每年一開頭就會強調這是衡量標準。

伯恩斯在2004年退休後，由希克斯和柯比一起掛
名股東信。形式上唯一顯著的改變是增加一份圖
表，這是把公司5年來的業績表現和標準普爾指數
進行比較。到了2005年雖然又增添投資理念和併
購對手的討論，不過依然很簡短，而且限縮在營運

方面。2006年的股東信是希克斯第一次單獨署名，但形式大致仍跟以前差不多。從2007年開始希克斯才在信中放上個人標記。

2012年，亞勒蓋尼併購大西洋控股公司（Transatlantic Holdings）而轉型。這筆併購交易請到喬・布蘭登（Joe Brandon）擔任大西洋控股公司的董事長，他原本是波克夏海瑟威公司非常出名的保險事業單位高階主管。希克斯說布蘭登「加入亞勒蓋尼團隊，成為我的夥伴……跟我和亞勒蓋尼董事會一起合作進行公司的策略研發。」

2007年

複合價值

我們相信只要每股帳面價值不斷提升，公司就能有更高的複合價值，並為股東創造可觀的長期報酬。這個方法跟許多承擔重大風險、希望可以在一年之內取得超額報酬的公司剛好相反。雖然這種方法有時可以創造可觀的收益，但也可能會帶來巨大虧損，有時甚至會把收益完全抵銷。

薪資報酬

　　管理團隊在兩個重要方面與亞勒蓋尼的主要財務目標保持一致。第一個是，我們都是股東，我們個人的資產負債表都是跟著亞勒蓋尼的股價一起上漲和下跌。第二個，而且更重要的是，我們的管理團隊都沒有股票選擇權。不過資深管理團隊每年都可以獲得績效獎勵股票，這些股票的價值是由4年滾動期間的每股帳面價值是否成長，以及和同時期的股價走勢結果來決定。

　　雖然給予管理團隊股票選擇權有時候在成長型企業的創業初期比較合適，不過用來提供管理團隊誘因，持續為公司提升複合價值的效果就比較差。相對的，管理團隊的股票選擇權可能會使管理團隊選擇承擔巨大的風險，當事情做對時可以獲得獎勵，萬一事情不成也沒有損失。

2008年

經濟狀況

　　全球經濟就像精密打造的瑞士錶一樣，所有零件都正常運轉才能發揮作用。但是現在整個體系中最弱的借款人已經崩潰，所以2008年全球經濟承受的壓力愈來愈大，甚至還有幾家大型金融機構崩潰，使得整個金融體系在2008年底基本

上是失靈了。

大多數經濟學家是透過獲利最大化模型來觀察世界。這是假設給予刺激（減稅或便宜的資金），消費者就會消費、企業也會投資。然而另一種模型，所謂的生存模型（survival model）卻顯示，長期信用寬鬆、資產價值膨脹，而且最終導致資產崩潰之後，流動性和債務減少就會變成經濟動機的首要因素。另外，我們認為現在可能進入漫長的經濟寒冬，家計單位正努力降低信用槓桿，企業在經濟條件惡化下苦苦掙扎。在這種環境中一定要特別謹慎。

薪資報酬

亞勒蓋尼公司的目標是長期提供每股帳面價值以有吸引力的報酬率複合成長。我們的研究讓我們做出結論，從長期來看，股東報酬會跟每股帳面價值的成長密切相關。要達到長期複合成長的目標，就必須先避免重大虧損。2008年是股票市場名目報酬率有史以來第三差的一年，許多投資有成的專業投資人都受到嚴重衝擊。其實簡單計算一下就知道，如果現在虧損10％，日後需要獲利11％才能彌補；如果虧損25％，日後則需要獲利33％來彌補；如果虧損40％，日後則需要獲利67％才能恢復平衡。

包括大型金融機構等許多公司盲目追求高股東權益報

酬率的目標，卻沒有考慮到風險可能會因為這些報酬率的波動增加而提高，像是金融和營運兩方面的風險。在一些情況下，這些機構的資深管理人員以股票選擇權的形式以槓桿操作來承受波動風險。運用金融和營運槓桿都會提升股東權益報酬率，但同時也會擴大報酬率的波動，2008年的諸多狀況已經表現得十分清楚。我們的理念是以產生有吸引力的**風險調整後**報酬為目標，避免每股帳面價值的大幅虧損，以免日後用更高的業績才能彌補。

亞勒蓋尼公司的高階主管薪酬都沒有包含股票選擇權。我們的薪酬委員會每年會考量經濟狀況與金融環境，提供與高階主管薪酬對稱的「績效股票」作為獎勵。以金額來決定目標水準，再根據贈與當日亞勒蓋尼的股價換算領取績效股票的數量。接下來的4年我們會衡量每股帳面價值成長率，並跟之前設定的目標水準做比較。成長率如果超過目標水準，高階主管才有資格得到幾倍的獎勵；如果成長率不及目標水準，獎勵也會隨之縮減。成長率低於一定水準時，則沒有獎勵。

我們認為這個架構會有效讓管理團隊的誘因與長期股東的利益保持一致。但是2008年金融崩潰導致每股帳面價值下降，使2008年在內任何4年的每股帳面價值成長率減少，使得所有在外流通的績效股票價值降低。我們對此當然很不高興，但實際情況就是如此。請參閱我們的年度股東會委託

書，對於這些獎勵計畫有詳細的說明。

我們也相信我們關係企業管理團隊的薪酬會與個人的業務責任保持一致。我們跟很多大企業不一樣，關係企業管理團隊的薪酬只會根據它們的績效來決定。另外，因為保險子公司還是要仰賴母公司來管理投資組合，所以這些管理團隊的薪酬主要是根據保險業務的表現來決定。

2009年

財務槓桿

我們的經濟是依靠債務為基礎的貨幣體系在運作，這個體系需要擴張債務來增加貨幣供給。這很像馬多夫（Madoff）的騙局，我們的金融體系需要不斷增加借款人，才能創造出必要的資金來支付所有為了償還債務的利息。但是在2007年和2008年，顯然我們的經濟引進更多借款人的能力已經達到極限。過去25年相對於所得而擴大的債務，導致家庭所得愈來愈不平衡，資產價值可能也大幅膨脹。

這個傳奇的最新篇章是現在換政府的債務爆炸式成長。很明顯的情況是，違約情況普遍，還有企業和消費者未清償的債務緊縮，使得貨幣供給減少，除非有抵銷作用，不然整個經濟會陷入通貨緊縮的蕭條。因此全世界的政府都必須要借史無前例的巨款，才能防止全球經濟崩潰。

投資

我們投資股票不是根據「總體訊號」，而是根據長期的價值投資原則，在我們看來，尋找優質公司來投資，未來得到報酬的機會都明顯比虧損高很多。

2010年

長期觀點

我們採取隨機應變的方法，但在過去幾年都沒能完成重大併購案。我們每年都會審查許多併購機會，但也預期其中大部分都不會完成。此外，因為私募股權產業的制度化、資金寬鬆，以及穩健的信用市場，再加上其他買家願意提高舉債金額來讓併購成功的狀況下，我們不太可能透過「大拍賣」的正常拍賣流程成功併購一間大公司

為了這個理由，我們正花更多的時間來尋找早期商機，在這之中，正確的企業主張能夠從我們的資金和管理資源中受益。這種投資可能需要更長的時間才會產生結果，但往往有非常有利的報酬風險比（reward/risk ratio）優勢。

在我們核心產業的市場改善之前，管理團隊的主要目標是保留資金，並處於有利的地位，等產險及意外險產業最後反彈時充分投入。這個產業的本質是市場參與者很少能正確

預測什麼東西會導致條件改變，但條件總是會改變。

2011年

〔亞勒蓋尼公司宣布一項大型併購案，要併購大西洋控股公司，這家公司是由美國國際集團創辦、受到波克夏海瑟威重視的保險公司。〕這筆收購案對亞勒蓋尼公司具有轉型意義，也為亞勒蓋尼的股東帶來許多策略優勢與財務利益，包括在曝險類型（產物及意外險）及地理位置上，都能讓股東的風險更為分散。大西洋控股公司的業務大概有一半是在美國境外，大約70%的業務與意外險及專業責任、航海、航空、信用及擔保等其他業務有關。

未來展望

如果我們的預測正確，股市未來5到10年的報酬率大概只有個位數字的中間值而已，那麼「買進並持有」的投資方法就不太可能產生讓人滿意的報酬。另外，在當今的經濟情勢下，很少有公司的股票可以持續為股東帶來10%以上的報酬；一方面是競爭壓力會侵蝕報酬，再者外在環境會出難題給他們。在這種環境下，我們採取的方法是，提高獲得短期利潤的意願，特別是看起來是由總體環境改變產生的經濟利

潤。此外，我們愈來愈充分理解現金的選擇權價值（option-value）。我們會繼續研究一些基本面長期穩健的優質企業。不過我們現在整體的股票曝險還是相當低，我們認為（目前）這樣比較適當。

2012年

公司歷史

由於亞勒蓋尼公司在進行併購之前並沒有大量從事再保險業務，因此整合大西洋控股公司相當簡單，大部分只限於兩家公司員工的職能活動。作為交易的一部分，我們修改大西洋控股公司的薪酬計畫，透過一個虛擬的限制型股票計畫（phantom restricted stock），以公司帳面價值上的經濟利益來獎勵重要的經理人和員工，希望他們都能成為股東。

保守傾向

我們主要是保險與再保險控股公司，大部分的資金都投資在金融業務，最好的狀況是我們可以收取保費，而且獲得承保利潤。最糟糕的狀況則是因為無法適當控管風險，虧了很多錢。這是塔雷伯（Nassim Nicholas Taleb）〔在《反脆弱》（*Antifragile: Things That Gain from Disorder*）〕說的「負偏態

事業」（negative-skew business）。

因為這是金融業的本質，所以必須用保守的心態來應對，而且唯一可行的長期目標是強調承保獲利，而不是成長。亞勒蓋尼公司的關鍵策略是把這種（再）保險底盤和「正偏態」（positive skew）事業結合在一起。這樣的事業短期也許會有虧損，但如果經營成功，有可能賺很多的錢。亞勒蓋尼資本合夥公司（Alleghany Capital Partners）主要就是負責尋找和監督這些非保險的事業單位。

流動性

就像《週六夜現場》（*Saturday Night Live*）裡那個中世紀理髮師約克西奧多（Theodoric of York）面對每個健康問題時，都是靠放更多血來解決，中央銀行繼續在沒有任何客觀證據證明措施有效下，在銀行體系強迫注入流動資金。但我們確實知道這對退休族、退休基金和保險公司沒有幫助，而且隨著利率受到打壓，將懲罰存款戶來讓銀行體系受益。

薪資報酬

管理薪酬制度的方法，就是亞勒蓋尼公司經營理念的重要關鍵。這有兩個部分：控股公司高階主管的薪酬，以及關

係企業高階主管的薪酬。

　　在控股公司方面，亞勒蓋尼的高階主管負責分配資金、管理投資、買進（有時賣出）企業、控管風險，並且跟我們經營的子公司高階主管工作，來提升他們的表現。我們認為控股公司管理團隊的職能成效需要比較長的時間才能判斷，所以薪酬獎勵有很大一部分是根據長期表現來決定。

　　我們的股價漲幅和公司每股帳面價值成長率往往在長期（10年以上）會以相同的速度成長。但是在短期，由於投資人預期亞勒蓋尼的帳面價值相對於其他股票市場同業公司的成長率會改變，所以兩者會朝不同方向發展。

　　這讓我想到公司治理的一種新趨勢，也就是把高階主管的薪酬與股價表現連結起來，或是在公司股價表現欠佳時減薪。我們認為這種方法有三個問題。第一，公司的股價可能因為產業的周期趨勢、投資人偏好改變（也許因為經濟疲軟而從景氣循環股轉向防禦型股票），或其他與公司業績無關的原因，造成公司股價在短期（5年）內上漲或下跌。

　　第二，公司的風險狀況無法在短期內獲得充分檢驗。如果一個股東為了資本的長期成長而投資一家公司，那公司不會遭遇永久損失就是當務之急。對保險或再保險控股公司的管理團隊來說，要拿出短期成績相對容易，只要壓低價格來刺激保費成長，或是承擔更多在公司經營上的「長尾風險」。這種做法的負面影響也許短期不會顯現出來，但是時

間是魯莽承受風險者的大敵。最終公司要受到考驗，也只有
到了那個時候，股東才會知道管理團隊在風險控管上做得如
何。

　　第三，極端的股市變動會創造反常的結果。當股價上漲
壓過財報不佳的影響時，股市泡沫可能會獎勵管理團隊。同
樣的情況是，當與公司無關的股價下跌掩蓋優異的財務表現
時，股市的崩盤可能會懲罰公司的管理團隊。

　　以亞勒蓋尼公司來說，過去10年來我們看到股價從帳
面價值的90％變動到140％，然後又回到90％。而這段期
間，每股帳面價值則是以每年9％的速度穩定成長，只有一
年下降（2008年）。以帳面價值90％的股價買進股票，而且
持有10年的長期投資人，資金會增加一倍以上。但要是以帳
面價值140％的價格買進股票、後來又以帳面價值90％的價
格賣出的投資人，就會對這筆投資感到相當失望。

　　大多數上市公司的股東周轉率都在持續加速，長期投資
的股東愈來愈成為稀有品種。這樣的話，我們認為根據短期
股東時常變動的偏好來決定公司營運成績和管理團隊薪酬獎
勵並不合理。我們認為投資亞勒蓋尼對擁有長期視野的投資
人最有吸引力，因為我們專注在控制風險，避免永久性的資
本虧損，而且持續敲出安打來建立長期價值。

　　亞勒蓋尼的高階主管薪酬主要是年度的現金報酬（薪水
和有機會獲得年度獎金）與績效股票計畫。績效股票計畫每

年會給高階主管股票。想要得到這些股票，亞勒蓋尼的每股帳面價值成長必須達到最低門檻（當時設定為5％，大約等於當時股本資金的成本）。

　　至於我們經營的子公司高階主管，使用的薪酬獎勵方式有點不一樣。我們在這裡試著制定一些方法，讓承保人可以從各自公司的承保獲利獲得獎勵。當然，這套辦法的挑戰在於能否辨識承保業務本來就有的波動，所以我們通常是採用多年平均值來緩和巨額災難的損失。

　　我們另外也採取一種方法，希望子公司的高階主管會像股東來思考和行動。最好的辦法就是讓他們也成為股東。因為我們最大的子公司是公司完全持有，所以我們藉由創造各公司的虛擬股票來做到這點，虛擬股票的價值則是根據公司的帳面價值來計算。這讓個別公司的管理團隊都會因為獲利成長而得到實質獎勵，並作為鼓勵留任的措施，而且在出現虧損時追究責任。

2013年

投資

　　亞勒蓋尼資本公司的主要策略是長期掌控非保險業務的投資標的，這些投資標的的預期都會產生可觀的現金報酬。我們相信，有許多家族持有、並持續專注本業的公司，會造就

一個擁有大量資本、長期穩定經營的老闆,這是比出售給傳統私募基金公司或策略買家更好的選擇。

展望未來

全球化雖然讓經濟成長大幅提升,卻也帶來潛在的不穩定。現在就算中國和諸多新興市場崛起,全球貿易大部分還是以美元為基礎。金融危機以後,聯準會迅速採取行動去擴大資產負債表,使得美元相對其他貿易夥伴的匯率趨於弱勢。結果美國經濟確實逐漸改善,現在看來也是主要經濟區域中為數不多的亮點。但是有個問題,根據「特里芬困境」(Triffin's Dilemma)的理論,作為全球準備貨幣的國家,本國利益與全球經濟利益終將背道而馳。事實上現在可能就是這種狀況,因為美國經濟持續轉好,經常帳赤字降低,因此境外美元供給也跟著減少,使得外國要履行貿易義務變得更為困難。不難想像一個情境:某個沒人注意到的國家出現銀行危機,迅速席捲全球銀行體系,使經濟復甦反轉成經濟衰退。

此外,勞動市場也呈現通貨緊縮趨勢。特別是「機器人革命」(Robolution,這是路易斯・葛夫〔Louis Gave〕在2013年的書《太過不同的安逸》〔Too Different for Comfort〕中創造的術語),或是將具有重覆性質的高技術或低技術

工作廣泛自動化，為創造就業帶來強大阻力，也使得工資中位數停滯不前。今年稍早公佈的1月分就業報告就說明這個問題：雖然失業率降到6.6％，但勞動參與率還是很低（63.0％）。就業成長的組成也讓人振奮不起來，低工資和臨時工作一直占淨成長很大一部分。結果，大多數家計單位的所得成長有限，透過自動化提升產能的經濟價值都落入資金擁有者的口袋，這些錢大都會被存起來，而不是拿出來消費。我們一直不知所措，不了解這樣的貨幣政策要怎麼「扭轉」局勢。2013年，聯準會總共創造1兆美元的新資金，但經濟只成長4000億美元。這種溫和成長的代價好像太高了。

長期觀點

在去年的年報上，我討論過亞勒蓋尼對管理團隊薪酬的看法。我們認為本公司的薪酬制度跟**長期股東**的觀點一致。因為我們（管理團隊）有很多人的資產很大一部分是投資亞勒蓋尼的股票，所以我們不只關心公司的投資報酬率，還會關心自己的投資報酬率。我們繼續避免提供管理團隊股票選擇權，因為這種獎勵跟股價有牽連，會給管理團隊太過短視的誘因。

如果採取一些行動來增加我們的風險情況，有可能在短期提高亞勒蓋尼的股東權益報酬率和股價，但是這些行動很

有可能會在困難時產生永久性虧損，導致未來會有一群失望
的投資人。我們希望看到亞勒蓋尼公司的股價能夠合理反映
價值，這樣就不會有一群股東因為行情過熱而獲利，結果犧
牲另一群股東的權益。

關心長期股東價值和近期股價走勢的公司思維是完全不
一樣的，吉姆・柯林斯（Jim Collins）在《為什麼A+巨人
也會倒下》（*How The Mighty Fall*）的結論說得很清楚：

> 我們的研究發現，建立偉大企業的人會分辨股票**價
> 值**和股票**價格**，會分辨**股東**與**炒股的人**，而且知道
> 自己的責任是要建立股東價值，而不是把股價炒到
> 最高。

股票價格

現在有很多避險基金藉由市場曝險的調整來衡量表現。
一檔在低於市場風險下創造打敗大盤報酬的基金會增加價
值；而一檔利用槓桿只能趕上市場報酬的基金不會增加任何
價值，只是承擔更高的風險。

過去10年，亞勒蓋尼的股價在帳面價值折價到帳面價
值溢價之間。而且有很長一段時間（即10年以上），股東獲
得的報酬率大概很接近每股帳面價值的成長率。我們已經說

過，我們相信在當前經濟情勢下，我們可以在低於平均風險
的情況下，創造7％至10％的每股帳面價值成長。以世界上
通貨膨脹率約1％、10年期國庫券殖利率約3％的情況下，
我們認為，相對於我們承擔的**風險水準**，這是很吸引人的報
酬。

亞勒蓋尼公司如果是投資基金的話，那麼我們的「帳面
價值貝他值」（book value beta，每股帳面價值每季的變動與
標準普爾500指數每季報酬率的相關係數）約為0.24，意思
是說，我們的每股帳面價值單季變化只有24％是跟標準普
爾500指數的每季變化有關。但是亞勒蓋尼的股價每季的貝
他值是0.54，以每日為基準衡量的貝他值大約是0.80。對長
期投資人來說，我們每股帳面價值的成長速度超過標準普爾
500指數的總報酬率，因為它的波動只有市場報酬的24％。

亞勒蓋尼的每股帳面價值成長一向很穩定，平均為
53％，每年的波動率為12％。相較之下，亞勒蓋尼的股價
就跟大盤一樣，波動性比較大。過去10年來，亞勒蓋尼的5
年期帳面價值成長總共有8年超過標準普爾500指數總報酬
率。而5年期股價報酬率，在過去10年來也有7年超過標準
普爾500指數的總報酬率。

薪資報酬

　　我向亞勒蓋尼公司的薪酬委員會建議凍結高階主管退休計畫，這是一個延遲給付薪酬的計畫，在高階主管退休以後提供顯著的經濟價值。但是這些價值純粹是以繼續就職為基礎，因此這項計畫並無法支持價值長期成長的目標，而且似乎已經失去它的用處。委員會和董事會都同意我的建議，並做出改變。過去一年的改變還包括終止我們的退休後醫療計畫、移除年度獎勵計畫中給高階主管的優惠貸款，並採納一項措施，禁止亞勒蓋尼的董事及主管放空或抵押公司股票。

　　亞勒蓋尼長期獎勵計畫中的績效股票，都是我和公司其他高階主管薪酬中很大的一部分，這些股票還是持續根據每股帳面價值複合成長率相對於股本的成本來訂價。這套計畫從2003年實施以來，我們相信已經讓主管薪酬與提供給長期股東的報酬保持一致。要是有一年的每股帳面價值減少，都會對每年的4年期績效股票獎勵產生不利影響，使得高階主管獲得的股票數量減少，而且因為帳面價值下降那年的股價可能比帳面價值沒有下降時的股價還低，股票獎勵的價值也會變得更低。

2014年

買回庫藏股

我們在2014年買回3億100萬美元的亞勒蓋尼股票，買進價格都低於當時的每股帳面價值。如果不買回任何股票，帳面價值會增加12.3％（5億5000萬美元加上3億100萬美元，除以69億2400萬美元）。年初在外流通股數為1677萬股，到年底為1605萬股，減少72萬股，減幅4.3％。因為這項資本管理措施，讓普通股股東權益從買回庫藏股前的增加12.3％，擴大為增加12.7％。如果我們繼續成長，買回庫藏股所提高的收益只會愈來愈大。

投資

我們的股票投資組合是由20至30檔大型績優股組成，這些企業都會創造吸引人的長期報酬，而且發生資本永久虧損的風險比較低。我們因為在科技和醫療照護類股擁有大量部位而產生的豐厚報酬，被非必需消費類股、能源及工業類股的微薄報酬所影響。

美國股市就算沒有高估，似乎也已經到頂了，尤其是考慮到很多公司產生的營收成長有限，但是獲利率還在繼續創新高。跟美國公債不到2％的利率相比，股票的報酬率顯然

很吸引人。

　　由於2008年金融危機以後，很多投資基金轉向被動式投資策略，並減少主動式管理，資金的劇烈轉向，讓我們擔心很多大型股的股價將陷入高檔震盪。

　　金融市場正沉浮在美國聯準會提供的氾濫資金上。Econtrarian公司的經濟學家保羅·卡斯里爾（Paul Kasriel）指出，在「憑空而生的信用」（thin-air credit）環境下，金錢是透過中央銀行和商業銀行的信貸擴張「憑空」創造出來的，因此經濟成長率必定會減緩……隨著聯準會的資產負債表停止成長，這些創造的貨幣大部分都已經反映在資產價格上，所以中央銀行和商業銀行的信貸成長減緩，可能就會導致投資環境更加困難。

　　我們會繼續根據總體觀點來做出投資決策，首先要知道先進經濟體整體上依然有很高的槓桿，而且全球經濟又受到需求不足困擾。

2015年

資本配置

　　我們有時候會被問到，利率這麼低，為什麼我們要在這時候「去槓桿」。答案是：當船接近暴風圈的時候，趕快把艙門關起來比較合理。我們相信**財務靈活**與**企業韌性**在2016

年以後會更有價值。

　　亞勒蓋尼的做法是在風險的市場價格高的時候增加風險，在價格低的時候減少風險。現在大多數投資類別的預期報酬率都很低，所以不管是在討論債券或股票，我們在大多數時候都會試著留在「最優質」這端。在保險（和再保險）業界，我們已經減少尾部風險，事實證明我們因為極端事件而虧損的曝險占資本額的比例都比過去幾年還小。

　　我們的再保險子公司在有獲利、但無法將盈餘再投資來支持自然成長時，就會配發股息給控股公司。亞勒蓋尼除了幫助保險（與再保險）子公司管理業務之外，還會重新配置這些資金。我們已經用這些股息讓亞勒蓋尼資本公司進行併購、償還債務或買回庫藏股。

　　在大多數情況下，把金融報酬、非金融獲利和保險風險等獨立的風險整合起來，產生的整體波動會比各風險加總起來產生的波動還小。我們相信這樣的風險合併，會為我們股東提供相對於亞勒蓋尼的風險頗具吸引力的報酬。

　　對於長期股東，我們的目標是產生具吸引力的實質報酬，以及讓永久性資本虧損的機會降到最低。當然，股價的表現很容易就像落葉碰上秋風一般，因為基於投資人偏好、市場動能及其他我們無法掌控的因素，可能在相對較短的期間內（3至5年）偏離市場報酬水準。

　　由於現在的股價受到一籃子交易（因為指數化投資）、

動能策略（momentum strategy；因為電腦功能增強及交易成本降低）和演算法交易盛行，我們只能專注在自己可以控制的範圍，也就是使亞勒蓋尼的內在價值長期成長，而且期望做出明智的風險與資本配置決策。

投資

　　就像幾位投資人觀察到，要找到像今年一樣一整年都沒什麼投資機會，必須要回到1937年。2015年我們改變股票投資策略，修改我們的方法去集中投資在股票市場的個別產業，但在跨產業中的投資更為分散。

　　我們的方法很重研究。我們期望能找到可以可靠增加營收、盈餘和股息的公司，或者在經濟中扮演重要角色，長期產生可觀經濟報酬的公司。就醫療照護類股來說，我們認為最好的辦法是採取指數型投資，因此配置資金在道富健康照護類股基金（Health Care SPDR）。

經濟狀況[25]

　　聯準會對金融危機的反應（以及其他國家中央銀行的反應），都是透過所謂的大規模資產買進計畫，即所謂的「量化寬鬆」，來向銀行體系注入大量流動性。

　　我們認為聯準會開始量化寬鬆的時候，就進入〈加州飯店〉（Hotel California）了。這首老鷹合唱團（Eagles）的經典歌曲最後唱到：「**你隨時可以結帳，但永遠不能離開。**」現在全世界都在爭奪美元，所以2015年的美元匯率繼續升值，結果去年全球GDP以美元計價反而縮減5％。「**今晚是個讓人心痛的夜晚，我知道，一個心痛的夜晚。**」俄羅斯、巴西和拉丁美洲大部分地區都已經開始衰退或快要衰退。歐洲雖然溫和成長，但它們的銀行在新興市場的曝險無疑都太大了。

　　經濟擴張到現在已經超過6年，只能說像是一杯「**龍舌蘭日出**」，從債務驅動的房市帶來的後遺症，以及接下來大宗商品行情繼續壓抑經濟活動。我們當然不曉得真相如何，但是就像那首歌說的：「**你掩飾不了那些說謊的眼神。**」

　　有個很大的風險是，如果聯準會繼續提高利率來應對似乎穩步改善的美國就業市場，美元就會繼續強勢，全球各地的經濟挑戰就會惡化。我們希望他們決定「**放輕鬆一點**」。

投資

　　因為我們必須維持一個龐大的固定收益投資組合，大部分是由保險（與再保險）準備金提供資金，所以我們認為我們的商業模式本來就具備在通貨緊縮環境下維持價值的良好

定位。截至2015年底為止，我們的固定收益投資組合平均評等為AA-，而投資組合的存續期間約為4.6年。

如果我們高度相信通貨緊縮會主導全球經濟前景，那麼我們很可能消除大部分的股票曝險，並在允許的範圍內藉著加入長期公債，拉長債券投資組合的存續期間。不幸的是，事情可沒這麼簡單。防禦姿態拉得太高，會讓我們損失短期所得，而且只有大規模「重新洗牌」，讓我們有機會重新配置資金在更有吸引力的報酬上，才會得到好結果。

可能有政策會回應通貨緊縮的壓力，儘管投資人擔心中央銀行「彈藥不足」，但他們並非完全無能為力（也還沒到這種狀況）。此外，對於能夠保持成長和維持獲利能力的產業與企業，未來現金流量的現值在低利率環境下會顯著增值。但當然，問題是具備如此特質的公司並不多。

我們確信世界各地的投資市場因為高估值和緩慢的經濟成長結合起來，正朝著固定收益和股票投資的實質與名目報酬都很低的方向走。我們的目標是維持部位平衡，儘量鎖定在獲得最多收益，同時明智的重新配置資金在企業（或買回庫藏股），為亞勒蓋尼的股東增加經濟價值。

2016年

衡量指標

　　亞勒蓋尼史上的現代篇章實際上是從2002年開始，那時我們開始打造一個投資導向的保險與再保險平台，大部分都是透過企業併購。過去15年來，我們的每股帳面價值複合成長率為8.0％，同期標準普爾500指數複合成長率為6.7％，亞勒蓋尼的投資人每年得到的複合報酬率是9.4％。

薪資報酬

　　公司的管理成本大部分都跟亞勒蓋尼長期獎勵計畫的費用有關。這個費用的變化取決於4年期每股帳面價值成長率和亞勒蓋尼的股價。每位負責人和高階主管每年都有機會獲得一批績效股票的獎勵，能否真正取得這些股票就要看接下來4年的每股帳面價值成長率（並經過特定調整）。目前的績效門檻目標是複合成長率要達到7％。

　　低於5％，就不會拿到這些股票；但如果比9％還高，那就會給予目標數量150％的股票。這些股票的價值取決於得到績效股票時的股價水準。但要特別注意的是，這次得到的獎勵會成為下一次的挑戰。股價大幅上揚的年分（例如2016年亞勒蓋尼的股價上漲27.2％），接下來核定的獎勵股

票數量就減少了，這是因為每一元獎勵相對於員工薪資都維持在穩定的比例。

資本配置

我們的資本管理策略主要是提升股東的長期報酬，最優先的工作就是支持我們的保險（與再保險）子公司達成獲利成長。保險（與再保險）產業提升獲利的機會也不是俯拾皆是，還是要挑選適當時間，否則在錯誤時間貿然擴張反而會虧本，所以我們一向提醒自己要謹慎小心。保險（與再保險）子公司產生的資金如果超過他們部署在事業上拿來獲利的資金，就會把多餘資金以股息繳回母公司來運用（但要在保險法規與償付能力目標的約束下）。

我們的第二個優先要務，是保持資產負債表的彈性，適當的財務槓桿水準可以讓控股公司擁有充足的流動資金。控股公司擁有足夠流動性，才能在不確定世界中掌握選擇的權利，我們過去能在別人受限時以不錯的價格買下資產，這一點正是關鍵所在。

我們的第三個優先事項，是運用母公司多餘資金以合理價格為亞勒蓋尼資本集團併購預期報酬超過資本成本的優質企業。這些併購案可能是要「補強」現有的事業單位，或者是全新買進另一家企業。我們現在不管什麼時候都有幾樁併

購案在進行，隨時都要準備好可以完成交易。

但如果上述用途都無法消化資金，最後一種處理方法就是把資金歸還給股東。按照過去的紀錄來看，我們主要是透過公開市場買回庫藏股來完成，這些庫藏股都是以低於每股帳面價值的折價買進。

我們過去不曾配發現金股息，因為我們在資金重新部署方面還是有很多選擇的機會。況且直接配發現金股息對股東而言會在稅賦上比較不利。我們的重點是關注長期股東，所以我們比較喜歡在股價低於估算的內在價值時買回庫藏股，這樣的處理會對長期股東更加有利。至於買回庫藏股的價格如果是比內在價值高的話，就等於是讓現有股東吃虧，而賣掉股票的人得到更多利益。

創新[26]

過去10年來，所謂的「再保險另類市場」在全球再保險產業中的比重愈來愈大。這些新的風險轉移工具到目前為止雖然很成功，但其實還沒經過「大災難」的測試。要是因為一次重大損失事件導致資本大量永久性的虧損，這些工具的投資人還肯「再上戰場」嗎？

在1974年的經典電影《新科學怪人》（*Young Frankenstein*）中，法蘭克斯坦博士（Dr. Frederick Frankenstein，金・懷德

飾演）幫死刑犯的屍體換上新大腦（標示「異常」），讓他們重生。怪物復活後，為了安撫擔心的居民，博士安排一場表演，由他和怪物（彼得‧波爾〔Peter Boyle〕飾演）戴上大禮帽、穿上燕尾服，一起唱著《麗池酒店的狂歡舞會》（*Puttin' on the Ritz*）。當然，事情不會按照計畫順利進行。今天的再保險另類市場會不會是經典好片裡怪物表演的糟糕版本呢？

而且要是發生重大意外，必須做好理賠。使用非傳統工具的分保公司（ceding company）也許就會聽到金‧懷德在另一個經典角色威利‧旺卡（Willy Wonka）中說的經典對白：

> 先生，你錯啦！錯啦！根據他簽署的合約第37條B款，明確規定你的要求全部無效，這張照片影本你可以自己看看嘛，我的簽名就在底下，可以沒收和取消所有的權利和許可，et cetera et cetera……fax mentis incendium gloria culpum et cetera et cetera.. memo bis punitor delicatum！（還有這裡……心靈的火炬照亮通往榮耀的道路……還有這裡……我會再次記住被寵壞的懲罰者！）全部都是白紙黑字、一清二楚！**……所以你什麼也要不到！你輸定了！謝謝再聯絡！**

我們毫無疑問是在「推薦自己的做法」，但是傳統的再保險模式，或是跟真正願意承擔風險的人一起合作，的確有很多優勢。首先，按照長期承保業績獲得薪酬的再保險公司高階主管，會比按年「移轉」（carry）額度或資產來敘薪的主管更注意可能會出什麼狀況，也會更小心提防極端風險。第二，要是真的發生大規模的複雜意外損失，再保險合作夥伴會透過與分保公司的「交易」來處理複雜的理賠，有時甚至會花好幾年。這時可以再引用威利・旺卡的名言：「沒人敢確定的事情，你絕對、絕對不要懷疑！」

說我們老派或過時都沒有關係，反正我們喜歡原本就契合緊密的傳統保險和再保險公司結構。

投資

我們的目標是繼續尋找具備強大競爭地位、合理成長前景、公司治理出色，而且價格公道的企業。

主動式投資經理人的績效很少能比得上2016年股市大盤的表現。而長期持續打敗大盤的人就更少了。最近〔麥可・莫布新（Michael Mauboussin）〕對這個主題的研究指出，2016年流入被動型基金的資金，比流出主動型基金的資金還要多，而且長期下來主動型基金經理人很少能持續打敗大盤指數。結果過去10年來，投資人退出主動型基金約1.2

兆美元，但有1.4兆美元配置在被動型策略中。

此外，產業結構的改變，使追求alpha值變得更加困難。*個別投資人（即「非專業投資人」）都避免持有個別股票，轉而投資指數基金，資訊傳播也變得更快速而平等（由於科技發展和「公平揭露法規」〔Regulation FD〕要求），使得主動型經理人更難掌握到「優勢」。最後，低交易成本和量化策略結合，讓使用槓桿投資的基金可以利用市場的無效率迅速產生報酬，不用考慮長期投資價值。

在最近的市場週期（從金融危機以來），各國央行都對金融市場進行大規模干預，使得股票市場的個股連動更為緊密，要有與眾不同的績效就更困難。ETF的快速成長也導致股票齊漲齊跌，除非基本面消息導致ETF裡特定公司的股價被迅速重新估價（漲或跌）。

但很難說被動型投資的績效會繼續勝過主動型管理基金（即使費用不計）。也許某種主動型和被動型策略搭配起來會為亞勒蓋尼帶來最好的結果。我們還是會把股票投資組合的大部分部位集中在有機會創造長期報酬的股票上，但同時還是會定期評估在我們的股票投資策略中直接承擔純市場風險並取得市場報酬是否適當。

---

* 編注：alpha值是指扣除系統風險的超額報酬，用來表示打敗大盤的程度，因此成為評估主動型基金經理人的指標。

2017年

長期觀點

　　2008年金融危機以來，金融資產的價值一直在膨脹，因為各國央行在全球銀行體系額外注入10兆美元。2012年以來，標準普爾500指數的本益比從14.4倍升高到22.5倍。雖然有（很多）正面發展和指標，我們的每股帳面價值也增加7.4％，但2017年的股價表現讓人失望。不過在截至2017年底的前兩年，我們的股價其實也上漲大約25％。從2008年以來，我們就像童話故事中的烏龜那樣，默默趕上蹦蹦跳跳的兔子（標準普爾500指數）。我們的一位投資經理人說，2017年是「光鮮亮麗勝過樸實無華」啊！

會計處理

　　我們為股東創造的價值中，有一個重要、但被低估的部分是我們在亞勒蓋尼資本公司併購的事業組合，因為一般公認會計原則有時會在短期懲罰併購進來的非金融事業。亞勒蓋尼資本公司的帳面價值成長率低估了內在價值的成長，因為一般公認會計原則會計法要求我們要認列和攤銷與併購相關的無形資產，所以在這段期間，被併購公司的盈餘會受到壓縮。在我們持續擴大亞勒蓋尼資本公司的規模時，這個問

題就變得愈來愈重要。從亞勒蓋尼資本公司的企業組合盈餘增加（在攤銷前）與現金流量的成長（跟資本成本相比），就能證明確實創造出價值。

長期觀點

最近的股票市場顯然在獎勵營收有長期成長前景的公司，反而對資產豐富、成長較緩慢的公司沒那麼樂觀。除了之前提到前所未有的流動性挹注之外，我們認為這也反映出數位化工業革命正在許多產業創造大量的贏家和輸家。加上實質利率極低的環境，不難看出投資人為何會對獲利長期成長的企業付出破紀錄的高本益比股價。

雖然我們以前曾經說過，但在這裡還是值得再次重申：亞勒蓋尼公司的長期價值主張是在景氣好時取得合理報酬，在景氣不好時保存資本。結果是讓我們的長期股東得到很好的報酬（而且我們**確實**是指長期報酬，包括在下跌的市場）。就像已故的前任執行長伯恩斯二世最愛說的：「慢慢致富沒有什麼問題。」

買回庫藏股

亞勒蓋尼公司始終認為，我們的資本管理活動應該要符合持續持有股票的股東利益，而不是符合賣出股票股東的利益。這個意思是說，我們只有在股價低於內在價值的估計值時，才會買回庫藏股。多年來，這項政策運作得非常好。我們往往能以低於每股帳面價值的價格買回庫藏股，我們認為這個數字很可能低於內在價值。這些交易會馬上增加每股帳面價值，而且這很顯然是「零風險」的選擇。

過去兩年來，因為金融資產持續升值，我們的股價也大都高於每股帳面價值。2017年，我們大幅減少買回庫藏股，所以母公司累積許多資產。除了這些資產，我們的保險與再保險子公司除了在維持保守估計的理賠準備金之外，也都握有充足的資金。

展望未來，我們的保險（與再保險）子公司可望繼續表現良好，而且我們也對亞勒蓋尼資本旗下子公司的前景充滿信心，我們做出的結論是，公司的內在價值比帳面價值還高。此外，如果針對競爭對手的表現評估比較，也會發現我們的結論一點都沒錯。

2018年

長期觀點

亞勒蓋尼資本公司現在是幾家企業的組合，未來幾年也會成為亞勒蓋尼公司更為重要的一部分，而且會提供我們分散投資並吸引人的投資報酬。我們希望這個企業組合會繼續擴張，跟這些企業主夥伴一起合作，幫助他們實現長期目標。

亞勒蓋尼公司到最後也是維持控股公司的運作。我們希望成為經營中子公司的支持者和有益的合作夥伴，確保他們擁有成功所需的資源，並為他們的員工提供有趣而愉快的工作場所。我們也確保有適當的高階主管來領導子公司。我可以很高興的說，我們相信我們擁有的所有事業體都有非常優秀的領導團隊。

我們以長遠眼光來管理亞勒蓋尼。任何公司都可以輕易講出這些話，但這些話的實際意思是什麼呢？投顧公司Innosight的研究指出，標準普爾500指數成分股的企業平均年齡已經從1964年的33歲下降到2016年的24歲，而且預計到2027年會進一步下降到12歲。造成這種狀況的原因有很多，包括產業整合、新創企業打破現狀而興起，公司選擇下市並賣給私募股權公司，當然也有公司完全倒閉。基於這些實際情況，典型的上市公司壽命相當短，就跟狗的年齡一

樣。

企業如果真正做到長期管理，表示公司財務必定穩健，而且不會努力藉由承擔過多風險來產生短期報酬。但不幸的是，很多公司治理的專家，尤其是一些代理顧問機構（Proxy advisory firms），相信企業高階主管的薪酬應該由公司非常短期（一般是 3 年）的股價表現相對於整個股市（因為公司有壽命，這個標準有缺陷）的表現來決定，不然就是相對於其他認定為同業的短期股價表現來決定，沒有考慮對風險進行調整。這就好比有人在玩吃角子老虎機，結果旁邊的人卻對他說：「你不擅長這個遊戲，因為賭場另一邊的人剛玩 21 點贏了。」

雖然我們知道代理顧問公司也屬於法人投資社群，因此必須受到審視與評論，而且確實在競爭短期表現，可是這套系統的結構並不適合判斷以長期風險和報酬為主要考量的企業。這一點愈來愈重要是因為，有很多公司的在外流通股數有 20％到 25％是由被動型投資人持有，他們的持有時間很長。尤其是我們這個行業，決定短期表現（也就是 5 年內）的因素取決於隨機發生的外部事件（特別是自然災害）。只有經過很長一段時間，才會對一家承擔風險的事業（例如保險公司）是不是真的做得很好有些概念。

亞勒蓋尼公司在過去 90 年最好和最壞的商業和經濟週期中存活與繁榮發展，這是很罕見的例子。我們公司在 1929

年1月26日成立，之後經過多次自我改造。我們相信過去20年來，我們目前的結構和業務焦點都為投資人提供服務，但是在公司的基因裡，如果狀況和機會允許，公司還會再次自我改造。短期而言，我對我們的團隊能力很有信心，不管是在控股公司或經營業務方面，都掌握到當前市場與經濟狀況，全力實現我們的財務目標。

＊　　＊　　＊

亞勒蓋尼公司的成績單

（除每股資料外，$符號項目的單位均為百萬美元）

	每股帳面價值 (1) ($)	帳面價值變化%	標準普爾500指數變化，含股息	股價 ($)	股價改變 %	年底股價淨值比	10年期國庫券年底的殖利率	股東權益 ($)
2000	135.49	15.3%	−9.1%	165.28	13.0%	1.22	5.11%	1,191
2001	162.36	19.8%	−11.9%	157.88	−4.5%	0.97	5.05%	1,426
2002	162.75	0.2%	−22.1%	148.52	−5.9%	0.91	3.82%	1,413
2003	182.18	11.9%	28.7%	189.90	27.9%	1.04	4.25%	1,600
2004	204.08	12.0%	10.9%	248.33	30.8%	1.22	4.22%	1,800
2005	212.80	4.3%	4.9%	252.18	1.6%	1.19	4.39%	1,894
2006	244.25	14.8%	15.8%	329.32	30.6%	1.35	4.70%	2,146
2007	281.36	15.2%	5.5%	371.39	12.8%	1.32	4.02%	2,485
2008	267.37	-5.0%	−37.0%	265.74	−28.4%	0.99	2.21%	2,347
2009	294.79	10.3%	26.4%	265.28	−0.2%	0.90	3.84%	2,718
2010	325.31	10.4%	15.1%	300.36	13.2%	0.92	3.29%	2,909
2011	342.12	5.2%	2.1%	285.29	−5.0%	0.83	1.88%	2,926
2012	379.13	10.8%	16.0%	335.42	17.6%	0.88	1.76%	6,404
2013	412.96	8.9%	32.4%	399.96	19.2%	0.97	3.03%	6,924
2014	465.51	12.7%	13.7%	463.50	15.9%	1.00	2.17%	7,473
2015	486.02	4.4%	1.4%	477.93	3.1%	0.98	2.27%	7,555
2016	515.24	6.0%	12.0%	608.12	27.2%	1.18	2.44%	7,940
2017	553.20	7.4%	21.8%	596.09	−2.0%	1.08	2.41%	8,514
2018	527.75	−4.6% (2)	4.4%	623.32	4.6%	1.18	2.69%	7,693
年複合成長率								
5年期	5.0%		8.5%	9.3%				2.1%
10年期	7.0%		13.1%	8.9%				12.6%
15年期	7.3%		7.8%	8.2%				11.0%
年複合成長率，包括特別股息								
5年期	5.4%		8.5%	9.6%				2.5%
10年期	7.2%		13.1%	9.1%				12.8%
15年期	7.5%		7.8%	8.4%				11.2%

（1）經股息調整。

（2）不包括2018年3月15日每股配發10美元特別股息的影響。

15

吉妮・羅美蒂
IBM致股東信

IBM在百年歷史中一直是很多投資人投資組合裡的優先選擇，因此贏得「藍色巨人」（Big Blue）的稱號。這家製造電腦的傳奇廠商因為有許多著名領導人而自豪，像是湯姆・華生（Tom Watson）。最近幾十年來，在維吉妮亞・羅美蒂（小名「吉妮」）的領導下，仍然不斷自我改造，成為羅美蒂說的「企業科技」公司，或是更特別的是，「一家認知解決方案和雲端平台公司」。

在IBM的職業生涯中，羅美蒂在1981年進入藍色巨人擔任系統工程師，後來歷經業務、行銷及策略部門獲得晉升。在這段期間她做出不少成績，包括指揮IBM併購普華永道會計事務所（PricewaterhouseCoopers）的資訊科技顧問事業部

門。她在IBM長期關注數據分析、雲端運算和認知系統開發，這些都是公司的特色任務，而且也是股東信談論的主題。

2011年在益智搶答節目《危險境地！》（*Jeopardy!*）打敗人腦贏得比賽的「華生」（Watson），是IBM最受矚目的突破，也是後續投資的基礎。IBM現在深耕的大數據領域，羅美蒂也一再說明它是新天然資源。羅美蒂的股東信集中討論IBM公司和公司在做的事情，主要就是要幫助客戶提升競爭優勢。

2011年

未來發展

〔我們的〕路線圖不只是一份目標清單，而是要運用各種方法來建立一個管理模式來創造價值。經營優勢來自我們不斷轉向利潤更高的業務，並且提升企業生產力。我們也會透過買回庫藏股和配發股息來為股東創造價值。在成長策略方面，我們專注在應該推動營收成長的高成長空間：

- **商業分析：** 我們的分析業務全年成長16%。在發現「大數據」的初期，IBM領先全球建立分析軟體和顧

問服務，而且我們打算把它轉化成強大的新功能，讓我們的客戶得以識別、管理甚至預測與客戶成功相關的成果。

- **雲端運算**：IBM已經幫助上千位客戶採用各種雲端運算，達成資訊科技資源的虛擬化、高度自動化和自助服務。

- **「智慧地球」（Smarter Planet）**：把所有解決方案整合成「智慧地球」系統，將供應鏈、零售、能源、運輸、電信、食品和用水等系統全盤進行改造。包括成功建立各種大規模的新市場，例如「智慧城市」（Smarter Cities）和「智慧商務」（Smarter Commerce）等系統。

對IBM而言，下一個10年大有希望，最重要的是它對經濟和整個社會的意義。我們處於獨特的地位，提供新自然資源的龐大利益，也就是說，人為與自然體系中的大量數據，現在能用來幫助企業和各種機構在日益複雜的全球經濟活動中獲得成功。我們可以在已開發國家和開發中國家，還有非洲等全球新興市場，跟大家一起創造潛力無窮的經濟和社會價值。

這個世界無疑正在分裂，但IBM現在能在同業和整個企業界脫穎而出，為我們的客戶、員工和全球公民持續創造差

異化的價值。這樣的優勢反過來也會繼續為我們的股東創造
更多的價值。

2012年

創新發展

　　在一個以創新和商品化不斷循環為特徵的產業，商品
玩家有一種成功模式是透過低價、效率和經濟規模來取得勝
利。但我們有不同的選擇：朝創新、再創新，並轉向更高價
值的路上前進。

我們重組成更高的價值：

- **我們重組研發部門：**20年前，我們研究人員有70％
  致力於材料科學、硬體和相關的技術研究。從事軟體
  工作的人甚至有十分之一專注在操作系統和編譯程
  式。但在這個領域現在有60％是在支持我們的關鍵成
  長專案，例如有400位數學家開發商業分析演算法，
  其他還有多元化的團隊，包括醫學博士、計算生物學
  家、自然語言處理還有天氣和氣候預測等各種專家。
- **我們獲得新能力：**想要透過併購來執行新策略或進行
  轉型的組織常常會碰上麻煩。我們採用有紀律的方法

來問自己三個問題：這是建立在IBM既有的能力上，或是從既有能力上擴展的嗎？公司是否有可擴大規模的智慧財產？它可以利用我們的優勢接觸到170個國家嗎？

- **我們處分非策略性資產：** 要一直走向未來不只與你發明的東西有關，還涉及到選擇什麼時候要前進。過去10年來，我們已經處分掉年營收將近150億美元的業務，因為這些事業單位不再符合我們的策略。如果我們沒有這樣做，我們會變成一間更大的公司，但會有更低的毛利，而且我們的能力對客戶而言也不太重要。

我們創造市場：

- **我們按類別創造市場：** 我們的軟體和服務業務現在跟幾年前大不相同，提供許多新類型的解決方案，例如MobileFirst、「社群企業」（Social Business）和「智慧商務」等服務。在我們的硬體業務中，我們全新的PureSystems系列產品正建立銷售動能，這個系列推出全新的工作負載優化系統（workload-optimized sytems），僅僅兩季就在超過70個國家有超過2300次安裝。
- **我們按地理區域創造市場：** 我們在全球成長型市場取

得很強勁的業績，跟尋求將基礎建設和社會現代化的企業、組織和政府機關密切合作。我們也會繼續透過「智慧地球」解決方案，包括「智慧交通」（Smarter Transportation）、「智慧金融」（Smarter Finance）和「智慧城市」等，在這些國家重組更多獲利機會。

● **我們按客戶創造市場：**我們為新一代的資訊科技買家（從企業行銷長、財務長到人資主管）創造新功能，從現有客戶群中開啟新機會。下面會更深入討論。

　　我們重新改造核心產品：我們在2012年推出的System z企業伺服器只是對中央處理器進行最新改造，結果就帶動System z在第四季達到有史以來最大的出貨量，其中超過一半的成長來自Linux的工作負載。核心軟體平台如WebSphere等也都已經完全轉型。資訊技術服務（Information Technology Services）以前是轉售外來技術的重要經銷商，雖然營收可觀，但毛利很低，現在也大幅轉向高價值服務，像是聚焦數據中心的資源效能、安全性和業務連續性與復原技術。從2000年以來，這項服務的稅前毛利率提高6個基點。

　　我們重組我們的技能和專業知識：創新模式就是不斷重組並深化專業技術。例如過去3年來，我們在分析技術方面就增加超過8100位專家。在醫療照護、能源、電信和銀行等

產業，以及金屬和礦業等新興領域的關鍵專業技能，我們也增加將近9500位銷售專家。

我們重新改造企業：我們以高度紀律來提升產能，透過採用共同、共享的操作和系統；簡化整個公司的運作流程；並且利用全球各地的技能，整合成全球性服務。

企業轉型

為了維持我們在產業中的創新模式，公司對於重大的技術轉變不只是要努力適應，還必須帶頭轉變。IBM在過去一個世紀一直都在重複做這樣的事，不僅在新技術模式一馬當先，也取得龐大的經濟價值。

今天，另一個新浪潮席捲而至，這是由大數據、分析技術、行動裝置、社群和雲端產生的動力。我們在幾年前建立「智慧地球」系統就預見這些變化，這是一個成為以設備引導、互聯與智能的世界。現在的資訊科技環境正在從單一應用程式轉變為動態服務；從靜止的結構型數據轉變為動態的非結構型數據；從個人電腦轉變為前所未見、式樣眾多的設備；工作負載從穩定轉變為難以預測；從靜態基礎架構轉變為雲端服務；從專利標準轉變為開放式創新。這種種轉變對IBM在企業演算領域的歷史地位扮演重要角色。所以我們就跟過去常做的事情一樣，正在重新塑造我們的投資、創新和

市場策略，來引領公司前進。

我們看到這個新時代有三個重要特徵，我們稱為「智慧運算」（Smarter Computing）：

為大數據而設計。現在每兩天的資訊量，大概就是整個人類史上一直到2003年全部加起來的總合。這個「大數據」是巨大的新天然資源，運用適當的技術從中分析、提取價值和見解，可以對整個產業和社會發揮革命性效果。這是IBM分析業務強勁發展的原因之一，因為我們跟客戶合作，一起把資訊情報帶進企業營運的各個方面。我們的突破性技術，「認知」運算系統「華生」，也迅速推進市場應用，這個系統已經證明有改變醫療照護與金融產業的潛力。我們會在今年推出第一批「華生」商業產品。

建立在軟體定義的環境上。為了處理現在快速產生的各式各樣的大量資料，企業數據中心必須變得更為活躍和靈活。可以考慮的一種方法是，把整個資訊科技基礎架構想像成程式化的個別系統。這種新模型就是眾所周知的「軟體定義環境」（software-defined environment），而雲端運算即是它的第一個具體展現。不過它還不是最後一個。這個新模型優化整套運算「堆疊」（stack），包括運算、儲存和網路資源，讓它得以適應各種所需的工作類型。為這些新環境建構硬體也會帶來可觀的商業價值。

開放。只有透過開放的標準和開放平台，企業界才能

支持多樣化的異質數據、設備與服務,並參與當今豐富的創新生態系統。這個的挑戰在於,要怎麼把開放方法轉變為成功的業務。IBM 運用 Linux、Eclipse 和 Apache 等軟體的幫助來實現這個目標,透過重要的產業生態系統支持它們發展成為標準,以此為基礎開發出高價值的 IBM 業務。現在我們經由許多合作來複製這套策略,例如新的開放資源雲端平台 OpenStack、大數據開放資源平台 Hadoop,還有好幾個大有可為的開放資源硬體項目。

綜合來說,開放、軟體定義以及為大數據設計的運算,構成資訊科技的深刻變革。而且這個改變跟過去一樣會創造出新市場,並帶來新客戶。我們也正在積極進行中。

新客戶、新市場

在我們面前展開的時代,為企業和社會帶來追求更高目標的歷史性機會。大量新天然資源正在釋放出來,有希望像過去的蒸汽機、電力和石化燃料在工業時代所帶來的驚人成效。這些大量新數據為整個經濟和社會帶來的潛力無法估算,這也是我們一生只有一次的機會,IBM 員工都下定決心要抓住這個機會。

要呈現出創新模式並不容易,尤其是在像我們這樣瞬息萬變的產業中。但是我們只要清楚知道自己的選擇,它會塑

造你所做的一切事情，包括你的商業策略、如何招募人才、如何培養技能、如何發明、如何經營公司。對IBM而言，這裡頭還有更多含義。這說明IBM員工期望對所有的支持者，包括對我們的客戶、我們的社區、我們的合作夥伴、我們的投資人，以及對彼此的需求都至關重要。我們將此視為企業宗旨，幫助大家成功執行計畫，配合他們的轉型需求，完成各自獨特的目的。

2013年

雲端的競爭優勢

我們作為企業、個人和社會，要怎麼面對這一刻？地球正產生空前的數據量，我們應該怎麼處理？我們要從（以及跟）消費者、工人、民眾、學生和病患的全球網絡創造什麼東西？我們要如何一經要求就去使用強大的業務與技術服務？我們要怎麼跟這種不是經由年齡或地理位置來決定，而是由決心改變商業與社會實務的人所決定的新興全球文化一起互動？

為了抓住此刻的潛在機會，IBM正在執行一項大膽的計畫。這個計畫會重新塑造你的公司，而且我們相信它也會重新塑造我們的產業。我會在這封信中說明我們已經採取和正在採取的行動，以及經過轉型以後脫穎而出的是哪些改變後

的公司。我相信大家如果了解我們的策略，必定會對IBM的
前景充滿信心，不只是短期有信心，對10年乃至更久的未來
也充滿信心。讓我們從這個時代的特殊現象開始說起，那就
是數據。

數據的地球

〔數據，這個新天然資源是〕21世紀的希望，就像18世
紀的蒸汽動力、19世紀的電力和20世紀的碳氫化合物。這
就是我們說企業、機構和地球都會變得更有智慧的意思。

多虧各種配備的激增與科技滲透到所有事物與流程中，
全球每天產生250億位元組（2.5 billion gigabytes）的數位資
料，而且80％屬於「非結構化」數據，這是從圖像、影片、
聲音檔到社群媒體的所有東西，以及和各種嵌入式感應器與
配送設備的大量電脈衝。

這是IBM第一項策略要務的驅動因素：運用數據改革產
業與專業，藉此創造市場。這種數據和分析的市場〔非常龐
大〕。要抓住這種成長潛力，我們在技術和專業方面都已經
建立全球最廣泛、也最深入的大數據和分析功能。

IBM提供客戶萃取大數據價值所需要的全套功能。他們
可以在產業中挖掘各種結構化與非結構化的數據集，也可以
運用各種分析，從描述性、預測性到指示性分析均可。而且

重要的是，他們可以獲取數據的時間價值。

　　這一點很重要！因為在這個新世界的競爭優勢，成敗可能就在幾分之一秒。而我們現在的數據和分析產品組合在產業裡都最為深入，其中包括決策管理、內容分析、規畫與預測、發現和探索、商業智慧、預測性分析、數據與內容管理、串流運算（stream computing）、資料倉儲、資訊整合與治理。

　　這個產品組合為「認知系統」這個運算的下個主要時代提供基礎。傳統的運算系統只會執行寫好程式的工作，根本無法跟上持續運轉的大數據。所以，我們需要一個全新的典範。這種新系統不是預先寫好程式，而是從吸收到的大量資訊、從自己的經驗以及與人互動中學習。

　　IBM在3年前開啟這個時代，當時我們的華生系統在益智搶答節目《危險境地！》打敗兩個歷屆冠軍！華生已經從研發的巨大挑戰成熟發展成多元的商務平台，通過雲端可以在全球運作。今年初我們又成立IBM華生團隊（IBM Watson Group），總共有2000名專業人員，10億美元的投資，以及一個我們預期會迅速擴展的合作夥伴與開發人員生態系統。在這個過程中，我們相信華生會改變運算的本質，因為它已經開始改變醫療照護、零售、旅行、銀行等更多領域的實務做法。

　　在產業和專業經過數據重新改造的同時，雲端運算的興

起也改變全球資訊科技的基礎架構,也就是把資訊科技和商業流程的提供視為數位服務。如今全球〔大部分〕的應用程式(愈來愈)可以在雲端使用,而且新軟體有85%都是為了雲端而設計。

這也推動IBM的第二項策略要務:為雲端時代重新打造企業資訊科技的基礎架構。這跟雲端一樣重要,但它的經濟意義常常被誤解。重點比較不在於技術,因為技術相對簡單,而是在於雲端能夠給企業和機構帶來的新商業模式。

我們提供全方位的雲端交付模型(cloud delivery models),包括基礎架構即服務、平台即服務、軟體即服務和商務流程即服務。IBM的雲端功能建立在1500項雲端專利,以及數千名雲端技術專家的支持。《財星》500大企業有80%使用IBM雲端功能。

在基礎架構方面,我們雲端的根本基礎是SoftLayer,它是市場最主要的公有雲和私有雲環境,搭配「裸機」專用伺服器,就能即時提供無可匹敵的運算能力部署,而且還有幾百種配置選項。我們的公有雲每天處理550萬筆客戶交易。不管是在技術、安全、靈活度或價格方面,IBM都超越所有主要競爭對手。我們的客戶迅速成長到3萬家廠商,包括Honda汽車、永明體育場(Sun Life Stadium)、美國網球公開賽,還有幾百個用戶超過1億人次的熱門線上遊戲業者。

這些公司,以及愈來愈多公司都知道,他們直接面對客

戶的應用程式（因為成本、觸及率和運算速度等原因部署在公有雲）都必須和財務、庫存、製造和人資等企業核心系統整合在一起。這些企業將〔愈來愈常〕使用混合公有雲與私有雲的環境，整合出各自的後台系統。

　　這就是為什麼「雲端中介軟體服務」這類新產品會出現來管理這些複雜環境問題的原因。IBM全套企業軟體產品可供開發人員在開放的商業環境中使用，建立靈活且可以擴充的應用程式。IBM在全球軟體開發實驗室都採用「雲端優先」的方法，對想要推動創新的商業用戶，包括財務、行銷、人資、採購和其他功能部門的負責人，我們提供超過100種獨一無二的軟體即服務商品。現在《財星》500大企業前25家有24家採用IBM軟體即服務商品。

　　展望未來，各個公司都會繼續釋放這些商用應用軟體的價值。例如現在有將近70％的組織正在使用或準備使用組合業務服務。而企業界到最後也希望、而且需要像在公司裡儲存的數據一樣，嚴格控管雲端上的數據。企業界必須這麼做，才能確保數據的審核、能見度、控管變更、取用控制和防止資料流失。而數據管理確實可以說是企業雲端環境中最重要的設計重點，這不只是受到安全性和成本所驅動，也受到法規影響。

參與程度

數據和雲端的現象正在改變全球商業和社會領域。同時，不斷成長的行動科技和社會型企業的遍布，讓大家能夠掌握知識，透過網路豐富生活，並改變他們的預期。

〔另一個〕策略要務是：讓企業界可以使用「參與系統」（Systems of Engagement）。企業現在正採用系統性方法和各種支持者互動，包括客戶、員工、合作夥伴、投資人和民眾，用來補足傳統後台記錄系統。會有〔更多〕公司在資訊科技上投入更多支出在這些新的參與系統。

企業之所以會這樣做，是因為客戶和內部員工對於參與方式的期望正深刻改變。透過社群媒體和企業聯繫的人中，有70％預期在5分鐘內得到回應。將近80％的智慧型手機成人用戶平均每天隨身攜帶手機長達22個小時。這就是我們要推出IBM MobileFirst的原因，也是我們進行8次併購來推進行動專案的原因。我們有3000位行動專家，並且也搶先取得好幾百項行動技術和無線技術專利。

這些人使用行動裝置和企業聯繫時，他們期望獲得客製化服務。的確有80％的人願意拿自己的資訊來交換量身訂做的產品和服務。

好消息是這種情況實現的可能性愈來愈高，這多虧社會型企業和數據分析。但事情沒那麼簡單。各位只要關注新

聞，就會看到現在對於數據安全和機構信賴度的隱憂迅速增加，而這是理所當然。有三分之二的美國成年人表示，他們不會回頭光顧丟失掉他們機密資訊的企業。其中的經濟利益十分龐大。

2014年

IBM處於科技與商務的交匯處，這讓我們得以改變世界的運作方式，而且這樣做對我們的客戶和整個社會都非常重要。我們與全球90％的頂尖銀行、前10大石油和天然氣公司的其中9家公司、全球50大零售商中的40家公司，還有前100大醫療機構中的92家醫院合作。IBM系統管理銀行、預訂、運輸、零售、貿易和醫療系統。光是一台大型主機就處理全球75％的商業數據。

今天我們在這個基礎上創建，打造全新一代的關鍵系統。IBM的客戶要疏導城市交通；探索癌症療法；提升食品供應的安全性；要降低風險；以及服務他們的客戶、員工、民眾或病患，對他們有最好的了解、提供個人化服務，建立親密感。有一個新世界在我們眼前逐漸成形，它是由數據重新塑造，以程式碼重新編寫，而且每天變得愈來愈有智慧。這項工作讓我和所有IBM的同仁都更有活力。

2015年

認知解決方案

〔因為數據〕是全世界新的天然資源……它正在改變所有產業和專業領域。IBM一直在創建並取得必要能力來領導數據與分析技術，深化我們產業的專業知識，並不斷發展合作夥伴關係和生態系統。我們今天在數據和分析業務已經是業界領導者。

這已經是個強大且不斷成長的事業，但它的潛力實際上還會更大。這種潛力在於全球的數據有80％都沒有結構化，包括我們用語言編碼的所有內容，從教科書和公式、文學作品和對話，再加上所有的數位影片、聲音檔和圖像。這些還沒有結構化的數據，電腦是無法解讀的。電腦可以抓到這些數據，進行儲存和處理，但是它們無法理解這些數據的意義。

然而要是運用認知技術，我們就可以探索這些「暗數據」（dark data）。認知系統可以吸收所有內容，透過感知和交互作用來解讀其中的意義。它們能據此進行推理、產生假設、推論並提出建議。這跟我們過去知道的運算系統不同，不是編寫程式來控制，而是經由專家培訓和自身經驗去學習。事實上，它們一直在學習。

認知包括人工智慧、機器學習和自然語言處理，而且不

只如此。而它的化身就是「華生」。

　　「華生」在2011年贏得美國益智搶答節目《危險境地！》的冠軍之後，又有了更大的進步。當時它只做一件事：用五種技術提供支援，來進行自然語言的問答。但現在問答只是「華生」超過30種功能的其中一種而已，而且所有功能都已經轉變為數位化服務或應用程式介面，可以透過雲端來提供。這表示我們可以確實讓電腦建立認知，將任何資料數位化。各種數位應用程式、產品和流程都可以因為運用「華生」系統而被理解、推理和學習。

　　各位可以看到認知系統為什麼正成為我們解決方案的核心業務。最初華生系統的部門，現在成長為一個家族：「華生」核心團隊繼續擴建新功能，也不斷培育持續拓展的生態系統；個別「華生」的業務，如「華生醫療事業」（IBM Watson Health）和「華生物聯網」（IBM Watson Internet of Things）等針對特定產業或專業領域。每個業務部門都把「華生」的功能與產業專業知識、龐大數據集，以及合作夥伴與客戶的生態系統結合在一起，而且每一個都能透過IBM雲端系統來提供支持。

　　現在IBM華生系統已經成為快速發展的業務，客戶遍布全球36個國家，包括醫療照護、金融服務、零售、能源、汽車、政府等領域的領導者和新創企業。我們也會繼續強化華生的功能，例如賦予「觀看」的能力，並且把自然語言的應

用範圍擴展到英語以外的語言，到目前為止的應用也包括日語、西班牙語、巴西葡萄牙語和阿拉伯語。

雲端平台

在一個重新編寫程式碼的世界，程式開發人員就是新的建構者，而雲端就是他們建構世界的平台。我們IBM所有華生部門和不斷成長的認知解決方案產品組合，也都是在雲端平台上建構。

「平台」這個用詞很重要。雲端平台不僅是一種更快也更便宜的資訊科技取用方式，同時也是創新、製造和配銷的新模式。雲端平台為協同合作與快速擴展規模提供一個開放環境，展示不斷成長的應用程式介面資料庫，讓整個生態系統中的合作夥伴和第三方都可以從中取用，創造出全新、創新的解決方案。而且雲端平台提供多種數據集與相關專業的取用途徑，這不只關乎技術，也牽涉到整個商業和社會領域。

重要的是，未來的雲端平台會混合跨越公有雲與私有雲，並整合必要的軟體、系統與服務，把這些環境安全無縫的接合。隨著企業朝雲端移動，兩者的混合已非過渡階段，而是目的地。

確實，這是雲端市場成長最快速的部分，IBM是商用混

合雲端（hybrid colud）的全球領導者。我們在這方面有很大的優勢，從處理和保護IBM大型主機上將近全球四分之三的交易，到設計和執行核心的銀行業系統、供應鏈、預訂與零售系統等等。

我們的中間軟體（middleware）是領先全球的資訊科技整合平台，有一家分析公司在過去14年來都說我們是中間軟體的領導者。而且這些中間軟體就是混合雲端的核心動力。例如，IBM WebSphere可以在雲端解鎖所有數據和應用程式，讓客戶使用現有的應用程式就可以取用雲端，而「生於雲端」的新程式也可以取用現有資產。

我們在企業雲端依然會是全球領導者的最後一個理由是，雲端的未來取決於基礎架構的創新。這就是為什麼IBM系統的全系列商品在這個新時代依然很重要。我們會繼續為混合雲端界設計、開發並提供全球最領先的伺服器、儲存設備和軟體。例如我們針對行動交易改造大型主機，供進階分析加速器和安全性高的企業雲端伺服器使用。

很多同業把認知系統和雲端技術看成兩個不同的現象。但我們的看法不同：這是一體兩面，同一套模型的兩個維度。認知系統是從各種形式的數據這種新天然資源吸納和提取價值唯一的方法，也才能轉化成競爭優勢和社會價值。雲端則是全球設計、建構、測試和部署這些解決方案的平台

策略

我們經歷許多技術變革的時代，經驗告訴我們必須了解這些改變對全球經濟、社會和我們所有人工作與生活的影響。現在有些人就對人工智慧系統可能影響工作和未來感到不安。這些都是合理的質疑，必須由企業、政府和民間社會以深思熟慮的方式來解決。

在IBM，我們在認知系統上進行深入的科學研究，了解認知系統的實際功能和每天努力將這些功能應用到世界上。這些經驗告訴我們，認知技術並不是要取代人類，而是要增強人類的能力。認知業務的實際工作並不是「人工」智慧，而是智慧增強。而且對人類的生存條件必定會帶來極大的好處。

最後，我們面對最重要的挑戰並非技術，而是在於價值。不管是在公民自由還是國家安全、是隱私還是便利、或是某些專業興起的同時有其他專業沒落，我們通向這個充滿遠大希望未來的道路，取決於共同價值的創造、公開透明，以及最重要的誠信。對IBM而言，我們知道自己是誰，知道客戶為什麼要找我們合作，也知道各位為什麼要投資我們。

2016年

　　一個世紀以來的經驗讓我們學會保持警惕。我們開始看到，在數據、雲端運算的成熟，以及很多人稱之為人工智慧（AI）的推動下，資訊科技產業將徹底重組。我們相信對客戶和股東來說，價值的來源將會改變，各種創新的融合將會為科技和商業開啟新的時代。

　　我們不只是等待而已，我們拋棄商品化的業務，加倍努力重新塑造核心硬體、軟體和服務的特許經營權，同時擴大投資來創建新服務，包括雲端、數據、認知系統、資訊安全和其他重要策略的業務。我們不只是管理這些事業組合，更要為客戶建立新時代所需的整合能力。

　　在我們繼續轉型的同時，現在已經奠定堅實的基礎。

策略與願景

　　2011年，「華生」在美國益智搶答節目《危險境地！》上贏得比賽，IBM從此走出近來人們常說的「人工智慧的寒冬」，把整個產業、甚至是全世界帶進認知的時代。現在我們不再孤軍奮戰，人工智慧領域正在興起，雖然其中也包含許多炒作。我們預期在認知業務方面會繼續保持領先優勢，因為只有我們能以獨特的方式滿足企業的需求。

企業需要認知解決方案，將大量數據轉化成洞見和競爭優勢。他們不只需要雲端平台來提升資訊科技能力，也需要提升速度和敏捷。這個雲端的架構必須是混合的，橫跨公有雲與私有雲，企業才能在其中利用現有的應用程式、資訊科技基礎架構和最重要的數據來投資。企業界需要能夠信賴的合作夥伴，而我們了解他們的產業特性與流程，提供安全、可擴展，並且能夠在當地立足、又能面向全球的資訊平台。

IBM提供強大的人工智慧雲端平台，用它來建構針對各個產業實際問題的解決方案。我們自行創建或合作取用特定領域的數據集，運用深厚的產業專業知識來建構垂直解決方案，並在特定專業領域對「華生」進行培訓。

IBM現在正在改變全球各地的產業。我們的雲端平台有超過2億人次的消費者使用IBM雲端平台上的「華生」來回答問題，在線上滿足他們的需求並提出建議。有超過50萬名學生透過「華生」來選課，並專精一門學科，這也能幫助教師滿足每個學生獨特的學習需求。IBM的資訊安全系統每天監控133個國家、總共1萬2000多個客戶，處置總共350億次的安全事件，這是全球第一個商用「網路資安演練」（cyber range），客戶可以在其中進行模擬，為現實世界的駭客攻擊做準備，利用「華生」的力量來打擊網路犯罪。巧妙運用「華生」系統，商業大樓每年可以減少1000萬噸的二氧化碳排放量；企業界的聘雇週期加快75％；航空公司的維護

效率也提高80%。

當資訊科技日益轉向雲端平台時，交易必須獲得所有相關人士的信賴才會成立，而且這樣的趨勢愈來愈顯而易見。所以，我們才需要打造一個完整的區塊鏈平台。區塊鏈可以將分享式帳本（shared ledger）與智能合約（smart contract）串連起來，幫助各種資產安全轉移，不管是運輸貨櫃的實體資產、債券等金融資產，或是音樂等數位資產，都可以透過任何一個商用網路安全轉移。區塊鏈轉移資產的交易方式，就跟網路傳遞資訊的方式一樣。

IBM現在已經跟超過400個客戶合作，共同開拓商用區塊鏈。這些客戶的主要業務包括外匯結算管理、智能合約、身分管理與交易金融服務，但是區塊鏈的潛力遠遠不只有金融服務。舉例來說，我們現在也跟沃爾瑪合作，確保食品的安全追蹤、運輸、銷售在中國與美國都一樣的公開透明。此外，我們另一個合作對象是Everledger，他們運用雲端區塊鏈追蹤鑽石與其他高價值商品的出處，以及在整體供應鏈中的移動。

這些都是認知科技在真實商業世界的應用。跟我們在電影或流行文化看到的景象不同，我們不會把人工智慧描寫為具有自有意識的機器或獨立個體，認知科技這種革命性技術的真正前景不在於取代人類，而是幫助增強人類的智慧。我們會將認知科技系統的潛能發揮在流程、系統、產品與服務

上，逐步滲透商業、社會與我們的日常生活。

認知科技的未來

我們的產業正站在改革的轉折點。對於資訊科技供應商來說，未來幾年將會至關重要，因為全球企業與組織都會針對雲端、數據與人工智慧等議題做出架構上的關鍵決策。

IBM已經站穩腳步，致力於幫助客戶做出明智的抉擇，並且引領競爭。我們認真負擔起責任，確保新科技的運用合乎道德規範、可以永續發展，這對於如今經濟與社會瞬息萬變的大環境而言尤其重要。我們也會繼續跟產業與社會保持互動，並倡導開放、包容、全球化、公平的商務與政策環境。而且我們不只要做倡議者，還要做創新者。

IBM的一個創新案例，就是我們今年發表的〈認知科技時代中的透明與信任原則〉（IBM's Principles for Transparency and Trust in the Cognitive Era），它的主要宗旨是：

- 我們相信人工智慧的目的是為了增強人類的智慧。
- 我們會保持透明，公開我們在何時、何地運用人工智慧，以及根據數據與由數據訓練而建立的推薦系統。
- 我們相信客戶的數據與見解都屬於他們所有。
- 我們致力於幫助學生、勞工與民眾掌握技能，以安全

可靠而有效的方式使用認知科技系統，進而從事認知科技經濟所產生的新工作。

這些原則就是我們建設新世界的試金石。我們要跟客戶一起實踐這些原則，並相信它們可以為整體商業界與社會奠定重要的基礎。

2017年

變化轉折

世界各地的企業都在改變工作方式，我們也已經幫助各位的公司做好準備來迎接這一刻。我們總是相信數據會改變科技與商務的樣貌，因此，過去5年來，我們秉持著這樣的信念，搶先進行IBM近代以來最有企圖心的改革。如今，改革階段基本上已經走向尾聲，IBM現在是提供認知科技解決方案與雲端平台服務的企業。IBM擁有業界無法比擬的強大功能，能夠滿足客戶最迫切的需求。

這些改革與成果都來自IBM員工的創造力與熱情，他們是驅使IBM到達變化轉折的原動力，也是我們最大的競爭優勢。

這不只是IBM的轉折點，也是我們遍及全球的企業與組織客戶的轉折點。一直到一年前左右，還有許多人相信「數

位破壞」（digital disruption）將永遠存在，導致現有企業都面臨遭到淘汰的風險。

但是，我們的看法不一樣。我們不認為平台巨頭可以在以數據為中心的經濟體系中一支獨秀，最大的原因在於，他們也無法任意取用全世界最有價值的數據來源，畢竟世界上有高達80％的數據無法透過網路搜尋得來。這些數據來自全球現有企業與組織的專業知識、產業實務做法、市場動態、生產流程、營運經驗、成員與文化，也是各個企業與組織的資產。所以我們相信他們仍然占據領先地位。

全球有許多偉大的企業與機構〔都與IBM公司密不可分〕。這不是巧合，而是反映重要的全新現實狀況：全世界現有的企業與組織都清楚知道，他們能夠反客為主成為破壞者，所以他們想要主動出擊、抓住機會、掌握時機，藉由成為更聰明的企業來取得成功。

- 企業把系統與流程變得更有智慧，藉此讓自己愈來愈聰明，這也是為什麼IBM公司必須深入了解客戶的產業特性來提供服務與解決方案。因此，當企業要進行更有智慧的數位與認知技術轉型，在選擇資訊科技服務時，IBM會是他們首選的合作夥伴。我們的客戶包括蘇格蘭皇家銀行（RBS）、歐特克公司（Autodesk）和現代信用卡公司（Hyundai Card），此外還有一些

策略合作夥伴也是我們的大客戶，例如Salesforce、Workday、蘋果公司、SAP公司與VMware軟體公司。像這樣深耕產業的專業布局也讓我們得以建立成功的全新解決方案業務，例如華生醫療、華生物聯網與華生金融服務等系統。

- 企業運用人工智慧與數據改變工作方式，並且為人機協作時代做好準備，藉此讓自己愈來愈聰明。Watson for Oncology系統在全球超過150間醫院幫助醫生加速判讀腫瘤病情，為患者找到最好的治療方案，採用這套系統的醫院包括南韓嘉泉大學吉醫院、斯洛伐克斯威特茲德拉維亞醫院（Svet Zdravia）與台北醫學大學。

- 華生系統幫助稅務業者HR卜洛克（H&R Block）為幾百萬名客戶提供最佳建議。法國國民互助信貸銀行（CréditMutuel）、巴西布拉德斯科銀行（Banco Bradesco）與歐蘭治銀行（Orange Bank）等銀行業者以及其他眾多金融機構內的銀行家與客服人員，同樣在華生系統的幫助下改革銀行產業。伍德賽能源公司（Woodside Energy）也選擇華生系統來協助他們保留石油工程師的專業知識、改革工作流程。

這些企業與組織以及其他領導企業，都致力於在各個層

面上把公司變得更有智慧。他們對未來寄予厚望，盼望提高競爭力，並且再次與公司真正的存在目的建立聯繫。

我們現在也站在全球各地社會的轉折點。IBM不相信未來只會由少數人獨占好處。我們相信未來屬於我們所有人，因此才要把這個信念轉化為實務做法與經營策略。

關於數據與人工智慧的責任歸屬，我們相信，在人工智慧逐漸成熟後，數據這種全球的新天然資源將快速得到解放，並且具備成長、繁榮、推動社會進步的潛力。但是，唯有大家都相信會有人認真負責的蒐集、管理與分析數據，一切才會水到渠成。

儘管許多人開始質疑某些企業的力量與行為，IBM依然願意挺身而出，負責擔任數據與人工智慧的管理者。因為，我們相信發展人工智慧的目的是為了增強人類的智慧，而非為了取代人類，我們特別強調公開透明的重要性，並且讓大家知道我們在何時何地運用人工智慧、由哪些專家進行培訓，以及從中吸收到哪些數據集。我們也認為，數據與從中產生的見解，都屬於各個人工智慧系統的創建者。他們不必為了從人工智慧與雲端運算獲得好處，而放棄數據的所有權與控制權。我們就是根據這樣的原則在打造與應用華生系統。

要爭取信任，就必須不斷強化與進行測試，以增強數據的加密與安全系統的保護力。此外，數據的隱私權也要受到

尊重。這些原則都是根據華生系統打造的IBM雲端平台核心標準。

在工作職位的議題上，我們相信新科技毫無疑問會減少一些工作，而且一向都是如此。但是，新科技同時也會創造新的工作領域。不過，現在的挑戰在於，人工智慧將改變各種工作所需要的技能。我們還是需要醫生、律師、銷售人員、老師與工程師，但是這些人在工作上必須完成的任務與需要的工具都會跟以前不一樣。

這就是為什麼我們需要進行大規模的教育改革，才能為將來的工作建立技能，這跟藍領或白領工作無關，而是「新領」（new collar）的工作。IBM將在美國與全球各地引領變革，我們會透過建立公私協力夥伴關係，建立21世紀的科技學徒制與再培訓計畫，開創革命性的P-TECH（Pathways in Technology Early College High School）教育模式。其中包含要在未來10年內投資50億美元為IBM員工提供培訓，讓處於職涯中期的專業人員能夠再度提升技能，重新回到技術性質的工作崗位。

在包容性的議題上，我們可以很驕傲的向全球承諾，IBM秉持包容開放的態度已經超過一個世紀不曾改變。我們努力支持人員、資訊與思想的交流不落人後，並且同時為數據的跨國流動提供隱私與安全保障。

IBM的包容開放態度是舉世公認的黃金標準，我們推

動女性的職場發展，因此在2018年獲得Catalyst Award的肯定。IBM是第一間獲得這個獎項四次肯定的企業。我們提倡公平與平等，不論是現在或未來都同樣接納與歡迎所有人加入IBM公司。超過一個世紀以來，IBM員工以負責的態度推動進步，並贏得全世界的信任。直到今天，我們仍然繼續秉持這樣的傳統。

2018年

客戶關注

過去幾年來，全球企業都在進行數位改革，以利用過去累積下來的數據，這是它們最強大的競爭優勢來源。

數位發展的第一步，主要是進行各種小範圍的人工智慧實驗，把面向消費者與客戶的應用程式等簡單的工作轉移到雲端平台。

現在，我們逐漸在一些開拓性業務中看見第二步的輪廓：透過人工智慧與混合雲端，從實驗轉向大規模的商業轉型。

數位改革的下一步會由企業推動。它的特色是先從擴大運用人工智慧開始，再把它們帶進商業的各個方面。其次，在雲端上，最重要的應用程式將逐漸轉移到混合雲端，也就是結合幾個公有雲、私有雲與企業內部的資訊科技功能，讓

企業自行打造最適合的工作環境。在科技領域與深受科技影響的世界中，所有改革的基礎都在於信任，而且信任的重要性正逐漸增加。

在數位改革的第二步中，企業不只要擴大運用人工智慧，還要拓展到整個企業，已經有一些先行者帶頭展示做法。

以全世界幾間龍頭銀行業者為例。雖然許多企業已經運用人工智慧來解決特定問題，不過有些領先者正把它擴展運用到整個企業。歐蘭治銀行是法國成長最快的一間數位行動銀行，他們現在也透過IBM的華生系統來管理所有客服項目。同樣的，巴西布拉德斯科銀行也使用IBM的華生系統協助服務團隊成員，讓他們在幾秒鐘以內就能回答顧客諮詢的問題，而且準確度接近95％。

IBM在2014年推出華生系統平台，把人工智慧導入商業主流市場。如今，IBM的華生系統是最開放也最受信任的商用人工智慧系統，可以在任何環境中運作，不論是企業內部的裝置、私有雲是公有雲。企業可以運用華生系統進行數據處理，不管資料存放在哪裡，都能將人工智慧導入應用程式。

借助Watson Studio平台、Watson Machine Learning平台與Watson OpenScale平台，IBM公司提供整套工具讓企業在混合雲端環境建構、部署以及管理他們的人工智慧模組。

IBM的Watson OpenScale平台是同類工具中最早在2018年推出的平台，它讓企業能夠以透明、精確、減少偏差的方式管理人工智慧模型，而且不管資料建構在哪裡都能夠運行。解決這些傳統上阻礙企業發展的因素，對於把人工智慧應用到企業整體的發展而言非常重要。

IBM公司提供服務，幫助全球的客戶把人工智慧應用到核心業務與工作流程當中，我們為客戶的業務導入自動化、智能與持續的學習能力，以完成供應鏈、人力資源、財務與企業營運的所有轉型。

在2018年，我們還推出一項新服務，名為「IBM人才與轉型」，用以解決人工智慧經常被忽視的文化面向。這項服務幫助客戶確保工作團隊具備適當的技能與才能，並且獲得企業文化與工作環境的支持，這對於企業將人工智慧業務擴展到全新的工作方式而言非常重要。

在數位改革的第一步中，雲端部署大都集中在容易移轉的工作負載上，藉以提升產能與商品運算能力。這主要是由消費性科技進步的啟發，帶動面向用戶的應用程式所驅動。因此，如今企業的工作負載只有20％轉移到雲端上。

其餘80％的工作負載可以提供企業真正有價值的機會，把關鍵的工作負載與應用程式轉型為雲端部署。企業面臨的挑戰在於，他們大多數都有特定的規範或數據需求，而且數據存放在許多不同供應商提供的雲端服務系統中，必須橫跨

5到15個不等的雲端平台。

因此，當企業進入數位改革的第二步後，都要採用混合雲端的新方法。如此一來，他們才能更輕鬆的在公有雲、私有雲與企業內部的資訊科技系統中轉移資料，並且得到一致的管理服務、受到安全協議保護，還可以運用開源系統的科技。

舉例來說，歐洲的龍頭銀行法國巴黎銀行（BNP Paribas）也跟IBM合作，致力於加速發布跨越雲端的全新數位與人工智慧客戶服務系統，並且擴大服務規模，同時也能保障客戶資料的安全與機密性。同樣的，全球電信業領導者沃達豐（Vodafone Business）也選擇跟IBM合夥，開發創新的方式為客戶提供多雲端服務，以及人工智慧、邊緣運算（edge computing）、5G與軟體定義網路的解決方案等數位功能。

IBM服務提供端到端的雲端整合，幫助成千上萬間企業在所有雲端環境中安全且無縫接軌的遷移、整合、管理應用程式與工作負載。在IBM Garages平台上，客戶可以和IBM服務部門的產業專家合作，共同創建支持雲端運算的解決方案。我們會透過運用設計思考與敏捷方法，幫助客戶採用新的工作方式，例如快速打造原型產品與疊代做法，讓技術專案更快的從草創進入大規模生產。

現在我們已經準備好，要透過結合獨特的創新技術、產

業知識以及幾十年來累積的信任與安全保障，幫助客戶邁入數位改革的第二步。IBM現在正護送全球的大型企業進入下一個時代，而且一旦我們如同計畫成功併購紅帽公司（Red Hat）後，將能更有效率的達成目標。

信任與管理

我們清楚知道，客戶與他們服務的消費者，都不只期待突破性創新和產業專業。他們希望跟可靠的技術夥伴合作，這些夥伴會以負責任的態度妥善保護他們的數據。他們希望與了解如何安全導入新技術的技術夥伴合作，並且幫助社會從中受益。而且，他們希望合作夥伴能夠打造包容的工作環境與社區，讓多元文化得以蓬勃發展。

這些期望都有一個共同的特色：責任。從我們的實驗室到董事會，責任就是IBM的文化標誌，而且已經傳承長達107年之久。IBM的員工堅定不移的向全球承諾，將負起重責大任妥善管理數據與發展強大的新技術，這為我們贏得客戶以及整個社會的信任。

隨著全球對科技業的信賴審查愈來愈嚴格，我們也在2018年發布「IBM信任與透明度原則」，長期以來，我們都是依照這一套規範在經營公司。這些原則凸顯出我們的信念是：發展新技術是為了增強人類的智慧，而非為了取代人

類，而且從科技運用當中獲得的數據與見解，都屬於個別企業的資產。這些原則也特別強調，引進全世界的新技術必須開放、透明、可以解釋與不帶偏見。

———— **16** ————
羅伯・金恩
辛普雷斯公司致股東信

創辦人羅伯・金恩在2018年的股東信談到辛普雷斯公司的起源，討論早期業務的資本配置和投資：

距離我們現有業務幾步之遙的市場，擁有可以創造巨大價值的潛力，在這些市場建立強大的獨特優勢，以及快速成長的獲利業務。在公司悠久的歷史中，我們就曾完成如此的壯舉。回顧1998年辛普雷斯還叫做波恩印像（Bonne Impression）的時候，那時公司的規模很小，營收大概只有300萬美元，雖然收支平衡，但成長緩慢，是直接郵寄商品目錄給歐洲小企業的辦公桌出版用品供應商。當時我們希望運用自己對市場的了解，轉進線上印刷業

務，採用跟現有業務完全不同的模式，讓相同的客戶獲得自助式圖案設計和即時印刷的服務。後來我們募集大量創投資金，在1998年到2003年間推出威士塔（Vistaprint）線上印刷。我們碰到許多失敗、挫折，又再接再厲重新調整，迫切需要更多融資，結果到了2003年，威士塔的獲利快速成長，逐漸成為一間讓人難以置信的企業。

現在，雖然我們很想要從頭創立另一家威士塔，但我們並不期待這麼做。這種奢望恐怕是忽略一個現實，那就是除了努力之外，當初我們會成功其實是因為好運，在正確的時間站上正確的位置。但是我們確實相信可以建立一個快速成長獲利的投資組合業務，在未來10年內對辛普雷斯的整體成長做出重要貢獻，而且以投資組合來說，扣除不可避免的失敗，還是能為辛普雷斯創造出吸引人的投資資本報酬率，讓公司更上一層樓。這種最高層次上的考量，即是我們進行早期投資的主因。

辛普雷斯公司成立於1990年代後期，在2000年代初期上市。不過羅伯・金恩的股東信要到2015年才開始展現鮮明的個性。他在第一封股東信中用高明的方式確立一些基本原則，之後的信件又慢慢調整，不只是深化這些原則，也在記錄上做了一點試驗。他不只記錄成功，也記錄失敗，特別注重從這兩種經歷中汲取的教訓。

每封股東信都會逐項討論一些重要主題，分別呈現出不同的深度和精細度。後來的股東信大概也都會談到一些共同的要點，有時會強調當年發生的特殊事件。這些話題在當時來看也許有其必要，但像本書這樣在事後收錄來看就會使焦點模糊。

這些重要主題是關於資本配置和重要的衡量指標，包括資本配置的一般原則，以及當年或連續幾年特定資本的配置（包括先前的投資與現行計畫的成果）。另外也討論過一個稱為「穩定狀態的每股現金流量」（steady state cash flow per share）的概念，這是用來衡量資本配置的結果和公司的每股內在價值模型。

至於討論的內容則愈來愈複雜和細緻，例如2015

年和2016年的股東信都談到資本配置方面的啟
發，但文章簡短，大概只有四到五段的討論，再配
上一些說明性質的圖表來呈現過去的資本配置決
策。然而在2017年和2018年，談到同樣理念的篇
幅和深度都增加一倍，對過去決策的討論自然也增
加了。

此外還有一些獨立的主題，都在同一封股東信中討
論，包括不做單季業績預測、薪酬獎勵制度、策略
性分權、長期思維，以及對價值的思考等等，在本
書收錄的股東信中都有摘錄。

股東信也提到金恩招募兩名長期大股東進入辛普雷
斯董事會。他這樣做是因為，這兩位股東對公司的
資本配置策略和價值思考方法都有深入的理解和支
持。

除了這兩位董事的資金與阿靈頓公司(Arlington)
的投資，還有6位投資人將至少5％的投資組合
放在辛普雷斯上，分別是夏勒投資公司（Schaller
Investment）、湯馬斯·史密斯（Thomas W. Smith，
普雷斯科特集團〔Prescott〕合夥人）、比斯力管理公
司（Bislett Management）、阿穆森·胡薩克（Amussen

Hunsaker）；CAS投資公司（CAS Investment）合夥人，以及多爾西資產管理公司（Dorsey Asset Management）。

辛普雷斯公司的投資人關係部門經理美樂迪・伯恩斯（Meredith Burns）談到這些股東信時表示：

> 我們希望這些說明可以幫助投資人更了解我們對於資本配置與策略的看法，了解我們如何尋找有用的方法來評估每股內在價值，並且誠實的看待我們在這些年經歷的成功與失敗。

> 在2015年之前，金恩的股東信每年都是跟公司年報一起公布，內容比較簡短，大概只有一頁，主要都是談年度財報結果。但在長期重點更清楚明確之後，我們也有明顯的進步，特別專注於吸引長期股東和債權人的資金。

2015年

策略

自從公司成立以來，我們的策略核心目標一直是追求更

大的規模，因為我們認為這是公司商業模式取得競爭優勢的最大助力，而且大量客製化的市場機會仍然很巨大。

2011年，我們提升產品競爭力和經營能力，希望能夠扭轉幾年來自然成長率下降的趨勢。對此，我們致力投入更多資金在客戶價值主張上（例如優質產品與服務、更好的用戶體驗、提高定價和行銷透明度，並大幅改善客服與取用服務的方式）、製造能力、行銷、技術、產品開發，以及在鄰近新地區、照相商品、數位服務和高價值客戶等方面。

一年前，我們在2014年8月的投資人大會上公布修訂後的策略，這是根據2011年以來的經驗而發展出來的策略。我們還是會繼續提升規模來強化競爭優勢，這與我們多年來奉行的策略一致，不過去年公布的修訂策略還包括以下的變更：

- 在策略上，要成為全球大量客製化的領導者。藉由大量客製化，我們以大量製造可靠、優質且可以負擔的特性，來生產小型的個人訂單，其中每份訂單都體現出客製化實體產品固有的個人意義。
- 在財務上，讓每股內在價值達到最大。這是我們最高的財務目標，並將其他所有財務目標都放在次要地位。我們說的每股內在價值定義是：（a）根據我們的最佳判斷，從現在到長期之後的未來間未舉債的

每股自由現金流量（unlevered free cash flow per share, UFCF），經過適當折現以反映資金成本，再減去（b）每股債務淨值。我們選擇以每股內在價值作為衡量指標，是因為我們的努力都是為了辛普雷斯的長期建設，我們認為每股內在價值最能衡量長期財務的成功與否。

我們相信，我們提升長期每股價值的機會跟2011年設想的一樣大、甚至更大。我們看到一個可以持續數十年的機會，透過推動客製化商品的巨大市場，從地方工廠、線下的小型供應商，轉移到大量客製化的線上商業模式，我們可以變成更大、更有價值（以每股價值為基礎）的跨國企業。

資本配置

我們努力投入大量資金，相信這些資金會產生高於加權平均資金成本的報酬，2016會計年度預估平均成本為8.5％。我們認為，任何預計需要超過12個月以上才能回收的資金運用，都屬於資本配置。

我們將資本配置分為以下幾大類：內部長期投資、買回庫藏股、企業併購和償還債務。在這幾類中，我們的資金都可以靈活調度。不過我在這封信裡不會討論股息，我們在可

預見的未來也不打算配發股息。

　　我們希望資本配置中的每一塊錢（不管是可自由支配的成長性支出、企業併購、買回庫藏股或其他事項），都能在投資期限內獲得高於資金成本的報酬。不過就像我們過去曾經做出的好選擇、並期待未來繼續如此一樣，我們也曾犯下一些錯誤，而且未來也會繼續犯錯。但我們相信創新和承擔風險對創造價值至關重要，所以我們不會排斥承擔風險，當然也無法排除任何個別投資專案失敗的可能性。

不做財務預測

　　為了幫助投資人建立自己的辛普雷斯每股內在價值模型，我們準備每年提供以下〔前瞻性〕資訊：對於我們如何看待價值創造進行回顧；對於各事業單位潛在自然成長率的普遍看法；以及我們可以自由支配的成長性支出計畫。[27]

　　除了上述列舉的指引之外，我們不會再提供更多預測。這是因為我們希望以符合我們內部追求讓每股內在價值達到最大的方式，來傳達我們的前瞻性看法，我們也希望全力聚焦在這封信概述的幾項原則，有助於吸引與我們明確聲明財務優先事項看法一致的股東。

2016年[28]

薪資報酬

在過去一年來，我們花了很多時間來制定以股票獎勵為基礎的薪酬計畫，為高階主管和其他團隊成員提供與我們提升每股內在價值一致的財務誘因。如此一來，如果長期股東有不錯的獲利，這些「業績股票單位」（PSU）也會帶給辛普雷斯團隊可觀的報酬，要是長期績效十分出色，那麼獎勵也必定十分優渥。但要是辛普雷斯公司無法有效配置股東託付的資金，股票的現金價值就會迅速下跌，甚至歸零。我們感謝大家對這項計畫的支持，〔2016年股東特別大會上〕有84％股東投票贊成，以壓倒性的多數通過這項計畫。

我也很高興向大家報告，我們的領導人和其他團隊成員也都接受「業績股票單位」計畫。我們全新的長期獎勵計畫是由業績股票單位和特定期限的現金獎勵組成。我今年拿到的獎勵全部來自業績股票單位，未來也百分之百是如此。其他團隊成員獲得的長期獎勵，最低的股票比例各有不同：管理階層愈高，則股票占比的最低標準也愈高。

在未來幾年，長期獎勵的現金比例，預計會因為團隊成員對於業績股票單位比例的選擇而有所不同，但我們很高興向大家報告，領導團隊目前創造的價值與股東利益仍然高度一致。

　　由於預估每股內在價值必須對辛普雷斯未來長期投資的資本報酬率做出主觀判斷，因此為了〔基於股票的薪酬〕績效衡量，需要採用我們認為可以反映每股內在價值多年變化趨勢的工具：我們的股價6到10年的年複合成長率。為了降低短期股價波動的衝擊，我們採用過去3年平均股價來衡量這項變化。

自然成長

　　我們相信，提升相對規模最能幫助我們提升競爭優勢，而且對於非常大的市場來說，有轉向大量客製化模式的龐大機會。所以我們準備繼續進行重大的成長型投資來增進價值。當然，我們不曾、也不會為了成長而成長。我們充分理解到，成長如果是靠那些報酬率低於成本的投資來達成，那麼這種成長會破壞價值。

　　因為我們相信透過內部投資來提振業務，可以獲得具有吸引力的報酬，而且我們也確實進行大量投資，所以自然成長率就是公司業績的重要指標。現在回顧過去，我們從2012會計年度開始扭轉過去多年投資不足的情況。我們開始提升多年來的投資水準，以提振自然營收成長。雖然提升成長所需要的時間比原本的預期還長，但我們正開始看到一些正面的結果。

衡量指標

我們採用的一項概念叫做穩定狀態的稅後自由現金流量。我們對「穩定狀態」的定義是，在美國的通貨膨脹率下，擁有可以持續發展與有防禦能力的長期業務，能夠實現每股稅後自由現金流量的成長。穩定狀態的自由現金流量是根據幾個主觀商業判斷和近似值來估算，所以你看到相關的陳述都指出一個方向，並不是具體的財務數字。

儘管性質相近，但是理解我們穩定狀態的自由現金流量對我們和股東來說很重要，因為實際的自由現金流量與穩定狀態的自由現金流量估算範圍之間的差異，代表我們對內部投資配置預期的事業價值成長。我們認為穩定狀態的自由現金流量分析可以有助於確認公司的內在價值，也是判斷過去長期投資組合報酬率的有效工具。有些投資人會問說，採用這種方法是否表示應該「忽略」成長型投資。答案是否定的；我們希望大家都能了解我們的投資，然後自己評估那些投資有沒有價值。

各位同樣需要了解的是，在我們的資本配置過程中，並不是要特別保護或支持去維持穩定狀態。對於任何資本配置的選擇，我們只有在相信它會達成或超越重要的最低預期報酬率，而且與其他替代運用方式相比也是最佳選擇時，才會決定進行該項投資。要是我們的事業單位已經成熟、但卻開

始走下坡，我們會面對現實，把它創造出來的現金流量轉投資在其他地方。我們現在投入大量資金來維持穩定狀態，就表示我們相信當前業務可以獲得豐厚的報酬。

如果我們的投資是成功的，我們的每股穩定狀態自由現金流量就會以高於資金成本的平均年成長率長期成長，這也正是我們評估長期業績的一種指標。話雖如此，我們不認為現在估算每股穩定狀態自由現金流量的範圍，找出隱含的趨勢，就可以做出業績評估的結論。因為穩定狀態的自由現金流量對我們來說還是一個比較新的概念。它還是取決於我們在公司內部創建的追蹤監督系統、假設與判斷，這些方面還需要更多的學習和檢討改進。但我們希望長期累積下來，可以提升能力來分辨及衡量成長型投資與和維護型投資的不同。如此一來，不論估算值變高或變低，我們估算的範圍都能夠縮小。

股東可能想問的合理問題是，為什麼實際自由現金流量和我們說的穩定狀態自由現金流量的估算範圍之間會有如此大的差異呢？答案是，我們正在將預期報酬的差額在內部進行再投資，因為我們認為這些投資的報酬必定可以輕鬆超越加權平均資金成本（WACC）。我們現在做的這些投資雖然會導致自由現金流量淨額大幅減少，但我們認為投資組合總報酬水準可以勝過加權平均資金成本（要是遠遠超過就更好），並會提高我們的每股內在價值。

2017年

策略

　　我們已經對組織結構進行一些有意義的改變，希望這些改變可以實現我們的願景和目標。事實上這些〔涉及去中心化的〕組織改變，說起來其實就是策略變革。因為辛普雷斯公司的股票及債務投資人也需要了解我們這些思考的演變，所以這一節剩下的篇幅就要說明近期策略的狀況，以及描述修訂策略的背景。

　　2015年到2017年會計年度，辛普雷斯公司的策略主要在建構大量客製化平台（MCP），這個平台是我們事業部門當中與客戶接觸的窗口，而這些事業部門與營運中心不同，是分開來管理的。此外，我們在全球的營運功能部門上明顯集中管理，這些部門包括但不限人資、財務、技術經營、法務、市場研究、策略、產品管理和平面設計服務等。我們以前的策略主要的目標，就是運用規模來提升競爭優勢。

　　雖然集中管理有好處，卻也有些嚴重的副作用和問題。老實說，集中管理帶來的複雜、官僚主義、遲鈍、單調和成本，都遠遠超過潛在的好處。對於這些問題，我們也做了許多調整。但我們還需要更進一步。我們必須改變策略，因為過去幾年的經驗讓我們堅信，去中心化的組織最有機會讓辛普雷斯在大量客製化市場取得領導地位，並實現每股內在價

值最大化的終極目標。現在，我們公司的策略如下：

> 辛普雷斯公司長期投資與建立以客戶為中心、企業
> 型的大量客製化業務，我們以去中心化、自治的方
> 式來管理這些業務。我們精選幾項最有潛力的共享
> 功能進行投資，來提升辛普雷斯公司整體的競爭優
> 勢，為整個公司創造價值。我們限定只有絕對需要
> 集中化執行的活動，才會集中化管理。

乍看之下，我們的新策略可能會讓習慣強調核心競爭力
或客戶需求策略的人感到驚訝。當然，我們公司每一個自治
的事業單位都有提升競爭力和滿足客戶需求的堅定策略。不
過就辛普雷斯公司這個層面來說，我們特意制定策略宣言，
這是要傳達我們的管理中心在哪裡運作，以及如何運作。

根據我們修訂後的策略，我們把大約3000名核心團隊
成員轉移到各個事業單位，從而讓我們的經營去中心化。我
們也正在修改內部的財務管理系統，讓它跟我們的去中心化
架構、資本配置流程和資本報酬的思維方式更為緊密一致。

資本配置

我要是早幾年就了解資本配置的重要性就好了。但現實

是辛普雷斯公司把資本配置視為日常管理重點到現在才剛滿
4年,所以我們還在努力學習,並修正內部流程。不過晚一
點了解比永遠都不了解好,身為企業執行長、創辦人兼大股
東,我現在將大部分的時間花在安排資本配置,並把這份工
作視為重要職責。

幾項錯誤

在進行任何投資的時候,我們當然都盼望報酬率會超過
設定的門檻(最好能遠遠超過)。但我們也發現,就算報酬
超過加權平均的資金成本,也不見得就是良好的資本配置決
策。我們還要拿報酬率和其他機會成本比較,說不定還有報
酬率更高的機會被忽略了。我們認為採用這種更嚴格、也更
恰當的資本配置績效衡量方法,才能更深入了解決策錯誤帶
來的痛苦代價。

例如,在2012年和2013年會計年度,公司股價大都
徘徊在每股40美元以下。我們事後分析才知道,當時收
購納美克斯(Namex)、網伯斯(Webs)和照相本印刷機
(Albumprinter)等企業的資金,要是拿來買回庫藏股,其實
可以產生非常可觀的報酬。我們在募集資金時也可能犯錯,
例如2005年我們發行550萬新股,每股才11美元,這是首次
公開上市的一部分,但當時其實不需要這筆錢,就算需要這

筆錢，也可以運用融資貸款來募到這筆資金。也正是因為我
們對股票發行的真實成本進行深入了解以後，才會把股票薪
酬工具納入績效機制，把要支付的薪酬直接跟股票報酬連結
在一起，而這個股票報酬也正是長期股東在外流通股票取得
的利益。

　　我們正不停努力去改善我們資本配置和績效追蹤的能
力。過去一年來，我們強化追蹤投資、衡量投資報酬的能
力，也準備在下一年進一步改進。我們最近在組織架構上進
行去中心化，進一步提升我們和各個事業團隊的能力，為投
資報酬扛起責任。雖然我們希望在資本配置上不要犯錯，但
我們相信創新和承擔風險對創造價值都是必要的，我們不會
因此排斥投資風險，也無法在單項投資專案或其他資本配置
決策方面做到完全不犯錯。

財務槓桿

　　我們認為，公司因為投資所承擔的企業風險，完全符合
我們維持保守債務水準的承諾，因為我們做的每一筆投資，
與整體財務表現相比，其實都是很小的金額。正如過去所
言，我們在可以預見的未來都會繼續維持保守的財務槓桿，
通常是如同我們債務契約定義的，等於或低於過去12個月稅
前息前折舊攤銷前獲利（EBITDA）的3倍，不過如果要進

行可以強力創造價值的併購或其他投資，也許會暫時超過3倍。我們在2017年會計年度就找到好機會暫時提高槓桿，一方面強力買回庫藏股，同時也併購美國製筆公司（National Pen）。我們現在正進行去槓桿的過程，並希望在2017年底之前把資金槓桿率恢復到3倍左右。

2018年

策略

　　過去我們除了最重要的財務目標之外，也曾公開宣示策略最高目標是要成為全球大量客製化服務的領導者。史丹・戴維斯（Stan Davis）在1987年的策略宣言《量子管理》（*Future Perfect*）中，創造「大量客製化」這個詞來描述「創造出為客戶量身訂作無限多種商品和服務」。2001年，學者曾明哲和焦建新把「大量客製化」定義為「以接近大量生產的效率來生產滿足客戶個人需求的商品和服務」。大量客製化仍是辛普雷斯比傳統對手提供更好價值給客戶的商業模式基本要素，但大量客製化本身並不是一個市場，而是可以應用在許多市場的經營競爭策略，所以我們在策略描述中刪去「全球大量客製化的領導者」。

長期觀點

「長期」是我們思考事業的基本態度，如果不是秉持長
期觀點，我們也不會轉變成現在這個樣子。為了實現這個目
標，辛普雷斯預定從四個方面進行長期思考：

1. **決策：**我們向所有團隊成員介紹一種最簡單的長期思
   考方式，就是把自己當做是辛普雷斯公司（或他們服
   務的事業單位）唯一的老闆，也就是說，如果他們從
   現在開始到往後20年都是唯一的老闆，他們會怎麼思
   考。我們的股票薪酬計畫也是基於長期觀點：支付日
   期是在員工獲得股票選擇權的6到10年後，並且取決
   於股價的3年移動平均值的增加是否達到某個年複合
   成長率。

2. **防範短期主義：**我們身為股東，當然會保護辛普雷
   斯，避免創投基金、私募股權和公眾股東（public
   shareholder）*常見的短期主義。這使我們的團隊能夠
   專注在提升客戶滿意度，建立強勢競爭的價值鏈，讓
   團隊成員行動一致的參與工作。

3. **投資人：**我們希望找到能接受長期觀點的投資人。我

---

*　編注：指打算在首次公開上市時賣掉股票與認股權證的持有人。

們很榮幸已經有許多深思熟慮、眼光長遠（甚至長達數十年）的長期投資人把資金委託給我們。幾年前我曾邀請其中兩位加入我們董事會，所以我們現在有四成以上的股權都在董事會成員手上。

4. **資本配置：**我們根據風險、報酬和時機來評估多年期的投資，運用現金流量折現分析，並與一些經過風險調整的門檻標準做比較。如果是在短期現金流量和預期更高的長期現金流量現值之間做選擇，我們會挑選後者。這封信談到的，大部分都是在討論資本配置的方法。

我們致力於增進我們的能力，好讓我們輕鬆的以超過資金成本的長期年複合成長率來增加公司的每股價值。到現在為止，我們為自己提供的價值感到自豪，不過我們還可以做得更好！所以我希望這些股東信都能更加清楚的呈現出我們在哪裡創造價值、又是在哪裡沒做好而破壞價值。對過去坦率的進行分析，幫助我們對未來決策的思考評估更加敏銳，希望我們可以做得愈來愈好。

資本配置

我們把公司層級的資本配置和資金來源分為以下幾大

類。我們可以透過內部投資、買回庫藏股、企業併購和股票投資、償還債務或者配發股息來配置資本。不過各位請注意，在可預見的未來我們都不準備配發股息。我們的資金來源是來自我們的業務、發行債券、發行股票與資產處分所產生的現金。我們認為這幾大類的資金可以相互取代。換句話說，我們並不偏愛其中一種，而是根據現在和未來的機會來比較各種資本配置的報酬，以提升每股內在價值。

　　我們將公司層級的資本配置定義為預計需要超過12個月才能100％完全回本或拿回更多資金的投資。我們這裡談到的資本配置，基本上都是屬於這一種。如果是負責經營的高階主管判斷能在12個月內回本的資本配置，我們會授權給各事業單位和核心團隊一起做決策（不再集中管理去尋求限制或最適化）。我們要求事業單位負責交付無槓桿自由現金流量的總體水準（a）要考慮到公司資本配置產生的負現金流量，以及（b）扣除他們選擇在去中心化的基礎上任何不到12個月就取得報酬的投資。

　　我們目前估計加權平均資金成本為8.5％。所以我們要努力的是運用資金使投資組合中的加權平均報酬率（排除投資失敗者）明顯高於加權平均資金成本。為了達到這個目標，我們在做投資判斷時都要根據各種不同的風險評估來調整評判標準。比方說，如果是在歐洲、北美或澳洲等比較容易預測的內部投資，像是有獲利的成長企業要進行資本設備

的更換或擴充，我們設定只要超過10％的報酬率就合格；如果是要併購知名有獲利的成長企業，就需要達到15％才行；若屬高風險的新興事業投資組合，就要達到25％的報酬率，這些投資在我們的年報上歸類在「其他業務」項目。我們在投資的時候，都希望投資報酬率超越門檻標準，而且最好是遠遠超過。

雖然我們希望在資本配置上不會犯錯，但我們相信創新和承擔風險對價值創造非常重要，所以我們不排斥投資風險，當然也無法避免個別投資項目可能遭遇失敗。我們會如實向大家報告我們在投資上的失敗與成功，讓各位可以根據整體加權平均投資組合來評估我們的表現。

價值評估

我們的最高財務目標是讓每股內在價值達到最大。但是因為內在價值的評估帶有主觀成分，也因為我們假設各位股東都是抱持長期觀點來評估辛普雷斯的股票，所以我們不會公布內在價值的估算範圍。不過我想跟大家解釋我們內部怎麼估算內在價值的範圍，讓各位了解我們身為各位資金的管理者，是怎麼思考這個非常重要的主題。

我們說的「內在價值」定義是：（a）根據我們最充分的研判，從現在到長期未來的平均稀釋後股數的無槓桿自由現

金流量，經過適當折現以反映資金成本，再減去（b）平均稀釋後股數的債務淨值。

在這當中，（a）部分的估算基本上都是主觀判斷，而且這個預測屬於前瞻性預測。所以我們才會說內在價值是根據我們最充分的研判。也請各位注意，我在這封信中使用許多限定用詞，像是「估算」、「範圍」、「近似」和「判斷」等，因為未來到底會怎樣，基本上誰都不曉得，所以我們的評論和說明應該從這個背景來理解。

我們使用兩種方法來估算每股內在價值方程式的（a）部分。我們建立幾套條件設定，所以每種狀況會根據當前的一些數值產生一個數字範圍。我們在預測時盡量保持審慎和務實。然後，我們再仔細檢討兩種方法產生的所有數字範圍，一起思考和討論每個範圍數字的優缺點，最後才做出決定。

我們採用兩種方法，第一種是標準的現金流量折現（DCF）財務模型。我們根據過去的趨勢和預期的未來發展，來預測損益表和現金流量表中的關鍵項目。我們通常會預測接下來10個會計年度的狀況，把最後一年的無槓桿自由現金流量除以加權平均資金成本來算出最終數值。然後，根據加權平均資金成本把這些數字換算成今日現值，最後再除以稀釋後股數。

第二種方法是根據無槓桿的穩定狀態自由現金流量。

（在此重申，這些估算值是指可以長期持續發展的好事業，稅後現金流量會跟通貨膨脹率一起長期成長。）雖然這個算法不是傳統的做法，但我們認為它很有用，而且有很多資訊。我們根據經驗發現，以穩定狀態自由現金流量的方法算出內在價值，通常會比現金流量折現方法低。所以穩定狀態自由現金流量方法的過程是要建立：

1. 假設過去的投資不再產生現金（甚至出現負值），並且假設不再為了維持成長而進行投資，藉此估算辛普雷斯公司的現值範圍。我們把穩定狀態自由現金流量估算範圍的上限和下限，分別除以加權平均資金成本，算出已部署或將部署的資本配置開始產生現金之前，企業最高與最低的價值範圍。

2. 過去與未來資本配置（除了維持穩定狀態的內部投資之外）的未來報酬估算範圍，這些是在穩定狀態自由現金流量中還沒出現的報酬。我們使用加權平均資金成本換算成現值。這部分表現出我們的看法：每股內在價值的估算值中，有很大一部分是來自可預見未來的大量投資機會，而且因為穩定現金流量充沛，足夠為這些投資提供資金。

3. 把第一和第二部分的結果結合得出一個估算範圍，再除以稀釋後股數。

　　穩定狀態自由現金流量除了可以用來估算公司內在價值之外，也可以用來評估我們創造價值的表現。如果我們長期創造價值，用下方算式算出來的年複合成長率就會高於資金成本：

〔（穩定狀態自由現金流量 ÷ 加權平均資金成本）－
債務淨額〕÷ 稀釋後股數

資本配置

　　內部投資。我們已配置及計畫配置的內部投資，會直接使無槓桿自由現金流量減少。儘管如此，我們還是會繼續在內部部署資金，因為我們相信這些投資組合的加權平均報酬高於加權平均資金成本（如果是遠遠超過更好）。如此一來我們的內在價值相對也會提升。

　　我們相信可以透過內部成長的投資獲得有吸引力的報酬，我們認為市場有很大的機會繼續朝向大量客製化模式發展，對於我們發揮豐富經驗和差異化的競爭能力非常有利。對於這種內部資本部署，我們相信自然營收成長即是經營績效的重要指標。我們並不是為了追求內部成長而成長，如果投資報酬低於資金成本，反而會破壞價值。

　　併購與早期投資。我們認為併購和股票投資都是有風險的投資，如果這些投資有成功，就可以以大量資金產生可觀

的報酬,甚至鞏固現有業務的競爭地位。我們也認為,我們
沒有百分之百收購的企業在適當狀況下也會有優秀表現,因
為這種結構可以幫助我們結盟、激勵或留住重要夥伴,因為
他們都是推動辛普雷斯業績強勁成長重要的共同老闆或合作
夥伴。對於併購知名的高獲利企業或股票投資,我們大都採
用15%報酬率的標準來把關篩選。如果是投資新興企業,通
常是採用25%的投資資本報酬率作為標準,以反映該項資本
配置對應的重大風險。

當我們相信,我們可以在其他地方更有效部署我們的資
金,或者認為這樣做會為我們與第三方的關係帶來更重要的
利益時,我們就會把特定業務的股票全部出售或部分出售。

買回庫藏股與股票發行。買回庫藏股顯然是我們最大、
也是表現最好的資本配置類別。過去10年來,我們配置8億
1700萬美元的資金,以每股平均40.18美元買回2030萬股,包
含佣金。拿購買價格跟今天公司的每股內在價值相比,我們
用來買回庫藏股的年度資本報酬率實在很高,令人非常滿意。

我們已經買回庫藏股和發行股票,而且為了股票薪酬計
畫、企業併購或類似交易以及其他目的,未來還會繼續這麼
做。比方說,跟企業併購有關的盈利結算(earn-out)*和其他

---

* 編注:這是指如果企業達到特定的財務目標,企業賣方可以得到額外薪
酬,這通常是給企業原有經營團隊的獎勵措施。

併購義務，如非控制性股權延期付款，我們通常設計成可以
選擇採用現金，或是以辛普雷斯股票來支付。

當我們發行股票時，只要它帶來的資本投資報酬高過發
行產生的任何價值損失，我們願意以等於或低於每股內在價
值的價格發行新股。

我們選擇買回庫藏股或發行股票，都是根據上述原則和
其他各種債務契約和法律要求。由於需要配合種種標準，情
況也相當複雜，所以我們發行股票、買回庫藏股或者不發行
股票、不買庫藏股的決策，未必跟內在價值與股價的看法有
關。

發債與還債。 我們認為債務也是重要的資金來源，只
要維持在合理水準，就可以幫助我們把每股內在價值達到最
大。我們認為計算好企業在資本配置中承擔的風險，完全符
合我們維持合理債務水準的承諾。我們現在進行的每筆投資
跟整體財務績效相比，其實金額都不高。我們也非常重視債
務投資人，並且相信辛普雷斯公司未來還是會發行很有吸引
力的債券，也會是金融機構的穩健好客戶。

我們過去的槓桿比例通常維持在12個月稅前息前折舊攤
銷前獲利的3倍以下，不過若是正在進行我們認定極有價值
的併購或其他投資，也可能暫時超過3倍。例如2017年會計
年度我們把握良機大幅買回庫藏股，又同時併購美國製筆公
司。但之後即按照跟大家報告過的計畫，在2017年底把債務

比例降到3倍以下。我們很高興讓自己和債權人知道，我們會運用槓桿操作來創造價值，也能夠按照既定目標降低債務。

我們現在不再設定特定的槓桿目標。不過我們還是很重視「有備無患」，才能把握住任何無法預料或不可多得的潛在機會，當然，我們會在債務契約的範圍內運作，但在機會恰當時，也會靈活配置資本給報酬誘人的投資。我們的業務狀況跟過去設定的槓桿目標相比，現在已經更為強大，也更加多角化，我們妥善調控流動支出，配合需求來增加或減少支出，在景氣衰退的時候也能展現彈性。因此我們很滿意現階段的財務政策。

對於這個政策的改變，我們曾經收到一些詢問，例如：**怎樣的槓桿比例會讓我們覺得不適當？接近債務契約的負債水準可以維持多久？**這些問題和類似問題的答案是，只要不違反債務契約設定的每季水準，我們願意運用槓桿操作來把握任何良好的投資機會，並且通盤考量各種資本配置的機會，適時維持或酌減債務水準。重要的是，我們公司的股票有四成是掌握在董事會長期股東手上，明確顯示公司不會濫用槓桿而承擔不必要的風險。

結語

　　本書收錄的企業股東信可以說是所有企業的典範。這些企業領導人特別強調耐心和承諾,並且將經營視為投資、管理視為資本配置與協助組織運作。這些企業領導人都是難得的奇才,不過除了他們之外,還有很多值得效法的企業與領導人礙於篇幅無法收錄在本書中。如果未來有機會增訂新版,或是出版續集,這些企業與高階主管的股東信很有可能會收錄其中,我將他們依照公司英文名稱依序排列如下:

- 安達保險集團(ACE/Chubb)執行長艾文・格林伯格(Evan Greenberg)
- 動視暴雪電子遊戲控股(Activision/Blizzard)執行長巴比・科蒂克(Bobby Kotick)與董事長布萊恩・凱利(Brian Kelly)
- 超微半導體公司(Advanced Micro Devices)執行長蘇

姿丰

- 愛美可公司（Amerco）董事長暨執行長艾德華・休恩（Edward Shoen）
- 汽車王國公司（AutoNation）執行長麥克・傑克森（Mike Jackson）
- 博思艾倫漢密爾頓控股公司（Booz Allen）董事長拉爾夫・施萊德（Ralph Shrader）
- 布魯克菲爾德資產管理公司（Brookfield）執行長布魯斯・弗拉特（Bruce Flatt）
- 丹納赫集團（Danaher）歷任執行長喬治・謝爾曼（George Sherman）、賴瑞・卡爾普（Larry Culp）與湯姆・喬伊斯（Tom Joyce）
- 恩斯達保險控股公司（Enstar）共同創辦人暨執行長多明尼克・西爾維斯特（Dominic Silvester）
- 通用汽車公司（General Motors）執行長瑪麗・芭拉（Mary Barra）
- 純正零件公司（Genuine Parts）執行長保羅・多納休（Paul Donahue）
- IAC集團執行長喬伊・拉文（Joey Levin）
- 伊利諾工具公司（ITW）執行長史考特・桑提（Scott Santi）
- 洛克希德馬汀公司（Lockheed Martin）前任執行長暨

現任董事長瑪麗蓮・休森（Marillyn Hewson）
- 波斯特控股公司（Post Holdings）董事長比爾・史迪里茲（Bill Stiritz）與羅伯・維塔利（Rob Vitale）
- 先進汽車保險公司（Progressive）前任執行長格蘭・倫維克（Glenn Renwick）與現任執行長翠西亞・格里菲斯（Tricia Griffith）
- 宣偉威廉斯公司（Sherwin Williams）總裁、董事長暨執行長約翰・莫里奇斯（John Morikis）
- TDG集團（Transdigm）總裁暨執行長凱文・斯坦（Kevin Stein）
- 威瑞信公司（Verisign）總裁暨執行長吉姆・比佐斯（Jim Bidzos）
- 伯克利公司（W. R. Berkley）創辦人暨董事長威廉・伯克利（William Berkley）與總裁暨執行長羅伯特・伯克利（Robert Berkley）
- 威伯科電子機械控股公司（WABCO）前任董事長暨執行長雅克・艾斯庫里耶（Jacques Esculier）
- WD-40公司執行長蓋瑞・里吉（Garry Ridge）

要是請各位讀者提名，當然還會有更多企業與領導人雀屏中選，而且他們必定都具備本書談到的許多特質與才能。

當我們研究公司狀況，尋找絕佳的投資機會，著眼於一

流管理者經營的績優企業時，不難想見這些公司的特質都曾
經在本書中列舉出來，尤其是堅守長期觀點、謙虛、開放、
領導統御、易於溝通、擁有強大企業文化、對價值信守承
諾，以及具備清晰表達的能力，並能夠深入掌握資本配置、
買回庫藏股、企業併購與人事管理等企業觀點。

愛默生（Ralph Waldo Emerson）曾經說過，有些書能夠
略過不看、有些書可以快速瀏覽，而只有少數幾本書值得一
再翻閱。幸虧有這些優秀的企業與領導人，本書實在值得一
再翻閱。

注釋

1. Eric R. Heyman, "What You Can Learn From Shareholder Letters", American Association of Individual Investors (October 2010).

2. William Alden, "From Leucadia, a Final Letter to Shareholders", *The New York Times* (June 26, 2013).

3. John Lanchester, "How Should We Read Investor Letters? Considering the Correspondence between C.E.O.s and Shareholders as a Literary Genre", *The New Yorker* (August 29, 2016).

4. 請見Jason Zweig, "The Best Annual Letters From an Investor Who Read Nearly 3,000 of Them", *Wall Street Journal* (July 14, 2016)，以及Jason Zweig, "It's Time for Investors to Re-Learn the Lost Art of Reading", *The Wall Street Journal* (April 4, 2016)，兩篇文章都是在討論傑佛瑞・亞伯特（Geoffrey Abbott）。

5. Laura Rittenhouse, "Investing Between the Lines: How to Make

Smarter Decisions by Decoding CEO Communications" (2013).

6. 舉例來說，請見Elizabeth J. Howell-Hanano, "Pearls of Wisdom: The Best Shareholder Letters Nobody Is Reading", Toptal (November 7, 2017)，這份報告就是針對標準普爾600小型股指數成分股進行研究。

7. 請見Lawrence A. Cunningham, "What's Warren Buffett's Secret to Great Writing?", NACD Directorship (2016), papers.ssrn.com/sol3/papers.cfm?abstract_id=2839887。

8. 這間公司在創立後的前兩年叫做馬克爾金融公司（Markel），是一間加拿大卡車運輸保險公司，由史蒂夫・馬克爾（Steve Markel）負責經營，他跟普雷姆・瓦薩一直是多年好友，兩人的合作關係持續到現在。

9. Christopher C. Williams, "Betting on the Buffett of Barges", *Barron's* (March 23, 2013).

10. 我是星座軟體公司的董事兼副董事長。

11. Andrew Bary, Alleghany Invests by the Book, *Barron's* (May 14, 2016).

12. 本章開頭的幾個段落改寫自Lawrence A. Cunningham, "What's Warren Buffett's Secret to Great Writing?", NACD Directorship (2016), papers.ssrn.com/sol3/papers.cfm?abstract_id=2839887。

13. 本節的第一個部分摘自巴菲特1988年8月的臨時股東信，而不是當年年末發表的正式股東信。第二個部分才是摘自

1988年的正式股東信。

14. 他的名字正確拼法就是有兩個r的「Robbert」。

15. 「Run Spot Run」是康明與史坦伯在股東信與其他公司文件上常用的詞彙，用來表示他們在談論複雜的經營事務，所以有必要刻意簡化敘述。

16. 這封股東信中包含一篇唐諾向員工演說的講稿。

17. 1998年華盛頓郵報公司說退休基金餘額可以說是「較次等」的盈餘。他們在1999年股東信則是提到：「去年有位股東寫信詢問我們何必加上『較』這兩個字。他說的沒錯。退休基金餘額確實比其他盈餘次等（但是維持資金充沛的退休基金依然非常重要），而且股東有必要注意這筆資金的規模。」唐諾‧葛蘭姆在歷年股東信中曾有十幾次談到退休基金餘額，每每都會用「較」這個詞修飾它，但在本書摘錄的1998年股東信中，這個詞已經被省去了。

18. 自2010年起，股東信中會固定討論會計議題，標題頗有巴菲特知名會計文章的冷笑話風格：「離題談點會計：好好享用！」

19. 為了強調馬克爾「不會投資每一間公司」，只會投資致力於長期經營的公司，他們在2012年的股東信中特別寫上：「假如你或你認識的人正在經營一間公司，而且可以正面回答我們提出的上述四個投資問題，同時也想要加入這個組織，請打電話過來。我們一直在尋找好的合作夥伴。」這段話後來也出現在其他年分的股東信中。

20. 這一段出自2010年股東信的開頭，以下段落則是分別從不同的細節討論部分摘錄。

21. 2010年之前的股東信把提升內在價值列為最後一點，自2010年起則改列為第一點。之前的股東信還提出一個理由說明，如果賣掉庫藏股，只會對資本利得課稅，但是配發股息卻是全部都要課徵所得稅。這一點在後來股東信中則一律省略不提。

22. 隨著業務成長與組織不斷調整，股東信談論的主題也隨之變化，不過2011年股東信中有一些標題頗具代表性，例如：投資資訊部門、數據資料、投資軟體、晨星資料庫Morningstar Direct、晨星網站「Morningstar.com」、投資研究、分析師評鑑、指數業務、投資管理部門、退休基金解決方案、投資顧問、晨星代操投資組合。

23. 伏爾泰：「若不是上帝把吃吃喝喝變成享受與必要，再沒有比整天吃吃喝喝更煩更累的事！」維吉爾：「前人種樹，後人摘果。」歌德：「你怎麼看待對方，就會怎麼對待他們；而你怎麼對待他們，他們就會變成那樣的人。」

24. 舉例來說，請見Michele Simon, "Pepsico and Public Health: Is the Nation's Largest Food Company a Model of Corporate Responsibility or Master of Public Relations", *CUNY Law Review* 15:1 (2011)，以及Conor Friedersdorf, "Why PepsiCo CEO Indra K. Nooyi Can't Have it All", *The Atlantic* (July 1, 2014)。

25. 這一段摘錄文字經過大幅刪減，原始文章中包括一條注釋
    說明：「這個討論是對老鷹合唱團的偉大歌手葛倫‧佛雷
    （Glenn Frey）致敬，他在今年去世，享年67歲。」

26. 這封信中包含一項注釋說明：「謹此悼念2016年8月逝世的
    喜劇大師金‧懷德。」

27. 這些資訊是以圖表呈現，並引用自由現金流的歷史數據，
    以及針對過往資本配置成敗的評估作為參考，來更新報酬
    預期。

28. 最後一段是摘錄自2017年股東信。

主題索引

國家圖書館出版品預行編目(CIP)資料

親愛的股東：巴菲特、貝佐斯與20位高績效執
行長的經營智慧／勞倫斯・康寧漢（Lawrence A.
Cunningham）著；陳重亨譯. -- 第一版. -- 臺北市：
遠見天下文化出版股份有限公司，2021.09
560面；14.8×21公分. --（財經企管；BCB744）
譯自：Dear shareholder : the Best Executive Letters from
　　　Warren Buffett, Prem Watsa and Other Great
　　　CEOs
ISBN 978-986-525-306-6（平裝）

1.商業管理 2.企業經營 3.股票投資

494.1　　　　　　　　　　　　　　　　110015226

財經企管 BCB744

親愛的股東
巴菲特、貝佐斯與 20 位高績效執行長的經營智慧
Dear Shareholder: The Best Executive Letters from
Warren Buffett, Prem Watsa and Other Great CEOs

作者 —— 勞倫斯・康寧漢（Lawrence A. Cunningham）
譯者 —— 陳重亨

總編輯 —— 吳佩穎
書系主編 —— 蘇鵬元
責任編輯 —— 蘇鵬元、賴虹伶
協力編輯 —— 黃威仁
封面設計 —— Bianco

出版者 —— 遠見天下文化出版股份有限公司
創辦人 —— 高希均、王力行
遠見・天下文化 事業群董事長 —— 高希均
事業群發行人／CEO —— 王力行
天下文化社長 —— 林天來
天下文化總經理 —— 林芳燕
國際事務開發部兼版權中心總監 —— 潘欣
法律顧問 —— 理律法律事務所陳長文律師
著作權顧問 —— 魏啟翔律師
社址 —— 台北市 104 松江路 93 巷 1 號
讀者服務專線 —— （02）2662-0012 | 傳真 —— （02）2662-0007；2662-0009
電子郵件信箱 —— cwpc@cwgv.com.tw
直接郵撥帳號 —— 1326703-6 號　遠見天下文化出版股份有限公司

電腦排版 —— 立全電腦印前排版有限公司
製版廠 —— 中原造像股份有限公司
印刷廠 —— 中原造像股份有限公司
裝訂廠 —— 中原造像股份有限公司
登記證 —— 局版台業字第 2517 號
總經銷 —— 大和書報圖書股份有限公司 | 電話 —— (02)8990-2588
出版日期 —— 2021 年 11 月 1 日第一版第二次印行

定價 —— 新台幣 700 元
ISBN —— 978-986-525-306-6
書號 —— BCB744
天下文化官網 —— bookzone.cwgv.com.tw

天下文化
BELIEVE IN READING